저인화점 연료추진 친환경선박

김종민 · 이차수 · 김성완 · 한민수 지음

Low flash point fuel powered eco-friendly ships

GS인터비전

머리말

국제사회의 강력한 온실가스 저감 의지는 탄화수소에 기반한 기존 선박용 화석연료 위치를 흔들고 있습니다. 그린 수소, 그린 암모니아, 포집된 탄소로 생산된 합성연료 등 친환경 대체연료는 온실가스 저감을 위한 궁극적인 대처방법으로 고려되고 있습니다.

국제사회의 강력한 온실가스 저감 의지는 우리 후대에 더 나은 환경을 물려주기 위한 노력으로 점점 더 강화되고 있으며, 국제해사기구와 EU 등 해외 동정 검토 결과를 토대로 유추해보면 바다와 함께하는 우리 해양인들에게 온실가스 대응 문제는 업계 '생존' 여부와 동등하게 다루어져야 할 것입니다.

이 책에서 다뤄지는 내용이 비록 양질이거나 고급 정보는 아니지만 현업에 종사하는 선원들과 선원을 준비하는 학생들에게 친환경 연료에 대해 종합적인 이해를 줄 수 있기를 희망합니다.

이 책을 작성하는 데 있어 많은 도움을 주신 목포해양대학교 LINC+사업단과 전라남도, 목포해양대학교 한민수 교수님, GS인터비전 송기수 대표님, 한국해양수산연수원 김성완 교수님 그리고 부산해양엔지니어링산업협회 이차수 이사님, 한국선급 김종민 박사님께 감사드립니다.

차례

제 1 장

친환경미래연료 시장 (Green Fuel of the Future for Shipping Market Overview)

1.1 친환경 해양 미래연료 중요성

1.2 온실가스 감축

1.3 대체연료 전과정 평가

1.1 친환경 해양 미래연료 중요성 (Importance of eco-friendly marine future fuel)

2020년 국제해사기구(IMO:International Maritime Organization) 해양환경보호위원회(MEPC:The Marine Environment Protection Committee) 75차 회의 (2020.7월)에 제출된 '제4차 국제해사기구 온실가스 연구(4th IMO GHG Study)' 보고서 278 페이지 '표 77-4[1)]' 16개 선박온실가스 저감 기술그룹별 저감 능력을 보면 2030년 기준으로 가장 효과적인 CO_2 배출 저감 대상 기술은 '속도저감(Speed reduction)'으로 CO_2 저감 목표치 달성을 위한 시나리오 1[2)]일 때 7.38% 저감 능력을 가지고 있다. 2050년 기준으로는 '탄소를 가지고 있지 않은 대체연료 사용(Use of alternative fuel without carbons)'이 64.08% 인 것으로 나타내고 있다.

현재 해운업계는 선박으로부터 CO_2 배출 저감을 위해 '슬로우 스티밍(Slow steaming)'을 적극적으로 채택하여 규제에 대응하고 있으나 선박 속도 감소에 따른 선박 설비 유지보수 비용과 추가되는 물류비용 증가에 많은 어려움을 겪고 있으며, 더욱 더 강화되는 2050 저감 목표 달성을 위해서는 해운업계의 무탄소 대체연료 사용이 필수적 옵션으로 여겨지고 있다.

그러나 '탄소를 가지고 있지 않은 대체연료 사용(Use of alternative fuel without carbons)'은 16개 옵션 중 태양광(Solar panels) 다음으로 높은 한계저감비용(MAC: Marginal Abatement Cost)이 예상되고 있어 상용화에 많은 어려움이 예상되고 있다.

현재 해운업계는 기후 변화에 대한 우려, 해양 환경 규제 그리고 주변 시장에 의해 선박 연료 소비율 개선과 온실 가스(GHG) 배출을 줄이기 위한 압박을 받고 있다.

---

1) 비용 효율성 및 저감 가능성(이자율: 4%, 수명: 25년, 연료유 가격: 375 USD/톤)
Cost efficiency and abatement potential (interest rate: 4%, lifetime: 25 years, price of fuel oil: 375 USD/tonne), 4th. IMO GHG Study, July, 2020

2) 온실가스 저감 시나리오 1은 목표치를 달성하기 위해 이론적으로 CO_2 배출 감소량이 최대가 되는 시나리오

표 1-1 CO_2 배출 대응 기술들의 비용효율성과 저감능력 비교

Table-77-4 Cost efficiency and abatement potential (interest rate: 4%, lifetime: 25 years, price of fuel oil: 375 USD/tonne)

(a) Calculated results for 2030

Code	Technology group	Scenario 1		Scenario 2	
		MAC (USD/tonne-CO_2)	CO_2 abatement potential (%)	MAC (USD/tonne-CO_2)	CO_2 abatement potential (%)
Group 10	Optimization water flow hull openings	-119	1.64%	-119	0.15%
Group 3	Steam plant improvements	-111	1.30%	-111	0.12%
Group 6	Propeller maintenance	-102	2.20%	-102	0.21%
Group 9	Hull maintenance	-92	2.22%	-92	0.22%
Group 12	Reduced auxiliary power usage	-61	0.40%	-61	0.04%
Group 8	Hull coating	-53	1.48%	-53	0.15%
Group 2	Auxiliary systems	-41	0.87%	-41	0.08%
Group 1	Main engine improvements	-35	0.25%	-35	0.02%
Group 13	Wind power	6	0.89%	6	0.08%
Group 16	Speed reduction	17	7.38%	17	7.81%
Group 5	Propeller improvements	21	1.40%	21	0.14%
Group 11	Super light ship	54	0.28%	54	0.03%
Group 4	Waste heat recovery	69	1.68%	69	0.16%
Group 7	Air lubrication	105	1.35%	105	0.14%
Group 15A	Use of alternative fuel with carbons	258	5.54%	258	0.01%
Group 15B	Use of alternative fuel without carbons	416	0.10%	416	0.05%
Group 14	Solar panels	1,186	0.18%	1,186	0.02%

(b) Calculated results for 2050

Code	Technology group	Scenario 1		Scenario 2	
		MAC (USD/tonne-CO_2)	CO_2 abatement potential (%)	MAC (USD/tonne-CO_2)	CO_2 abatement potential (%)
Group 10	Optimization water flow hull openings	-119	3.00%	-119	0.90%
Group 3	Steam plant improvements	-111	2.13%	-111	0.64%
Group 6	Propeller maintenance	-102	3.95%	-102	1.22%
Group 9	Hull maintenance	-91	3.90%	-91	1.24%
Group 12	Reduced auxiliary power usage	-59	0.71%	-59	0.21%
Group 8	Hull coating	-50	2.55%	-50	0.83%
Group 2	Auxiliary systems	-39	1.59%	-39	0.48%
Group 1	Main engine improvements	-34	0.45%	-34	0.14%
Group 13	Wind power	2	1.66%	2	0.50%
Group 16	Speed reduction	10	7.54%	10	8.18%
Group 5	Propeller improvements	18	2.40%	18	0.80%
Group 11	Super light ship	54	0.39%	54	0.12%
Group 4	Waste heat recovery	54	3.09%	54	0.93%
Group 7	Air lubrication	93	2.26%	93	0.77%
Group 15A	Use of alternative fuel with carbons	-	-	249	2.03%
Group 15B	Use of alternative fuel without carbons	416	64.08%	416	20.00%
Group 14	Solar panels	1,048	0.30%	1,048	0.09%

국제해사기구(IMO)는 2013년 1월 1일 발효된 신조 선박에 대한 의무적인 기술 및 운영 에너지 효율 조치를 채택했다. 추가적으로 2018년 4월에 연간 총 GHG 배출량을 2008년에 대비 2050년까지 최소 50% 줄이는 것을 목표로 하는 '초기 GHG 감소 전략' 채택을 통해 많은 사람들을 놀라게 했다. 구체적으로 설명하자면 2008년 GHG 배출량을 기준으로 탄소 집약도(CI: Carbon Intensity)를 2030년까지 최소 40% 감소시키고, 2050년까지 70%까지 저감하는 노력을 추구하는 것이다.

'초기 IMO 전략'은 후속되는 강화된 규제와 정책 조치로 이어질 것으로 예상되며 온실가스 배출을 줄이고 선박 에너지 효율성 향상을 목적으로 한다.

▪ **신조 선박 EEDI 단계(phase) 강화 통한 탄소 집약도 감소**

선종 별 각 단계 개선율을 적절히 결정하여 선박 에너지 효율 설계 기준 강화

▪ **국제 해운 탄소 집약도 감소**

국제해운 평균 운송업무(Transport Work)당 이산화탄소 배출량을 2008년 대비 2030년까지 40% 감축하고 2050년까지 70% 감축할 수 있도록 노력

▪ **국제 해운 온실가스 배출량 정점 도달과 감소**

가능한 빨리 국제해운은 온실가스 배출량 정점에 도달하고, 2008년 대비 2050년까지 연간 배출량 50% 이상 저감

한편, 해상운송에서 발생하는 GHG 배출 저감기술은 에너지효율기술, 운영 개선 기술 그리고 물류 조치를 통해 에너지 효율성을 향상하여 연료 사용량을 저감하는 것과 탄소 집약도가 낮거나 제로(zero)인 대체연료 도입 등이 있다.

해운 업계 즉 선주의 이러한 감소 조치 채택 대응을 위한 일반적인 고려사항은 다음과 같다.

첫 번째, 선주가 선택하고 투자한 연료 에너지 효율성에 대한 확신 부족 ; 두 번째 투자회수기간에 대한 의구심 (대다수 선사의 의사결정자는 5년 이상을 근무하지 않기 때문에 투자회수 기간이 짧은 기술에 관심을 가지고 있다.) ; 세 번째, 정책 당국의 일관성 없는 규체로 인해 투자심리가 위축되어 있다. 마지막으로 신기술 적용에 대한 높은 초기 비용과 위험도를 감수하기 두려워 한다.

1.2 온실가스 감축 (Reduction of Green House Gas)

2015년 체결된 '파리협정(Paris Agreement. Paris, 12 December 2015)'은 지구 평균온도 상승 폭을 산업화 이전 대비 2℃ 이하로 유지하고, 더 나아가 온도 상승 폭을 1.5℃ 이하로 제한하기 위한 국제적인 협약이다. 각국은 온실가스 감축 목표를 스스로 정해 국제사회에 약속하고 이 목표를 실천해야 하며, 국제사회는 그 이행에 대해서 공동으로 검증하게 된다.

파리협정은 2016년 제23차 기후변화당사국총회에서 195개국의 만장일치로 채택되었다. 2017년 6월 미국의 탈퇴 선언[3]과 공식 탈퇴에도 불구하고, 2020년 11월4일 현재 여전히 세계 탄소 배출의 87%에 달하는 200여 개 국가가 협정을 이행중이다

파리협정에 따라 전 세계적으로 온실가스 감축에 대한 관심이 더욱 높아지고 있으며, 국제사회는 지구온난화 방지를 위한 국제해운의 감축 노력을 촉구하고 있다

기존 온실가스 관련 규제로, '선박 에너지 효율 설계 지수(EEDI, Energy Efficiency Design Index)'와 '선박 에너지 효율 관리 계획서(SEEMP, Ship Energy Efficiency Management Plan)'를 시행하여 왔으나, SEEMP는 이행 여부에 대한 강제사항이 아니며, EEDI는 신조 선박 성능 지표로써 실제 선박 운항중에 배출되는 온실가스를 계산할 수 없어 한계가 존재한다.

---

3) 조 바이든 제46대 미국 대통령이 2021년 1월 21일(현지 시간 20일) 취임한 가운데, 첫 업무로 파리 기후변화협약 복귀를 위한 행정명령에 서명했다

구분	감축 방법	CO_2 저감율	비고
Hull design	Vessel size	18.9%	기술적으로 성숙하여 추가적인 감축 여력이 낮음(낮은 저감 잠재력)
	Hull shape	15.7%	
	Lightweight materials	5.7%	
	Air lubrication	5.7%	
	Resistance reduction devices	5.6%	
	Ballast water reduction	8.6%	
	Hull coating	1.6%	
Power & Propulsion system	Hybrid power & propulsion	5.5%	궁극적인 이산화탄소 저감 목표 달성 불가
	Power system & machinery	5.5%	
	Power efficiency devices	5.4%	
	Waste heat recovery	8.4%	
	On board power demand	1.0%	
Alternative fuels	LNG	20.4%	화석연료이므로 이산화탄소 감축량 한계, 메탄슬립으로 인해 온실가스 저감효과 상쇄
	Biofuels	0 - 100% 연료생산 과정에 따라 감축량이 결정됨	식량 안보와 직결되어 수급 불안전
	Ammonia		감축량이 크며, 선박 적용을 위한 기술 장벽 낮음
	Methanol		연료 합성을 위한 에너지 소비량이 과다함
	Hydrogen		높은 감축량 잠재량과 수전해 기술을 활용한 신재생에너지 생산이 가능, 선박 적용을 위한 높은 기술적 장벽(극저온 보관 온도와 낮은 에너지 밀도)
	Battery		배터리의 낮은 에너지 밀도로 인해 제한적으로만 이용이 가능함
Alternative energy source	Wind power	12.7%	적용 가능한 선종이 한정적이며, 안정적인 에너지 수급이 어려움
	Solar power	3.8%	
	Fuel cell	6.7%	낮은 기술적 · 상업적 성숙도
	Cold ironing (Shore-to-Ship power)	5.1%	선박이 정박 중일 때에만 사용 가능, 감축량 높지 않음
Operation	Speed optimization	19.7%	추가적인 투자 없이 실현이 가능하여 주요한 감축수단으로 주목 받고 있으나, 해당 방법만으로는 IMO 온실가스 저감 목표 달성이 불가능
	Capacity utilization	23.9%	
	Voyage optimization	7.2%	
	Other operational measures	3.6%	

그림 1-1 CO_2 배출 저감을 위한 선박 대응 기술

[Source: 암모니아 미래 친환경 선박 연료(2019), KR]

유럽연합은 EU MRV (Regulation '(EU) 2015/757 on the monitoring, reprting and verification of carbon dioxide emissions from maritime transport', 1 July 2015) 제도에 따라 EU항만에 기항하는 총톤수 5,000톤 이상 선박에 대해 이산화탄소 배출량, 운항 시간, 운항 거리, 화물 운송량 등에 대한 정보를 모니터링 하고 보고하도록 하였다.

현재 조선소 등 업계는 선박 배출 온실가스 저감과 EEDI규제 충족을 위해 주로 선박 대형화, 선형 개선과 추진 장치 효율화와 같은 기술적 수단을 통해 대응하여 왔다. 향후 EEDI규제는 강화될 것으로 예상되므로 선박에 대한 이러한 기술적 조치는 계속해서 행해질 것이나, 이미 많은 기술적 조치들이 적용되어 추후 더 이상 선박 온실가스 저감 역량에 대한 기대량은 높지 않다.

선박 운항적 조치는 비교적 경제적이며 쉬운 온실가스 저감 방법이다. 특히 선박 연료 소모량은 선박 운항 속도가 증가함에 따라 급격히 증가하므로, 앞서 설명한 저속 운항(스로우 스티밍)은 가장 대표적인 이산화탄소 저감 수단 중 하나이다. 이미 해운업계는 선박에서 소모하는 연료를 절약하기 위하여 과거보다 운항 속도를 낮추어 왔다.

표 1-1(4th. IMO GHG Study)에 언급된 것처럼 저속 운항은 비용대비 효과가 현재로선 가장 높은 기술이다. 그러나 저속 운항은 선박 당 화물 운송량을 감소시키므로 화물을 적시 배송을 위해 추가 선박을 투입해야 하므로 선사 투자 비용이 증가한다. 또한 선박 최소 엔진 부하 수준 이하로 저속 운항을 할 시 엔진에 악영향을 줄 수 있으며, 낮출 수 있는 엔진 부하는 한계가 있어 IMO에서 규정하고 있는 온실가스 저감 달성에는 한계가 있다.

현존선에 대한 온실가스 규제 강화를 위한 IMO 초기전략 단기 후보 조치로서, MEPC 76차 회의(2021년 6월)에서 국제 항해 현존선 온실가스 배출 규제를 위한 MARPOL 협약 개정안이 결의서 MEPC.328(76)로 채택되면서, 기술적 조치인 '현존선 에너지 효율 지수(EEXI, Energy Efficiency Existing Index)'와 운항적 조치인 '탄소집약도 지수(CII, Carbon Intensity Indicator)'가 도입되었다. 협약 개정안은 2022년 1월 1일 발효되었고 EEDI와 관계없이 모든 현존선박은 EEXI과 CII 요구값을 만족해야 한다.

'현존선 에너지 효율 지수(EEXI)'는 MEPC 74차 회의(2019년 5월)와 ISWG GHG 5차(2019년 5월), 6차(2019년 11월)에서 IMO 선박 온실가스 초기전략 달성을 위해 EEDI를 적용받지 않는 현존선 에너지 효율 개선 필요성이 대두되었다. 일본과 노르웨이는 현존선 에너지 효율지수인 EEXI 도입을 제안하며, 2022년을 기준으로 EEDI 수준과 동일하게 EEXI 수준을 설정하도록 제시하였다(MEPC 74/7/2, ISWG-GHG 5/4 및 ISWG-GHG 6/2/3). 동 제안은 현존선 EEXI 요구값을 신조선 EEDI와 동일하게 설정함으로써 새로운 혁신적인 기술이 도입된 선박으로 교체를 유도하여 중장기 온실가스 배출 감축 목표 달성을 촉진할 수 있다. 현존선이 EEXI 요구값을 만족하지 못하는 경우 선박 에너지 효율 개선이 요구되며 엔진출력 제한, 연료 변경, 에너지 개선 장치 도입 또는 신조선 대체 등과 같은 다양한 방법이 고려될 수 있다.

'탄소집약도 지수(CII, Carbon Intensity Indicator)'는 현존선 에너지 효율을 위한 기술적 규제인 EEXI와 동시에 활발한 논의가 진행되었다. ISWG GHG 6차(2019년 11월)와 7차 회의(2020년 3월)에서 덴마크, 프랑스, 독일(ISWG-GHG 7/2/27))과 중국(ISWG-GHG 7/2/21과 7/2/30)은 AER(Annual Efficiency Ratio) 또는 EEOI와 같은 지표를 활용하여 CII 단계적 강화방안과 동시에 CII 등급제를 도입을 제안하였다.

선박 배출 탄소 배출량을 줄이기 위한 궁극적 방법은 이산화탄소 배출량이 적은 대체연료를 사용하는 것이다. 현재 각광을 받고 있는 LNG 연료는 2020년 선박 연료유황 규제 대응을 통해 미세먼지 저감이 가능하며, 부분적인 이산화탄소 저감이 가능하기 때문에 청정 선박 연료로써 주목 받고 있다.

그러나, LNG 연료는 화석연료로써 이산화탄소를 배출하기 때문에 완전한 탈탄소화에 한계가 있다(약 20% 저감). 따라서 기술적 및 운항적 조치에도 불구하고, 장기적으로 해운의 완전한 탈탄소화는 탄소 중립 연료(Carbon neutral fuel) 전환을 통해 구현될 수 있다.

탄소중립 연료는 연료 생산, 저장, 운송 그리고 소비 과정에서 탄소 총 배출량이 'zero'인 연료를 의미하며, 이에 근접한 연료는 바이오 디젤, 바이오 가스(메탄), 수소, 메탄올 그리고 암모니아 등이 있다. 바이오 연료는 연료 생산을 위해 사용하는 바이 매스, 즉 식물이 이산화탄소를 흡수하였으므로 연료 생애주기 관점에서 이산화탄소 배출량은 'zero'가 된다. 수소와 암모니아는 신재생 에너지원을 통해 생산된 그린 수소(green hydrogen)과 그린 암모니아(green ammonia)를 의미하며 메탄과 메탄올은 재생에너지원과 대기에서 추출한 이산화탄소를 활용하여 생산된 것이다,

포집된 이산화탄소를 사용한 합성연료(메탄올, 메탄)는 이산화 탄소 대기 배출을 방지할 수 있다. 이러한 탄소중립 연료 이산화탄소 배출량은 선박 운항 중 배출량과 연료 생산 과정에 의해 전적으로 결정된다. 전 세계적으로 태양광 및 풍력에너지 등 재생에너지 발전량이 증가하는 추세이므로 이를 이용하여 탄소 중립연료 생산이 가능하며, 탄소중립 연료를 이용하여 선박 운항 연료 생산과정에서부터 소모 과정까지 이산화탄소 배출을 모두 방지하는 것이 가능하다.

표 1-2 대체연료 특성(해상연료 관점)

연료	LNG	메탄올	바이오 연료	수소	암모니아
온실가스 감축효과	20.4%	0~100%, 연료 생산과정에 따라 감축량이 결정			
생산	천연가스, 유기성 물질의 메탄가스	천연가스 촉매반응	목재, 농작물 및 폐자재에서 추출 (기존 연료와 혼합 사용)	메탄 개질, 부생수소 및 재생에너지 이용한 수전해	수소로 합성 가능
수급	전 세계적으로 매장량 풍부	전 세계적으로 풍부한 매장량	식량 부족, 곡물 가격 상승 초래 및 농지개간 또는 산림파괴 문제	개질(Steam reforming) 또는 수전해	대량생산 용이 (하버-보슈법)
저장/운송	-162℃ 액화하지만, 저장과 운송 기술 확보 (BOG 활용 방안 등)	상온, 상압 보관 가능	상온·상압 보관 연료 계통 시스템과 저장 탱크 기존과 거의 동일	저장 및 운송 과정 에너지 손실 과다	저장 및 운송 용이/경제적
질량당 에너지 (MGO=42.8)	55.6	19.9	42.2	120	18.6
부피당 에너지 (MGO=36.6)	25	15.8	33	8.5	12.7
액화/보관온도	-162℃ (높은 보관비용)	65℃	315℃	-253℃ (큰 액화에너지, 높은 보관비용)	-34℃(1 ATM) 20℃(10 ATM)
연료탱크 규모 (MGO=1)	2.3배	2.3배	1배	액화 시 7.6배	액화 시 4.1배
선박 적용	상용화 완료	상용화 완료	상용화 완료	연구개발 필요	연구개발 필요
경제성	기존 LNG 인프라 사용	생산공정에 필요한 CO_2 포집시 과도한 비용	초기 투자 적고, 기존 선박 엔진 사용 가능	운송과 저장 과정에서 과도한 비용	타 탄소중립연료 대비 우수

[Source: 선박온실가스 감축에 대한 국제해사정책 동향(2021), KMC]

현재 기술 성숙도에서 무탄소 연료의 즉각적인 도입은 불가능하기 때문에, 2020년 황산화물(SOx) 규제 대응과 미세먼지 및 이산화탄소 저감이 가능한 저탄소 연료인 LNG(Liquefied Natural Gas)가 과도기적 연료로 주목받고 있다. LNG 연료는 LNG 추진선 또는 운반선에 이미 사용하고 있어 관련 경험 축적과 함께 기술 성숙도가 높으며, 전 세계적 매장량이 풍부하고 벙커링 인프라 시설이 점차 증가하는 추세로 안정적인 공급이 가능하다는 장점이 있다.(CCC 7/INF.7) 하지만, LNG는 본질적으로 화석연료이며 이산화탄소 발생량은 적지만 지구온난화 지수(GWP; Global Warming Potential)가 이산화탄소 대비 28배인 메탄이 배출됨으로써 온실가스 감축 효과를 일부 상쇄할 수 있어 향후 IMO 차원의 메탄 규제가 예상된다.

1.3 대체연료 전과정 평가 (LCA, Life Cycle Assessment)

'전과정 평가(LCA, Life Cycle Assessment)'란 제품 또는 시스템 전과정 즉, 원료 생산과 가공, 제조, 수송, 유통, 사용, 재활용, 폐기물 관리 과정 동안에 소모되고 배출되는 에너지와 물질의 양을 정량화하여, 이와 관련된 잠재적 환경영향을 총체적으로 평가하는 환경영향 평가기법이다.

해당 기법은 ISO 14040에 정의된 4개 단계에 기술적 근간을 두고 국제적으로 표준화되어 있다. 이 4단계는 목적 범위 정의(Goal & Scope Definition), 대상 생애주기에 대한 목록 분석(Inventory Analysis), 생애주기 영향 평가(Impact Assessment) 그리고 과정 해석(Interpretation) 4단계로 구성된다. 이러한 전과정평가 기법은 전 세계적으로 다양한 산업계에서 친환경 제품개발 및 환경 비용 절감에 활용되고 있다.

해당 기법이 선박 연료유에 적용되는 경우, 연료유 추출, 정제, 수송단계를 포괄하는 Well-to-tank(각 연료 제조 및 유통 과정에서 발생하는 온실가스)와 탱크에서 엔진을 거쳐 추진 후류까지의 배출량(tank-to-wake)을 의미하는 두 가지 단계로 구분된다.

기존 IMO에서 "Tank to Wake"에서 발생하는 이산화탄소만을 규제했다면, 최근에는 생산 및 운송단계에서 발생하는 이산화탄소뿐만 아니라, 아산화질소, 메탄 등의 온실가스를 규제 대상으로 논의하고 있으며, 탄소중립 연료들의 연료 생산과정을 고려한 온실가스 감축효과를 논의할 것으로 보인다. 이를 통해 연료 전과정 관점에서 온실가스 배출 감축에 도움이 되지 않는 연료를 식별하는 것은 물론이며, 이해 당사자에게 연료의 온실가스 배출 및 탄소집약도에 대한 명확한 이해를 제공할 수 있다.

표 1-3 선박연료의 전과정(LCA) 단계 (예, 기존 연료유, 바이오 연료, 합성연료 등)

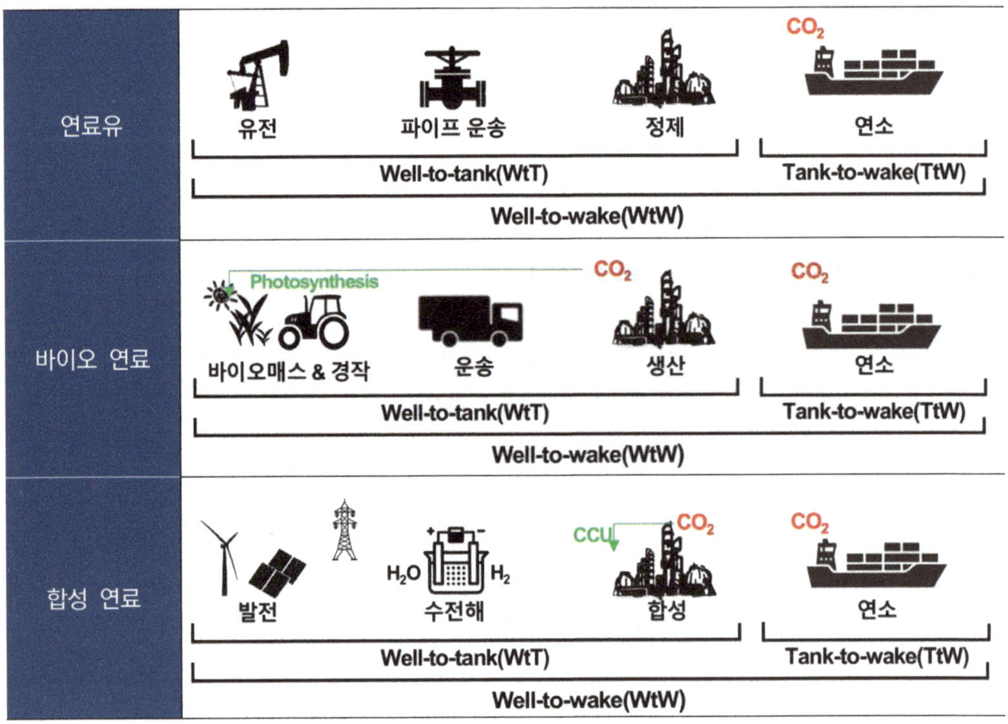

[Source: 선박온실가스 감축에 대한 국제해사정책 동향(2021), KMC]

제 2 장 대체연료와 공급 체계
(Alternative Fuel & Supply Chain)

2.1 국제 해양 환경규제와 대체연료

IMO 2020 연료유 황 함유량 제한과 IMO 2050 선박 배출 온실가스 저감 등 강화되는 해양 대기 환경 규제로 인해 최근 해사 업계는 해양 대기 배출 규제 준수를 위한 투자 결정을 내리는 데 많은 어려움을 겪고 있다.

특히 해운 회사는 해양 대기오염 규제 준수를 위한 비용 지출과 동시에 생존을 위한 경제적 이득을 추구해야 한다. 해운 회사들이 투자하고 있는 선박 가치는 현존 가치와 미래 가치로 분류할 수 있다, 현존 가치는 선박이 영리 활동을 통해 얻을 수 있는 가치이며, 미래 가치는 환경규제 대응을 위한 운영비용 상승, 선박 잔존 가치(중고선가) 하락 등 예상되는 미래 환경에 대한 경쟁력(경제적 가치)이다. 선박에 대한 향후 경제적 가치 평가는 대규모 추가 투자가 필요하지 않거나 조기 폐선 방지를 전제로 하고 있다.

표 2-1 IMO 연료유 황함유량 규제와 GHG 저감 규제

	IMO 2020 황산화물 규제	IMO 2050 GHG 감축 규제
개요	• 전 세계 해상에서 황함유량을 0.5%까지 줄이는 것을 목표로 하는 IMO의 강화된 황산화물 규제가 2020년 1월 1일을 기점으로 발효	• 전 세계 연간 총 GHG 배출량을 2008년에 대비 2050년까지 최소 50% 저감 목표 • 2008년 GHG 배출량 기준으로 탄소 집약도(CI: Carbon Intensity)를 2030년까지 최소 40% 감소시키고, 2050년까지 70%까지 저감
규제 특징	• 신규 건조 선박뿐 아니라 기존에 운항되고 있는 선박 모두에 적용. 또한 규제를 충족시키기 위한 방법이 물리적 개조 방법 이외의 방법도 존재하기 때문에 선사들이 규제를 충족시키기 위해 선박 개조를 필수적으로 하지 않아도 됨 • IMO 시행 의지는 매우 높음. 2019년 5월 진행됐던 MEPC 74차 회의를 통해 황산화물 규제 연장 필요성 없다고 판단했으며, 2020년 1월부터 황산화물 규제 전격적 시행 • 배기가스 규제는 연안 지역 거주민 건강에 큰 영향을 끼치는 민감한 이슈이	• 신조 선박 EEDI(단계(phase) 강화 통한 탄소 집약도 감소 : 선종 별 각 단계 개선율을 적절히 결정하여 선박 에너지 효율 설계 요구사항 강화 • 국제 해운 탄소 집약도 감소 : 국제해운 평균 운송업무(Transport Work) 당 이산화탄소 배출량을 2008년 대비 2030년까지 40% 감축하고 2050년까지 70% 감축할 수 있도록 노력 • 국제 해운 온실가스 배출량 정점 도달과 감소 : 가능한 빨리 국제해운은 온실가스 배출량 정점에 도달하고, 2008년 대비 2050년까지 연간 배출량 50% 이상 저감

	IMO 2020 황산화물 규제	IMO 2050 GHG 감축 규제
	며, 이에 따라 주요 국가 규제 참여 의지가 매우 강력하여 배출통제해역(ECA, Emission Control Area)은 점차 확대되고 있는 추세	
규제 대응방법	• 대응방법1. 저유황유 사용: 개조 비용 부담이 없기 때문에 많은 선사들이 선택하는 대안이지만, 향후 저유황유와 고유황유 간의 가격 차이가 더 벌어질 것으로 예상되기 때문에 연료비 증가에 따른 비용 부담 리스크가 있음 • 대응방법2. 스크러버 장착: 기존에 사용하는 HSFO를 계속해서 사용할 수 있지만, 스크러버 장착에 따른 비용 부담이 크며 최근에는 개방형 스크러버 사용 금지 해역이 증가하면서 리스크 요인 증가 • 대응방법3. LNG 추진 선박: 황산화물 배출량을 100% 제거할 수 있는 청정연료로 각광받고 있으나 LNG선박 투자에 대한 비용 부담이 크며, 아직까지는 LNG 벙커링 인프라도 부족	• 유럽 등 IMO GHG 감축전략을 주도하는 나라들은 국제해운부분에서 배출되는 CO_2 양을 예측하고 현존하는 기술로서 선박 효율개선, 운항최적화, 대체연료사용 등을 고려하여 IMO에서 제시하고 있는 GHG 감축 목표가 달성 가능한것인지 살펴보고, 이에 대한 대응책을 마련 • EU는 탈탄소화를 위한 목표로서 선박기인 GHG 배출량 목표를 2050년까지 1990년 대비 80% 이하로 줄이기로 하고, 이를 달성하기 위한 중간목표로서 2030년까지 40%, 2040년까지 60% 줄이도록 명시함 • EU 해운부문에는 2018년부터 운용중인 선박에 대하여 모니터링, 보고 및 검증 시스템(EU MRV)을 가동 중, 이는 EU지역 배출권 거래제(Emission Trading System, 이하 ETS) 기반이 되며, 만약 IMO에서 GHG 감축전략을 위한 적절한 조치가 없으면 해당지역에서 이 제도가 시행될 예정 • IMO 초기전략을 달성하기 위한 수단을 세 가지로분류(선박의 에너지이용효율 개선, 선속/운항최적화, 대체연료)하여 2050년까지 탈탄소화가 가능한 시나리오 예측 • 선박 에너지 효율개선은 지속적으로 상승하여야 되고 운항적 관점은 물리적 한계(2035년에 정점 예상)가 도달함 • 궁극적으론 대체연료에 의한 GHG 감축이 지배적으로 되어야 하므로, 대체연료에 관한 연구가 시급함 • 대체연료를 제외한 기술적 및 운용적 조치의 비용 효율적인 CO_2 배출 저감이 가능한 범위는 20~30% 이며, 보다 고가의 혁신적인 기술을 포함할 경

	IMO 2020 황산화물 규제	IMO 2050 GHG 감축 규제
		우 약 50~60%로 증가함 • IMO 초기전략 목표치 달성을 위해 단일 조치 대응은 불충분하며 각각의 조치가 결합이 되어야 한다. • 감축 달성을 위한 정책과 규제가 잘 마련된다면 현존하는 기술 조합으로 2050년까지 최대 75% 감축이 가능
국내외 주요 해운선사 대응 현황	• 글로벌 주요 선사들은 보유 선박이 많은 탓에 스크러버 설치 비용의 부담이 상승, 대다수가 저유황유 사용을 기본 대응 방안으로 추진 중 • 국내 선사들은 상대적으로 선대 규모가 작아, 다양한 대응 전략을 모색이 가능 • 대다수 선사들은 스크러버 설치를 중심으로 대응 방안을 모색 중 • LNG 연료추진선박이 30%정도 발주중(Clarkson July, 2021)	• 미국: SF BREEZE 프로젝트(Zero/V 수소연료전지 해안연구선 개발) 및 세계최초 액화수소 크루즈선 발주 (길이 230m, 승객 900명) [The Maritime Executive, 2018]. • 중국: 선박배출 대기오염 분야 국제기술 협력프로그램 (ITCP) 적극참여, Global Studies and Monitoring of Marine Pollution (GSMMP) 연구 주도 • 일본: "선박 배출 GHG 저감기준 정책" 프로젝트 수행을 통하여 환경문제와 선박의 안전운항 관련, IMO 등에서 진행하는 심의에 대해 일본해사산업의 국제경쟁력 확보를 염두에 둔 적절한 국제기준정책 수립 및"수소연료 추진선박"의 안전가이드라인 책정을 위한 조사, 검토 사업 수행 (국토교통성수탁사업, 2015~2017). • 독일: (MethaShip Project) 독일정부 주도의 연구과제로서 RoPax 선박, 크루즈 선박에 대하여 메탄올 (Methanol) 대체연료로 사용 가능한지 검증(IMO, CCC3/ INF.23)중 • 머스크 등 해외 선사는 자사 선대에 메탄올 연료 적용을 검토중 • HMM은 최근 발전기용 4 stroke 엔진에 바이오연료 실증을 시험을 완료함 • MAN ES와 WinGD는 암모니아 연료 적용이 가능한 엔진개발을 수행중
시사점	• IMO 2020 연료유 황 함유량 규제는 해운업계에 피할 수 없는 강력한 규제가 될 것으로 전망 • 국내 해운선사들은 규제를 기회로 삼기 위해 ❶저유황유의 안정적 공급방안 수립과, ❷전략적 제휴를 통한 설	• IMO 2050 온실가스 저감목표 달성을 위해 지존 해운과 선박의 패러다임 자체를 전환해야 됨(기존 오일 →친환경 대체연료) • 국내 해운선사들은 규제를 기회로 삼기 위해 ❶운항적 조치 기반 마련 필요,

	IMO 2020 황산화물 규제	IMO 2050 GHG 감축 규제
	비 및 제조분야로의 진출 확대, ❸탄력적 선대 포트폴리오 구축을 통해 향후 규제 리스크에 대응할 필요가 있음	❷친환경 선박 기술이 적용된 선박/선대 확보, ❸저탄소 배출 선박기술개발에 시급히 대응 할 수 있는 능력 확보가 필요

기존 연료(HFO, MGO 등) 사용은 IMO 온실가스 배출 저감 등 향후 규제 대응을 위해 대규모 추가 투자와 조기 폐선이 예상되므로 해운 회사들은 선박에 대한 미래 가치 확보를 위한 방안 확보가 필요하다.

4th. IMO GHG Study에 의하면 온실가스 배출 대응을 위한 대체연료와 그 적용 기술은 선박 미래 가치를 향상 시키는 주요 방안으로 평가하고 있다.

보고서는 '업데이트된 한계 감소 비용 곡선(Updated marginal abatement cost curves)' 연구에서 운송 에너지 효율성이나 탄소 집약도를 개선하는 방법은 여러 가지가 있으며, 크게 4개 그룹[4)]으로 분류하고 44개 기술 저감 가능성과 소요 비용을 평가했다. 2025년부터 새로 건조되는 모든 선박에 선택된 모든 잠재적 완화 조치를 적용하면 2050년 CO_2 배출량 감소는 선박 GHG 배출량 감소에 관한 초기 IMO 전략에 명시된 중장기 목표 수준을 모두 달성할 수 있다.

그리고 2050년에는 대체연료 사용을 통해 CO_2 감축량 약 64%를 저감 할 수 있다는 전망을 하고 있다. 결론적으로 4th. IMO GHG Study는 한계저감 비용곡선(MACC)이 탄소 제로 연료 즉 대체연료의 가격에 크게 의존하고 있기 때문에 온실가스 감축 목표 달성을 위해서는 수요와 공급 안정화에 기반한 대량생산을 통해 경제성을 확보해야 된다고 보고하고 있다.

국제해사기구는 범지구적인 온실가스 대응에 부응하고자 국제해운분야에서 배출되는 온실가스량 산정을 위한 'IMO GHG Study'를 통해 해운분야에서 배출되는 온실가스량을 산정하였다. 추가로 2050년 까지 온실가스 배출 예상량을 산정하고 저감 역량을 높이기 위한 효율적 조치를 연구하였다.

4) energy-saving technologies(에너지 저감 기술); use of renewable energy(재생 에너지 사용); use of alternative fuels(대체연료의 사용); and speed reduction(운항속도 저감)

표 2-2 IMO GHG Study

순번	간행	예상배출량 산정시기	전세계 CO_2 배출량 중 해운분야 비율	예상 시나리오	2050년 정상영업 (BAU,business as usual) 전망
1st.	2000	1996	1.8% (1996)	-	-
2nd.	2009	1990~2007	2.7% (2007)	2007~2050	200~300%
3rd.	2014	2007~2012	2.2% (2012)	2012~2050	50~250%
4th.	2020	2012~2018	2.5% (2018)	2018~2050	90~130%

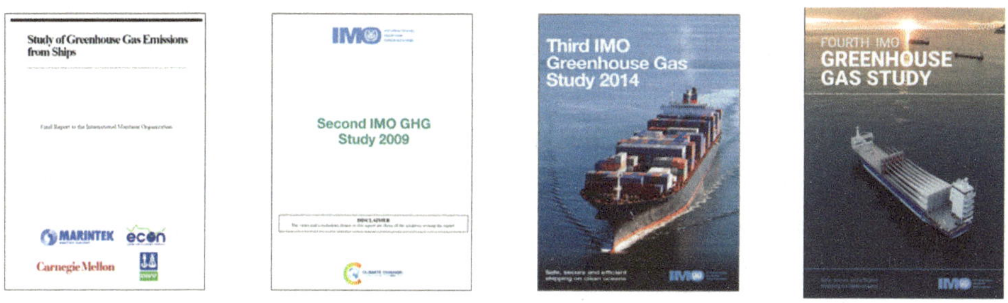

대체연료는 선박 배출 온실가스 주원인으로 평가받고 있는 석유 기반 연료를 대체하기 위한 효과적인 해결방안이다. 적용 가능한 대체연료 중 LNG 연료가 현재 가장 관심을 받고 있으며, LNG 외에도 바이오 연료와 메탄올 등이 있다.

또한 연근해 하이브리드 여객선과 단거리 전기 페리에 사용되는 전기 동력 추진 방식 등이 많은 관심을 받고 있다. 메탄올 또는 에탄올 연료 선박 외에도 LPG 연료 선박이 도입되고 있으며, 관공선과 레저 선박 등 소형 선박을 대상으로 수소연료전지 선박 또한 많은 관심을 받고 있다.

저인화점연료는 60℃ 보다 낮은 인화점을 가진 가스 또는 액체연료로 정의한다. LNG, 수소, 암모니아, LPG, 메탄올 등 대체연료 대부분이 저인화점연료로 구분한다.

표 2-3 대체연료 인화점

특성	암모니아	메탄(LNG)	수소	메탄올	프로판(LPG)
인화점 (℃)	-	-188	-150	11	-105
자연발화온도 (℃)	651	595	535	464	459

선박이 기존과 다른 연료를 사용하려면 연료에 적합한 추진 시스템과 저장·공급 시스템이 필요하다. 선박용 대체연료 추진 시스템은 순수 가스, 이중 및 다중 연료 엔진, 해양 연료 전지, 배터리 전기 추진 시스템 그리고 전통적인 가스/증기 터빈 등이 포함된다.

단일 연료로 추진되던 선박들에 LNG DF 엔진과 같은 이중 연료 엔진이 도입되어 연료 유연성을 크게 확대 시켰다. LNG 외에도 메탄올, 에탄올, LPG 등은 현재도 사용 가능하고, HFO/MGO 외에도 암모니아와 같은 다양한 종류 대체연료가 이중 연료 엔진에서 연소될 수 있다.

친환경 에너지에 대한 관심 증가와 온실가스 저감 목표 달성을 위해 기존 에너지 생산방식들은 신·재생 에너지로 전환되고 이 비율은 점차 증가되고 있다. 풍부한 신·재생 에너지를 이용한 그린 수소, 그린 암모니아 그리고 포집된 CO_2를 활용하는 합성연료 등 무탄소(Carbon zero) 또는 탄소 중립(Carbon neutral) 연료가 생산될 수 있다. 이러한 추세는 육지에서 신·재생 에너지를 활용하는 탄소 발생이 없는 그린(Green) 에너지 생산을 기대할 수 있게 한다.

2.2 대체연료 (Alternative fuel)

해상운송 연료는 기후 변화, 인체 건강과 해양 환경에 영향을 미치게 된다. LNG와 같은 대체연료를 도입하면 중유(HFO) 및 기타 해양에서 사용하는 기름 유출과 관련된 환경 위험뿐만 아니라 해양으로의 배출 및 그로 인한 피해를 크게 줄일 수 있다.

현재 대체연료는 석유 기반 연료에 대한 실행 가능한 옵션으로 부상하고 있다. 기존 선박용 연료유를 대체할 수 있는 연료 중 LNG는 수백 척의 선박이 운항 중이거나 순차적으로 발주되고 있고 세계적으로 일반 상선에 가장 많이 사용되며 대부분 선종에 적용되고 있다.

50년 이상 LNG운반선은 LNG 화물에서 나오는 증발가스를 선박 보일러로 태울 수 있었다. 자연증발가스를 소비하는 증기터빈은 2000년대 초에 이중연료엔진이 도입되어 기존 증기터빈에 비해 연료를 크게 절약할 수 있기 전 까지 선호되는 추진 시스템이었다.

2000년 노르웨이 여객선 Glutra가 LNG를 기본 연료로 사용하면서 새로운 시대가 시작되었다. 초기에는 운항거리가 짧은 연안용 선박 즉, 소형 페리와 해상 서비스 선박이 LNG를 연료로 채택했다. 그 이후 몇 년 내에 LNG를 사용하는 벌크선, 자동차 운반선, 컨테이너선, 로로화물선, 석유/화학 탱커, 준설선 및 유람선이 등장했다.

기존의 연료와 다른 연료를 사용하려면 새로운 추진 시스템과 연료의 저장, 공급 시스템이 필요하다. 선박의 대체 추진 시스템에는 가스전용 엔진, 이중 및 다중 연료 엔진, 해양 연료전지, 배터리 전기 추진시스템, 가스 또는 증기 터빈 등이 있다.

연료 유연성을 크게 증가시키는 여러 유형의 이중 연료 엔진이 시장에 도입되었다. LNG 외에도 메탄올, LPG 및 암모니아와 같은 연료가 HFO, MGO 외에도 다양한 유형의 이중 연료 엔진에서 연소될 수 있다.

전 세계적으로 재생 가능 에너지 전환 분위기로 인해 육상에서 재생 가능 에너지를 저렴하게 생산할 수 있을 것으로 예상된다. 이 에너지는 여러 대체연료를 생산하는 데 사용하면 유해물질의 배출이 적거나 없는 연료를 생산할 수 있다.

아래 표 2-4에 나타낸 온실가스 배출량은 선박에서 생성된 탱크에서 후류까지의 배출량(tank-to-wake)을 반영한 것이며, 많은 양의 온실 가스는 각 연료의 제조 및 유통 과정(well-to-tank)에서 발생한다.

표 2-4 Summary of characteristics for fuels produced from hydrocarbons

Fuel Type	LHV(MJ/kg)	Density(kg/m^3)	Storage Volume Ratio	Vessel Specific GHG Emissions(g/kWh)[1]
VLSFO(ref)	41,600	944	1.0	568(ref)
LNG	50,000	420	1.9	Diesel Cycle: 424(-25%) Otto Cycle: 492(-13%)
LH_2	120,000	71	4.6	0(-100%)
NH_3	18,800	574	3.6	102(-82%)
LPG	46,000	448	1.9	500(-12%)
Methanol	19,900	796	2.5	533(-6%)

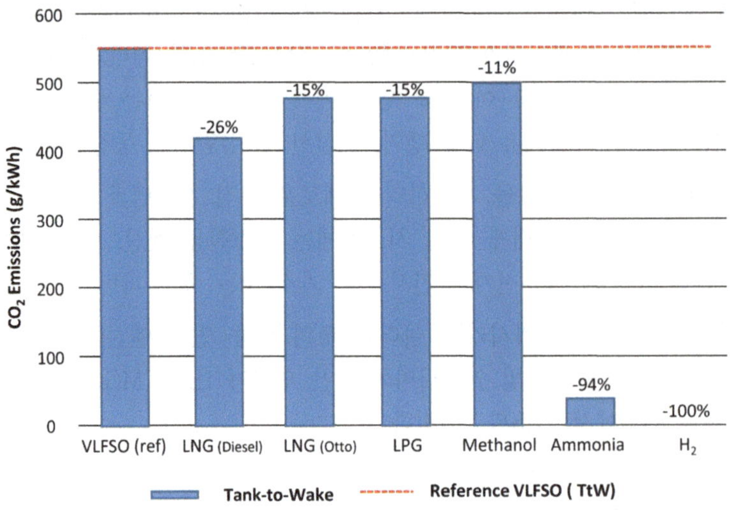

그림 2-1 Tank-to-wake emissions of candidate marine fuels.

유정에서 탱크(well-to-tank)로의 배출을 정확하게 계산하려면 각 연료 원천(Source)을 고려할 필요가 있다. 현재 사용되는 연료의 대부분은 화석원료에서 나오고 다양한 처리와 정제를 거쳐 연료로 공급된다.

당연히 온실가스 배출량은 연료의 원천, 정제 공정, 운송 방법에 따라 다르다. 이러한 파라메타를 기반으로 업계에서는 다음과 같이 다양한 연료를 표현하고 인식할 수 있는 색상 코딩 체계를 도입했다.

- 회색(Gray) : 재생 에너지나 배출 제어 기술을 사용하지 않고 화석 원료에서 생산된 연료를 나타낸다.
- 녹색(Green) : 풍력이나 태양열과 같은 재생 에너지로 생산된 연료를 나타낸다.
- 파란색(Blue) : CCS(탄소 포집 및 격리)와 같은 배출 제어 기술을 사용하여 화석 소스에서 생산된 연료를 나타낸다.
- 주황색(Orange) : 파란색, 회색 또는 녹색 연료의 혼합을 나타낸다. 이러한 혼합은 과도한 비용 없이 전체 CO_2 배출량을 줄일 수 있다.

회색, 녹색 및 청색 연료에 사용되는 생산 및 공급망의 차이점을 보여주는 이 색상 코딩 체계는 그림 2-2, 2-3, 2-4에 나타냈다.

그림 2-2는 회색 연료에 대한 Well-to-tank 및 Tank-to-wake의 배출을 계산하는 가치 사슬의 일부를 보여준다. 이것은 화석연료의 생산, 정제 및 운송의 표준 사례를 나타낸다.

그림 2-3은 녹색연료의 경우와 물을 전기분해하여 수소를 추출하는 생산 공정을 보여준다. 전기분해에 사용되는 에너지는 풍력, 태양광, 수력, 원자력 또는 그 조합으로부터 생산된다.

물에서 수소를 추출하면 다양한 용도로 사용할 수 있다. 연료 자체로 사용하거나 질소와 함께 사용하여 암모니아를 생성하거나 CO_2를 사용하여 메탄을 생성할 수 있다. 생산되는 연료는 그 특성에 따라 저장, 운송 및 벙커링의 조건이 결정된다.

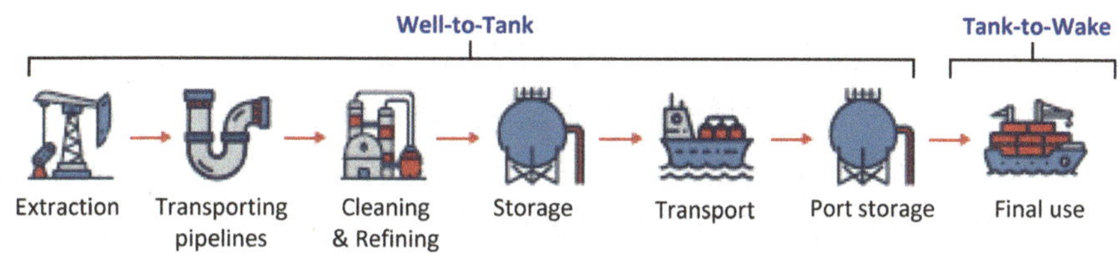

그림 2-2 Life cycle of a conventional gray fuel.

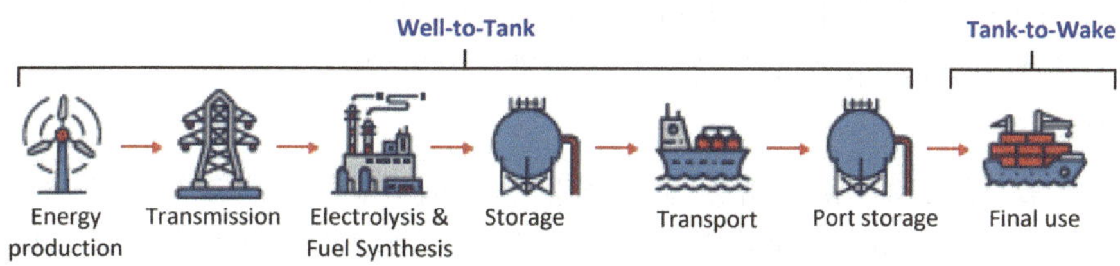

그림 2-3 Life cycle of a green fuel.

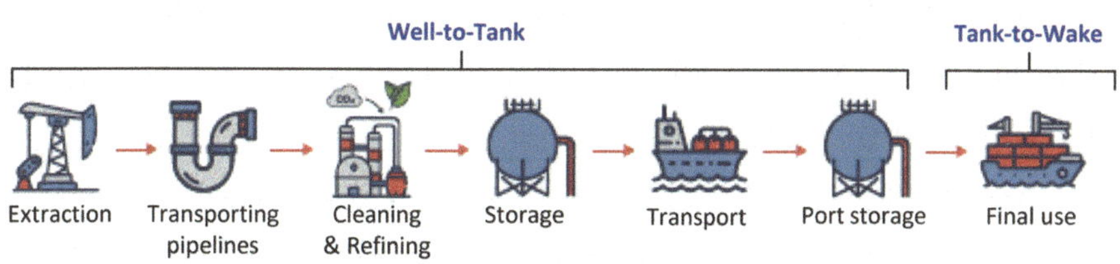

그림 2-4 Life cycle of a blue fuel.

그림 2-4는 화석연료에서 생산되는 청색연료(Blue fuel)의 경우를 보여준다. 그러나 세정 및 정제 공정은 탄소 발자국을 줄이기 위해 이산화탄소 포집 장치(CCS)와 같은 배출 제어 방법에 의해 추가된다. 연료 공급체계(Value chain) 나머지 단계는 기존 회색 연료에 사용되는 단계와 동일하다.

2.2.1 액화천연가스(LNG)

천연가스(Natural Gas)는 땅속에서 채굴되는 가연성 가스이다. 가스전에서 순수하게 채굴되거나 원유 생산 시 부산물로 생산되는 경우가 많으며, 지금은 셰일층에서 채굴하는 셰일가스도 이용하게 되었다.

천연가스 성상은 생산되는 지역에 따라 다르지만, 모두 메탄을 주성분으로 하고, 그 외에 에탄, 프로판, 부탄 등 탄화수소 불순물로 수분, 산소, 질소, 이산화탄소, 황화수소 등이 포함 있다. 액화하여 저장 · 운반하는 경우 불순물은 액화 설비의 폐쇄 및 가스 설비의 부식의 원인이 되기 때문에 일반적으로 전처리 행정에서 분리 · 제거된다.

LNG는 기존 연료유에 비해 저장탱크에서 선박에서 연소에 이르는 생애주기(Tank-to-Wake)에서 이산화탄소(CO_2) 배출을 약 20% 줄일 수 있는 저탄소 연료이지만, 유정에서 선박에 이르는 생애주기(Well-to-Wake)에서 탄소 발자국과 미연소 매탄의 배출(methane slip)과 같은 온실가스 효과에 대한 메탄의 영향을 고려하는 것이 중요하다.

메탄 슬립은 LNG 생산, 유통 및 벙커링 등 공급체계 전반에 걸쳐 대기로 배출되는 메탄의 일부일 뿐이다. 미국환경보호국(EPA)은 미국 천연가스 생산으로 인한 메탄 배출량이 생산된 총 가스의 약 1.4%라고 추정한다.

연료로 사용되는 액화천연가스(LNG)는 선박에서 배출되는 대기 오염, 즉 대기 오염 물질 및 온실가스 배출을 크게 줄일 수 있다. 중유(HFO)와 같은 기존의 오일 유래 선박연료와 비교할 때 LNG는 분명히 훨씬 적은 양의 황산화물(SOx), 질소 산화물(NOx) 및 입자상 물질(PM)을 방출한다.

LNG 주성분은 메탄으로 탄소 함량이 낮기 때문에 LNG를 사용하면 일반적으로 선박 엔진에서 연소되는 기존의 오일 유래 연료보다 연소 시 이산화탄소(CO_2) 배출량이 더 적다. 그러므로 LNG는 CO_2 배출량을 줄일 수 있는 잠재력이 현재로선 가장 높은 탄화수소 연료이다 이러한 LNG의 낮은 탄소 함량은 온실가스 배출의 이론적 감소를 가능하게 하지만, 석유연료에 비해 LNG를 사용하는 것이 진정한 전체 생애 주기(Well-to-Wake)에서 온실가스 감축의 이점이 있는지 여부는 여전히 불분명하다. 그 이유는 LNG가 사실상 액화 메탄이고 메탄 자체가 매우 강력한 온실가스이기 때문이다. 따라서 대기로 방출되는 미연소 메탄(메탄 슬립)은 LNG 사용의 이론적 온실가스의 이점을 줄이거나 완전히 상쇄할 수도 있으므로 GHG(Green House Gases) 배출량을 줄이기 위해 LNG를 사용할 때는 반드시 메탄 슬립을 제어해야 한다.

LNG를 선박 연료로 사용하는 엔진에는 저압 및 고압 2행정 엔진과 저압 4행정 엔진이 있다. 여러 LNG 저장 탱크 유형과 처리 장비도 상업적으로 이용 가능하다.

LNG 비등점은 대기압에서 약 -163℃ 극저온이다. 따라서 기존 석유 기반 연료 저장 및 공급 시스템에 비해 높은 비용이 들고, LNG를 단열 탱크에 저장해야 한다.

바이오 LNG(Bio-LNG; 액화 바이오 가스)와 액화 합성 메탄은 기존 가스 엔진과 LNG 공급 시스템에 바로 적용할 수 있는 완벽한 "드롭인(Drop-in)" 즉, 있는 그대로 사용 즉시 가능한 연료이며 물질 특성은 LNG와 동일하다.

현재 선박 연료로 LNG를 사용하는 데 필요한 기술은 완성되어 있다. 피스톤 엔진은 저압과 고압, 2행정 엔진과 저압 4행정 엔진이 있다. LNG 저장 설비와 관련 상업적 설비도 활성화 되어 있다. LNG 비등점은 절대 압력 1bar에서 약 -163℃이다. 따라서 극저온 적용을 위해 기존 석유 기반 연료 저장과 공급 시스템에 비해 높은 비용이 필요하다. 한편, LNG를 연료 전지에 사용하는 것도 가능하다.

표 2-5 LNG연료의 장단점

장점	단점
• SOx 배출량 없음 NOx(20%) 및 GHG(25%) 감소 • 내연기관(연소엔진)이나 연료 전지 적용 가능, 연료 전지 사용 시 배출물이 없으며 연소 시 물만 발생 • 막대한 매장량 • 난방, 발전 등 LNG 산업이 크게 육성되어 운송 인프라 구축이 잘되어 있음	• 극저온 설비 적용으로 인해 CAPEX(Capital expenditures ; 설비투자)가 높음 • 높은 보관비용, 계절별 가격차가 큼 • 기존 HFO/MGO 대비 에너지 밀도가 낮아 동일 에너지를 활용하기 위해 2배 공간의 저장 설비가 필요 • LNG 기술은 난이도가 높아 선진국에 기술이 치우쳐 있음 • 화석연료 기반연료이기 때문에 2050년 GHG 저감 목표 달성엔 어려움

2.2.2 액화석유가스(LPG)

LPG는 황 함량 무시할 정도로 적어 가장 청정한 연료 중의 하나이다. LPG는 프로판과 부탄(normal and isobutane)과 적은 비율의 불포화 탄화수소(ethylene, propylene and butylene)와 미량의 경질 탄화수소(ethane) 및 중질 탄화수소(pentane)가 혼합된 액화가스이다.

프로판은 비등점이 -42℃인 조건에서 기체 상태이며, 적당한 압력(20℃에서 8.4bar)을 적용하여 액체 상태로 만들어 저장할 수 있다. 부탄은 n-부탄과 이소부탄 두 가지 형태로 존재하며 비등점은 각각 -0.5℃와 -12℃이다. 두 이성질체 모두 프로판보다 비등점이 높기 때문에 더 낮은 압력에서 액화될 수 있다.

육상 저장은 프로판 탱크 압력을 25 bar 미만으로 유지하기 위한 안전밸브가 장착되어 있다. LPG 연료 탱크는 동일한 에너지 기준으로 LPG 체적 에너지 밀도가 낮고 체적 비효율 문제로 기름 탱크보다 2~3배 더 크다.

LPG 조성은 LPG 가스가 생산되는 산지(원유 및 천연가스 생산지 또는 정유소)에 따라 다르다. 세계 대부분의 지역에서 LPG는 프로판이지만 일부 지역에서는 부탄 또는 프로판과 부탄의 혼합물로 구성된다.

LPG는 엔진에서 연소될 때 다른 해양 연료보다 SOx 배출량을 거의 완전히 줄이고 낮은 수준의 NOx와 더 적은 CO_2 를 생성하고, 중유(HFO), 선박용 디젤 연료(MDO) 및 선박용 가스유(MGO)와 같은 전통적인 해양 연료의 사용으로 인해 발생하는 다른 모든 오염 물질을 크게 감소시킨다. 또한 LPG는 가용성이 좋을 뿐만 아니라 발열량 기준으로 중유보다 가격이 저렴하다.

천연가스에 비해 CO_2 배출량은 약간 높지만 일부 가스 엔진은 메탄 슬립으로 인해 전체 온실 가스 배출량을 증가시킬 수 있다. 생애 주기 관점에서 볼 때, LPG 생산은 석유 기반 연료 또는 천연가스보다 배출량이 적다.

상대적으로 높은 옥탄가와 고연소효율로 인해 LPG 엔진은 더 높은 압축비를 사용하여 더 많은 출력과 더 나은 연료 효율성을 얻을 수 있어서, 모든 대체연료 옵션 중 가장 긴 운항 거리를 제공한다.

LPG는 독성이 없어 누출되었을 때 토양이나 물에 해롭지 않다. LPG는 상온고압 또는 저온 상압 등으로 다양한 방식으로 저장되므로 선박의 종류에 따라 유연하게 적용할 수 있다. 그리고 설치, 유지 보수 및 취급이 더 쉽다.

LPG추진시스템은 유지 보수 비용이 저렴하고 더 깨끗하고 효율적인 엔진이며 또한 이중 연료 엔진에 대한 연료 전환의 유연성이 좋아 중단 없는 엔진작동을 위한 완전한 이중화를 보장한다.

운항비용이 낮아 선주 비용이 절감된다. 대형 LPG운반선은 화물을 연료로 사용할 수 있어서 벙커링 시간이 단축된다. 연료유 가격 대비 LPG의 가격이 낮아 경제적이다. LPG 벙커링 설비는 약간의 투자가 필요하지만, LPG 네트워크 가용성이 증가한다.

LPG는 오늘날 운송을 위한 대체연료로서 기술적으로 실현이 가능하며 특히 LPG운반선 같은 일부 선박에서 적용되고 있다.

LPG 주요 원료는 석유와 가스 생산 부산물 그리고 정유 공장 부산물이다. 재생 가능한 디젤 생산 부산물과 같이 재생 가능한 원료에서 LPG 생산도 가능하다.

표 2-6 LPG연료의 장단점

장점	단점
• SOx 배출량 없음 NOx(10-20%)와 GHG(17%) 감소 • LPG 전용 운반선을 통해 해상운송 • LPG 성분 중 가장 낮은 프로판 비등점이 -42℃ 이므로 극저온 보관 필요성 없음(운송 용이) • 전 세계적으로 광범위한 운송 인프라 구축되어 있고 벙커링을 위해 개조될 수 있는 소형 선박 다수 존재 • LPG는 암모니아와 동일요건 재료를 사용하기 때문에 LPG는 무탄소 연료인 암모니아 연료에 대한 연결 연료(Bridging Fuel) 역할 수행 • LPG 연료추진 설비는 LNG 이중 연료 추진 설비 보다 CAPEX 비용이 낮음	• 천연가스에서 추출한 LPG 이므로 생산 공정에 비용이 추가 • 석유 기반 연료(LNG와 유사)보다 가연성이 높아 화재 위험성 높음 • 무색무취이므로 누출 감지 어려움 • CO_2 배출량이 석유 기반 연료에 가깝기 때문에 탄소저감 목표 달성에 제한적 • 프로판/부탄은 메탄보다 노킹(비정상 연소)에 취약

2.2.3 암모니아(Ammonia)

선박에 대량 수소를 저장하는 안전 문제, 공간 효율 등 문제들은 수소를 대체 할 수 있는 암모니아(NH_3), LOHC 등 에너지 운반체(Carrier) 탐색에 대한 관심을 불러일으키고 있다.

여러 연구 결과 암모니아를 잠재적인 선박 연료로 예상하고 있다. 암모니아는 구성 성분상 탄소가 없으며 수소보다 높은 -33℃ 에서 액화된다(수소 -253℃). 또한 암모니아는 액체 수소보다 단위 부피당 에너지 밀도가 50% 이상 높기 때문에 수소에 비해 저장(Storage)과 유통(Distribution)이 쉽고 경제적이다. 게다가 암모니아는 LPG를 운송할 수 있는 전문 운송업체에 의해 운송되므로 암모니아 운송을 위한 장비와 비용은 이를 통해 경제성을 추정할 수 있다. 그러나 암모니아는 에너지 단위당 비용을 계산할 때 LPG에 비해 높다(암모니아가 LPG에 비해 에너지 밀도가 낮다).

오늘날 생산되는 대부분의 암모니아는 Haber-Bosch 공정을 사용하여 천연가스에서 생산한다. 암모니아는 나프타, 중유 또는 석탄에서도 생산할 수 있지만 이는 에너지 단위당 더 많은 CO_2 를 배출한다. 암모니아는 전기분해를 이용하여 풍력이나 태양열 발전과 같은 재생 가능한 자원에서도 생산할 수 있다.

암모니아의 가장 일반적인 용도는 비료 합성 제품이다. 육상 기반 산업에서 암모니아에 대한 수요가 이미 광범위하기 때문에 운송 및 취급을 위한 기반 시설이 마련되어 있다.

암모니아는 수소와 함께 해양 부문에서 고려되는 두 가지 탄소제로 연료 중 하나이며 수소보다 에너지 밀도가 높아 해상에서 기술적으로 실현 가능한 탄소 없는 에너지 운반체가 될 가능성이 높다.

암모니아의 주요 이점은 수소보다 밀도가 높고 선박과 항만 시설에서 -33℃ 및 대기압에서 액체로 저장할 수 있다. 이러한 요소는 암모니아를 수소보다 체적면에서 더 효과적인 에너지 운반체로 만들고 더 쉬운 유통, 저장 및 벙커링이 가능하다.

암모니아는 매우 높은 자연발화 온도, 낮은 화염 속도, 높은 기화열, 좁은 가연 한계 그리고 독성을 가지고 있어 기존 선박 연료 보다 연소관점에서 불리하지만 선박 화재 안전성 측면에서 다른 저인화점 연료보다는 안전하다. 게다가 암모니아는 구리, 구리 합금, 니켈과 플라스틱을 부식시키기 때문에 암모니아 연료 엔진에서 이러한 물질을 피해야 한다. 암모니아는 연소 엔진에 사용하는 것 외에도 수소 연료 전지 또는 암모니아용으로 특별히 설계된 연료 전지에도 사용할 수 있다.

또한 암모니아는 독성, 강한 부식성과 같은 엔진의 연료로서 단점을 가지고 있다. 이에 따라 미연 암모니아가 발생하기 쉬우며 연소 시 NOx가 발생하기 쉽고 이 외에도 인체에 독성이 있는 것은 해결해야 할 과제로 꼽힌다.

그 생산 경로는 수소와 직접 관련이 있다. 따라서 녹색 수소 생산 및 규모 확대와 관련된 문제는 암모니아 생산에도 적용된다.

오늘날 대부분 암모니아는 Haber-Bosch 공정을 사용하여 천연가스 개질공정을 통해 생산된 수소와 대기 중 질소를 합성해 생산된다. 암모니아는 나프타, 중유 또는 석탄에서도 생산할 수 있지만 이는 에너지 단위당 더 많은 CO_2가 배출된다.

암모니아는 전기분해를 이용하여 풍력이나 태양열 발전과 같은 신·재생 가능 자원에서 생산된 그린수소를 활용해 생산할 수 있다. 무탄소 생산 방법은 'Tank to wake' 단계에서 탄소를 배출하지 않기 때문에 무탄소 연료를 가능하게 한다.

가장 일반적인 암모니아 용도는 합성 비료, 세정제, 화약 등이다. 육상 기반 산업에서 암모니아에 대한 수요가 이미 광범위하기 때문에 운송과 취급을 위한 기반 시설이 이미 마련되어 있다.

표 2-7 암모니아 연료의 장단점

장점	단점
• 질소와 수소만 포함하므로 2050년 온실가스 저감 목표 달성을 위한 연료 • 수소 자체보다 체적 수소 밀도(Volumetric hydrogen density)가 더 높기 때문에(+50%) 연료 전지에 동일 유량 공급 시 수소보다 더 많은 에너지 생성 • 전 세계적으로 광범위하게 생산됨 • 상온에서 액화되어 LPG 탱크에 보관 가능 • 자극적인 냄새가 나므로 누출을 쉽게 감지 가능 • 수소보다 가연성 범위가 좁고 화재 사고가 거의 없어 안전한 보관 가능 • 암모니아를 운송할 수 있는 잘 구축된 전 세계 해상 유통 시스템을 갖춤	• 현 생산 공정은 상당량의 CO_2 배출과 함께 극도로 에너지 집약적 • 에너지 밀도가 높지 않음 : 일반 연료보다 2~3배 많은 공간 필요 • 작업자가 노출되면 매우 유독 • 부식성이 강하고 특정 구성 요소 (예: 아연 및 구리)를 파괴 • 연소 특성으로 가연성 범위가 낮기 때문에 비효율. • 연소 시 상당한 NOx 배출(SCR/EGR 필요). • 먼저 수소로 분해되어 연료 전지에 사용 가능 (추가 에너지 및 저장공간 필요).

2.2.4 수소(Hydrogen)

수소는 화석 연료와 바이오매스 물, 또는 이 둘의 조합으로 추출할 수 있다. 천연가스는 현재 수소 생산의 주요 원천(회색 수소, 75%)이며 암모니아 및 메탄올 산업에서 널리 사용된다. 또 다른 수소 생산 원천은 석탄(갈색수소, 23%)으로 중국이 압도적이다. 전 세계 수소 생산의 나머지 2%는 석유와 전력을 기반으로 한다. 그러나 미래에는 완전히 재생 가능한 에너지를 사용하여 물의 전기 분해를 통해 녹색 수소를 생산하는 것이다.

그린 수소 생산 비용은 갈색 및 회색 수소에 비해 현재 2배 이상 비싸다. 그러나 그린 수소 생산 비용은 낮아지고 있으며 수소 생산을 위한 재생 에너지에 중점을 둔 프로젝트가 증가함에 따라 이러한 추세는 향후 계속될 것으로 예상된다.

수소를 저장하는 부피 측면에서 효율적인 방법을 찾는 것은 쉬운 일이 아니다. 가장 일반적으로 압축 가스 수소(일반적으로 250~700 bar) 또는 극저온 액체 수소(LH_2)로 저장된다. 수소 분자는 작고 금속을 포함한 많은 물질을 통과하여 확산될 수 있다.

수소의 이러한 특성으로 인해 액화수소 벙커링 시설 비용은 극저온 저장 탱크, 파이프 및 누설방지에 필요한 재료로 인해 LNG 시설 비용보다 높을 것으로 예상된다.

수소에 대한 가장 두드러진 문제는 비용과 벙커링 인프라의 부족이다. 현재 기술로는 탱크 및 연료 전지의 높은 비용과 낮은 에너지 밀도로 인한 제한을 고려할 때 수소는 단거리 운송에 제한되어 있고, 또한 필요한 안전 시스템에 대한 비용과 위험 완화 조치는 명시적으로 정량화되어 있지 않다.

수소(H_2)는 에너지 운반체이자 가장 많은 양이 존재하고 광범위하게 사용되는 물질이다. 수소는 신·재생 에너지 등과 같은 다양한 에너지원을 사용하여 전기분해 또는 천연가스 개질 등으로 생산할 수 있다. 오늘날 산업화된 거의 모든 수소는 천연가스 개질 과정을 통해 생산된다. 수소가 신·재생 에너지원에서 생산된 전기를 사용하는 수전해 방법으로 생산되거나 천연가스 개질 과정에 대한 탄소 포집과 저장(CCS : Carbon Capture System) 과정을 통해 생산되는 경우 탄소중립 연료로 가치가 높다.

수소는 풍력, 태양광 등 신·재생에너지를 활용하는 그린 수소 방식으로 생산할 경우 '전과정 평가(LCA)'에서 탄소 배출량이 'zero'인 연료이다. 그리고 연료용 수소를 생산하기 위해 대량의 에너지가 필요하다. 수소 효율은 연료 전지에서 가장 효율적으로 활용되지만(일반적으로 효율 50~60%, 폐열 회수가 있는 특정 유형은 잠재적 효율이 더 높음) 연소 엔진에 적용하는 것도 가능하다(일반적으로 효율은 40~50%). 잠재적인 온실가스 배출 저감을 위해 선제적으로 연소 성능과 배출 특성 개선을 위해 다른 연료와 수소 혼합을 검토하고 있다.

체적 효율적인 방법으로 수소를 저장하는 것은 매우 어렵다. 가장 일반적인 수소 저장 방법은 압축 기체 수소(CGH) 또는 극저온 액화 수소(LH_2) 저장법이다. 하지만 수소 분자는 매우 작아서 금속을 비롯한 많은 물질을 투과해 외부로 확산될 수 있다. 이것은 주로 수소 분자가 고압 상황인 압축 수소(일반적으로 250~700 bar) 저장 형태에서 발생 된다. 수소 저장은 두 가지 안전 문제가 있다. 이것은 "수소 취성"과 "가스 누설"이다. 따라서 재료 선택은 연료 탱크와 연료 공급 시스템 안전 확보와 무결성을 보장하는 것이 매우 중요하다. 그러나 선박에서 사용하기 위한 수소 저장과 벙커링은 특별히 설계된 저장 탱크와 벙커링 시스템이 필요하다. 하지만, 해사분야에 적용되는 수소에 대한 저장과 사용에 대한 경험은 매우 제한적이다.

표 2-8 수소 연료의 장단점

장점	단점
• GHG 배출 없이 완전히 신·재생 가능한 원료에서 생산 가능 • 내연기관(연소엔진)이나 연료 전지에 사용할 수 있다. 연료 전지 사용 시 배출물이 없으며 연소 시 물만 발생 • 연료 전지는 소형 선박에서 배터리와 함께 사용 가능 • 광범위한 국제 생산 능력 • 상당한 투자 유치를 불러 들임 • 연료 전지는 에너지를 일로 전환하는 데 내연 기관보다 더 효율적(45% 대 20%).	• 생산비가 비쌈 • 현재 수소 생산은 상당량 CO_2가 배출되는 천연가스 개질 과정에서 생산 • 항구 연료 공급 인프라와 기존 수소 인프라 부족 • 액화수소는 −253℃를 유지해야 함 : 비용이 많이 들고 기술적 난이도 높음 • 현재 액체 수소 화물을 운송할 수 있는 선박이 없음 • 에너지 밀도가 높지 않음: 고압 저장 실린더는 가솔린 탱크 공간의 4~7배를 차지하며 냉각 장치를 위한 별도 공간 필요

2.2.5 메탄올(Methanol)

화학 구조가 CH_3OH인 메탄올은 액체 연료 중 탄소 함량이 가장 낮고 수소 함량이 가장 높은 가장 단순한 알코올이다. 메탄올은 176~338K(-93℃ ~ +65℃) 대기압에서 액체 상태로 존재하고, LNG, 수소와 암모니아에 비해 저장 비용이 저렴하다. 메탄올은 낮은 발열량(19.5 MJ/kg)으로 인해 에너지 단위당 MGO보다 약 2.5배 더 큰 연료 탱크가 필요하고 LNG보다 유사하거나 더 작은 연료 탱크가 필요하다.

수소 대 탄소(H/C) 비율은 메탄올은 4/1(LNG의 H/C 비율과 유사)로 저탄소 연료로 분류할 수 있다. 메탄올은 기존 해양 연료보다 유해가스 배출량이 현저히 적은 청정 연소 연료이다. SOx 및 PM를 제거하고 NOx를 60% 감소시킨다. 또한 녹색 메탄올을 사용하면 CO_2 배출을 90%까지 줄인다.

메탄올 비등점은 64.5℃, 어는점은 -97℃로 상온에서 메탄올은 액상이 된다. 이를 통해 가솔린과 동일한 규정으로 저장 탱크를 사용할 수 있다. 인화점은 연료가 공기와 가연성 혼합물을 형성하는 온도를 나타낸다.

메탄올 비등점은 디젤에 비해 낮지만 가솔린 및 LNG에 비해 훨씬 높다. 그럼에도 불구하고 저장 중 위험이 증가하고 LNG와 유사한 취급 조치를 부과하는 저인화점 연료로 분류된다.

메탄올은 부식성이 높다. 현재 연소 엔진에 사용되는 일부 재료는 장기간 내구성을 위해 엔진 부품을 재설계하거나 부식 억제제(연료 첨가제로)를 사용해야 한다.

메탄올은 인간에게 해로우며 섭취하면 사망에 이르기까지 심각한 건강 문제를 유발할 수 있다.

자체 화물을 주기와 보기 연료로 사용하는 새로운 추진시스템을 갖춘 메탄올 연료추진 메탄올운반선의 출현은 선박 건조에 대한 새로운 수요 영역을 주도하고 있다.

LNG 또는 기타 가스 연료에 비해 메탄올의 장점은 액체 상태로 메탄올은 선상에 저장하는 것이 훨씬 더 쉽고 경제적이다. 기존 연료유 탱크, 밸러스트 탱크 또는 슬롭탱크 등 선박 탱크를 개조하여 액체 메탄올 연료를 저장하는 것도 LNG 탱크를 설치하는 것보다 쉽다.

메탄올은 주로 천연가스 또는 석탄과 같은 여러 가지 원료에서 생산할 수 있지만 펄프와 제지 공장에서 나오는 폐기물, 산림 벌채와 농업 폐기물과 같은 재생 가능한 자원, 발전소 또는 공기에서 포집된 CO_2 에서 직접 생산할 수도 있다.

천연가스에서 생산되는 경우 일반적으로 최대 약 70% 에너지 효율(메탄올에 저장된 에너지 대 천연가스가 제공하는 에너지로 정의)을 가지고 있다. 코크스에서 생산되는 메탄올은 저렴하고 널리 이용 가능 하지만 온실가스(GHG) 배출량은 천연가스에서 생산하는 것보다 약 2배 높다.

선박용 메탄올 연료 2행정 디젤 사이클 엔진과 4행정 희박연소오토사이클엔진(lean burn engine)에 적용 가능하다. 현재 상업적으로 이용 가능한 단일 2행정 디젤 엔진 유형은 MAN ME-LGI 시리즈이며 현재 메탄올 탱커에서 운용되고 있다. Wärtsilä 4행정 엔진은 여객선 Stena Germanica에서 운영 중이다.

메탄올은 선박용 연료 전지에 대한 사용도 가능하다. 2017년부터 Viking Line 페리 MS Mariella에서 메탄올 연료전지 테스트가 진행되고 있다. 현재, 대부분 메탄올은 전통적으로 천연가스를 원료로 생산되고 있다.

그러나 대체연료로서 메탄올의 단점 중 하나는 기존 연료유와 비교할 때 에너지 함량이 낮다는 것이다. 동일한 양의 에너지를 공급하는 데 필요한 탱크가 커진다는 것이다.

표 2-9 메탄올 연료의 장단점

장점	단점
• 기존 HFO/MGO와 비교하여 수명 주기 NOx 배출량은 55%, SOx는 92% 감소 • 화학 산업에서 널리 사용되는 일반적인 알코올 화합물 • 대기 온도와 압력에서 액체이며 케미컬 탱커에 보관할 수 있어 운송이 용이 • 메탄올 벙커링 장치 및 탱커 설치 비용이 LNG 보다 저렴함 • 안전한 취급 및 운송을 다루는 절차가 존재함 • 수용성 및 생분해성이므로 유출해도 자연계에 미치는 위험성이 낮음	• 메탄올은 천연가스에서도 생산되지만, 생산하는 과정에서 많은 에너지가 필요 • 전 세계 메탄올 생산량은 연간 약 7000만 톤으로 추산 • LNG/LPG와 마찬가지로 GHG 배출이 눈에 띄는 탄화수소이므로 2050년 목표를 달성하기 힘듦(합성 메탄올 개발 필요) • 메탄올은 가솔린 보다 에너지 함량이 훨씬 낮기 때문에 탱크 크기가 두 배로 커짐 • 눈에 보이지 않는 화염으로 화상을 입기 때문에 화재 사고를 감지하기 어려움 • 가솔린 보다 부식성이 강하고 흡습성(공기 중의 수분을 흡수함)이 높음

2.3 탄소중립연료 관점의 저인화점 연료 위상

모든 면에서 우수한 해상 연료(탄소 중립연료)는 존재하지 않으며 각 연료마다 장단점을 가지고 있다. LNG는 기술적으로 성숙되고 인프라가 다른 연료에 비해 안정되어 있어 단기적인 친환경 연료로 관심 받고 있다. LNG는 기존 화석연료와 거의 동일하여 가장 쉽게 사용이 가능한 친환경 연료이다. 그러나 2050 온실가스 저감 규제 대응이 불가능 하지만 단기적인 대응 방안으로 선호되고 있다.

수소는 미래 친환경 연료로써 의심할 여지가 없으나, 타 연료 대비 높은 기술적 난이도와 낮은 상업성으로 인해 장기적인 투자와 기술개발이 필요하다. 수소는 생산비용이 저렴한 탄소중립 연료이나, 매우 낮은 에너지 밀도 및 극저온의 액화 온도에 의해서 저장과 운송비용이 많이 소요되며, 연료탱크의 크기가 과도하고 고가의 기자재가 사용되므로 선가가 높다는 우려가 존재한다.

암모니아는 기술적 난이도가 비교적 낮으며, 수소를 원료로 하여 생산되므로 수소 에너지를 저장할 수 있는 또 하나 수소운반체 형태로 볼 수 있으며, 미래 수소 사회에서 수소 단점을 보완하여 수소 연료와 함께 사용이 가능한 친환경 선박 연료로 판단된다. 암모니아는 생산 및 운송 저장을 고려할 때, 타 탄소중립 연료 대비 저렴할 것으로 예상되며 대용량 암모니아 합성 기술이 이미 성숙하여 안정적인 연료 공급이 가능하다. 저장 온도 및 에너지 밀도, 선박 가격 측면에서는 기술적, 상업적으로 허용 가능할 수준일 것으로 예상되므로 암모니아는 성장 가능성이 높은 탄소중립 선박연료로 볼 수 있다.

메탄올은 기존 설비를 추가적인 투자와 기술개발 없이 활용할 수 있는 매우 유연한 연료이다. 다만 공급이 안정적이지 않고 탄소중립적인 방법으로 생산된 메탄올의 경제성 확보가 메탄올 연료 활성화의 가장 중요한 쟁점이다. 메탄올은 상온 · 상압에서 저장이 가능한 큰 장점이 있으나, 합성 시에 이산화탄소가 필요하여 이산화탄소 포집을 위한 에너지가 필요하며, 이로 인해 연료 생산비용이 비싸다.

LPG는 PM(Particulate Matters) 배출에 대한 걱정이 없으며, LPG 추진 선박 건조비용은 LNG에 비해 저렴하다. 다만 생산량이 많지 않으며 생신량의 대부분이 특정 국가 특성 회사에 집중되어 가격과 물량이 유동적이다. 암모니아 연료 추진 선박으로 가는 '가교 연료(bridge fuel)' 역할 수행이 가능하다.

각 선박 연료들은 장단점을 가지고 있으며 특히 화석연료와 탄소 중립연료는 서로 상호 보완적인 관계에 놓여 있다. 화석연료의 경우는 탄소 배출권을 구매하거나, 이중 연료 엔진에서 탄소 중립연료를 함께 사용함으로써 온실가스 배출량을 보완하는 것이 가능하며, 탄소중립 연료는 단거리 항해에만 적용하여 연료 탱크의 크기를 줄이거나, 연료 수급이 여의치 않을 때에는 이중 연료 엔진에서 화석연료를 사용할 수도 있을 것이다.

따라서 추후 해운 시장에서 선박연료 다양화는 필연적이며 각 선사들은 연료 가격과 수급 현황, 항로, 선대현황, 규제 이행 여부 등을 고려하여 연료를 선택해야 할 것으로 예상된다.

표 2-10 해상 대체연료 저장 특성

Type	MGO	LNG	LPG	Bio Diesel	Methanol	Ammonia	Hydrogen
Fuel type	화석연료기반			탄소중립연료			
Storage condition	대기압 상온	대기압 -162℃	대기압 -42.1℃ (propane) 대기압 -0.5℃ (butane)	대기압 상온	대기압 상온	대기압 -34℃ /상온 10 bar	대기압 -252.8℃
Relative Fuel Tank size	1	2.3	1.3	1	2.3	4.1	7.6
Relative CAPEX	1	~ 1.3	~ 1.15	1	~1.15	~1.2	매우 비쌈
Fuel cost & Availability	가격 저렴, 매장량 풍부		석유공정 부산물로써 유동적인 가격과 물량	수급 불안정성으로 가격 예측 어려움, 식량안보 문제	이산화탄소 포집 비용 높음, 저비용으로 기존 시스템 적용 가능	탄소 중립연료 중에서는 저렴, 인프라 구축	운송비용과 저장비용이 높음, 추가적인 기술개발 필요

Excellent Acceptable Undesirable

[Source: 친환경 미래선박 연료 전망 : 선박연료로써의 암모니아(2019). 한국선급]

표 2-11 대체연료의 주요 특징

	열량당 CO_2 배출량*1	열량당 연료체적*1	장점	단점
수소(H_2) (연료전지포함)	0	4.46	• 선박에서 CO_2 배출 제로(zero) • 소형수소연료혼소선, 연료전지 추진선은 실적 있음. • 육상에서 보일러 가스터빈 실적 있음.	• 연료 체적이 벙커C 중유 2배 초과함 • 저장안전성확보 기술이 과제(액체상태 온도 -253℃) • 공급 인프라 없음 • 벙커링 기술 미성숙 • 연소제어 등의 기술 미완성
암모니아	0 ~ N_2O 고려안함	2.72	• 선박에서 CO_2 배출 제로(zero) • 가스터빈 실적 있음.	• 연료체적이 벙커C 중유 2배 초과함 • NOx 발생 • N_2O 발생(온실효과는 CO_2의 약 300배라고 알려져 있음.) • 독성 • 전소 연소성, 큰 출력비 등 기술이 과제
LNG	0.74 메탄슬립 고려안함	1.65	• 실용화 완료 • (수소 등에 비해) 에너지 체적밀도가 높음 • 합성/바이오메탄 용으로 용도변경 가능 • 현행 IGF Code에 규칙 정비 완료됨	• 제한적인 CO_2 저감 효과 • 메탄 슬립 발생 • 화석연료사용에 대한 국제적 반대여론의 가능성
메탄(CH_4)	0.71 [0*2] 메탄슬립 고려안함	1.80	• 바이오는 IPCC가이드라인에 있어서 탄소중립으로 취급됨 • 실용화 완료된 LNG와 기술적으로 동등하게 사용가능 • LNG 임프라를 메탄용으로 용도변경 가능	• 현재 IPCC 가이드라인에 탄소재생메탄이 탄소중립으로 명시되어 있지 않음 • 다른 산업 소비를 위하여 선박 공급이 부족할 가능성 있음
바이오 디젤	[0]	(~1.2)	• 바이오는 IPCC가이드라인에 서 탄소중립으로 취급됨 • 육상에서 혼소기술은 상업화 수준임	• 저장안전성확보 기술이 과제
메탄올 (CH_3OH)	0.90 [0*2]	2.39	• 바이오는 IPCC가이드라인에 있어서 탄소중립으로 취급됨 • 메탄올 연료선은 건조실적 있음 • 취급이 용이함	• 현재 IPCC 가이드라인에 탄소 재생 메탄이 탄소중립으로 명시되어 있지 않음 • 연료체적이 벙커C 중유의 2배를 초과함 • 착화성, 큰출력비 등의 기술이 과제
에탄올 (C_2H_4OH)	0.93 [0*2]	1.79	• 바이오는 IPCC가이드라인에 있어서 탄소중립으로 취급됨 • 바이오 에탄올 생산은 상업화 수준임 • 취급이 용이함.	• 현재 IPCC 가이드라인에 탄소 재생 메탄이 탄소중립으로 명시되어 있지 않음 • 착화성 큰출력비 등의 기술이 과제

2.4 대체연료의 공급체계 (Alternative Fuel Supply Chain)

2.4.1 LNG연료 공급체계(LNG Supply Chain)

(1) 일반적인 공급 체계(Main supply chains)

강화된 환경 규제와 전 세계 선박 배출에 대한 규제는 해양 연료로서 가스의 매력을 증가시켰고, 오늘날 채택되고 있는 주요 대체연료로 LNG가 부상했다.

지금까지 LNG를 연료로 사용하는 것은 중소형 선박에 국한되어 있었고, LNG 운반선에 채택되었다. 그러나 지금은 대형 유조선, 대형 컨테이너선 및 초대형 광석 운반선과 같은 대형선박에도 적용되어 운항 중에 있다.

세계 최대 컨테이너선 해운업체 중 하나인 CMA CGM은 세계에서 가장 큰 신규 건조 컨테이너 선박의 연료로 LNG를 사용하는 파격적인 선택을 했다. 이 프로젝트는 GTT의 Mark III 격납 시스템을 갖춘 LNG 연료를 사용하는 초대형 23,000 TEU 용량의 컨테이너선박(ULCV)이다. LNG연료는 18,600 m^3 를 적재할 수 있으며 LNG벙커링 전용선이 공급한다.

LNG 연료의 광범위한 발전 핵심은 LNG벙커공급 물류체인이었다는 것은 분명하다. 처음 LNG를 연료로 사용할 시대는 트럭의 LNG 벙커링으로 만족했지만, 더 많은 LNG를 연료로 공급하기 위해 트럭의 수를 늘리는 것이 실행 가능하지도, 경제적이지도 않다.

LNG STS(Ship-to-Ship) 방식의 벙커링은 대량의 연료를 한꺼번에 충전할 수 있는 것으로 대형선박에 LNG를 공급할 수 있는 유일하고 안전한 방법이다.

다른 장점 중 SIMOPS(동시적재)는 LNG벙커링선과 나란히 LNG 운송 작업과 동시에 화물 적재 및 하역이 가능하기 때문에 이러한 혁신적인 공급 방식은 대형선박의 하역과 벙커링 시간을 단축할 수 있다.

그림 2-5 Artist's impression of a 23, 000 TEU DF vessel, equipped with GTT's Mark III LNG containment system

(image courtesy of: CMA CGM). [Source: GTT]

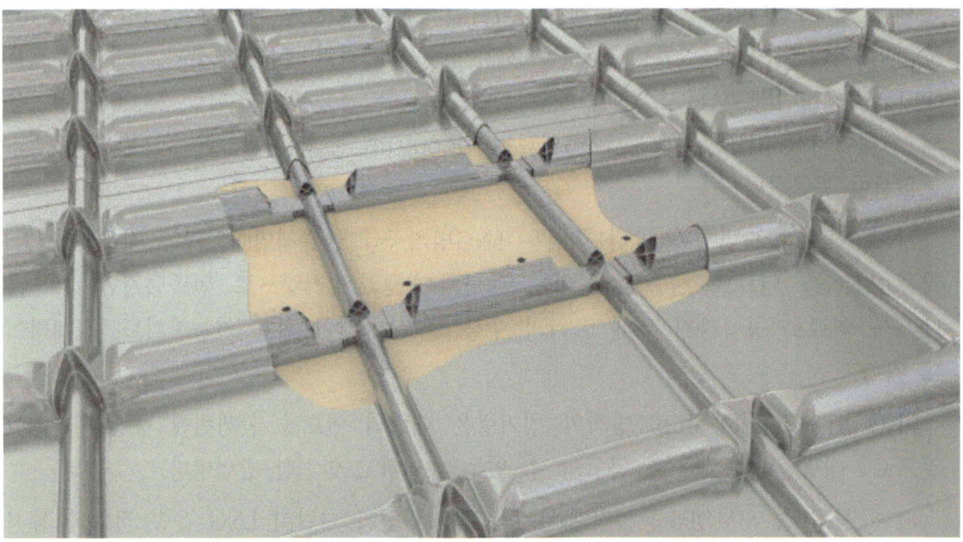

그림 2-6 Artist's impression of the aluminium wedges below the primary membrane corrugations.

[Source: GTT]

그림 2-7 LNG supply chain

LNG연료는 기존의 대형터미널, FSRU 또는 중소형 LNG생산 또는 공급설비로부터 공급된다. LNG수입터미널은 LNG를 수입하여 저장하고 파이프라인을 통하여 소비자에게 가스 상태 연료로 유통하거나 LNG를 재판매한다.

LNG를 해상용 연료로 사용하기 위해서는 액체상태로 유통한다. 이것은 선박과 트럭(탱크로리)에 공급하기 위한 터미널의 설비가 갖추어져야 한다는 것을 의미한다. LNG트럭 로딩설비는 트럭으로 최종 소비자에게 운송할 수 있도록 설계되고 설치된다.

공급터미널에서 LNG를 적하하는 선박의 크기는 매우 다양하다. LNG공급터미널에서는 LNG벙커링선박(LNG bunker vessel)과 소형운송선박(Feeder vessel)이 있다. 다른 형태의 LNG추진선에 LNG를 주입할 수도 있다.

(2) 다른 공급 체계 (Alternative supply chains)

아래 공급체계는 크기가 작은 LNG연료추진선에 적합한 것으로 LNG 트럭을 병열로 연결하여 약 100 m^3 까지 공급할 수 있다. LNG트럭 공급설비가 충분하면 LNG수입터미널로부터 상당히 먼 거리까지 공급할 수 있다.

그림 2-8 Alternative supply chain (1)

다음 공급체계(그림 2-9)는 50 m^3까지 연료가 소요되는 소형 LNG연료추진선에 적용될 수 있다. 대형LNG 수입터미널로부터 상대적으로 먼 거리에 있거나 트럭공급설비가 잘 갖추어지지 않은 대형 LNG수입터미널 인근에 있는 곳에 LNG연료를 공급할 수 있는 체계이다.

그림 2-9 Alternative supply chain (2)

아래 공급체계(그림 2-10)는 100 m^3 이상의 LNG가 요구되는 LNG연료추진선에 적합하며 LNG벙커링설비가 잘 갖추어져 있고 대형LNG수입터미널로부터 먼 거리에 있는 곳에 LNG벙커링에 적합한 공급체계이다.

그림 2-10 Alternative supply chain (3)

아래 공급체계(그림 2-11)는 전용LNG 벙커링 설비를 갖춘 LNG수입터미널 또는 LNG생산설비에 직접 입항할 수 있는 능력을 가진 LNG추진선에 적용되는 체계이다.

현재는 이용할 수 있는 터미널은 거의 없으며 대형터미널은 대개 LNG추진선에 직접 LNG를 공급하는 설비를 가지고 있지 않다.

그림 2-11 Alternative supply chain (4)

(3) 중간터미널(Intermediate Terminal)

LNG생산지로부터 소비지까지의 거리가 LNG벙커링선박이나 트럭으로 운송하기가 먼 경우에는 중간터미널이나 재분배터미널이 사용될 수도 있다. 소형 페리, 항만용 예인선이나 어선 같은 소규모의 소비자에게 파이프라인을 통해 공급하는 지역의 벙커링에 사용되는 소규모의 LNG탱크도 중간터미널이 된다.

중간LNG터미널은 LNG bunker ship, LNG feeder ship 또는 LNG truck으로 LNG를 공급한다. 경제적으로 LNG벙커링선박으로 공급하는 적정한 운송거리는 약 100 nautical mile(185 km)까지로 잡고 있다. 일반적으로 공급 방법은 터미널의 크기나 용도에 따라 선택 된다.

또한, 중간터미널에서는 LNG bunker vessel, LNG feeder vessel, LNG truck, pipeline 등으로 최종 소비자에게 공급된다. 중간터미널은 터미널의 용도와 목적에 따라 그 크기가 여러 가지이다. 대형 LNG수입터미널과는 달리 대형 항만에서의 LNG터미널은 저장용량이 대략 100,000 m^3 이고, 벙커링 안벽에서 파이프라인을 통해 예인선이나 어선 등에 공급하는 중간터미널은 그 저장 용량이 100 m^3 이하인 것도 있다.

기존의 중형 LNG저장 탱크는 보통 육상에 설치되어 있으나 벙커링터미널은 중간터미널로서 해상부유식 바지나 선박의 형태로 건설할 수도 있다. 이 경우는 LNG 벙커링선박이나 중소형 LNG선이 접안하여 계류할 수 있는 설비를 갖추어야 한다. 육상에 고정된 터미널에 비해 부유식터미널은 투자비가 적게 들고 건설기간이 짧은 장점이 있다. LNG Container 같은 이동식 저장탱크(mobile storage tank)는 철도, 선박, 강, 도로를 통해 LNG를 공급할 수 있다.

그림 2-12 소형LNG터미널(Nynäshamn, Sweden)

(4) LNG벙커링선(LNG Bunker Vessel)

중소형 LNG선은 중간터미널에서 LNG의 재분배에 이용된다. 이것은 LNG선과 구분되어 LNG벙커링전용선과 중소형LNG운송선으로 나눌 수 있다. 그림 2-13은 국내조선소에서 건조한 세계최초의 LNG벙커링전용선이다.

LNG벙커링전용선은 일반 LNG feeder vessel에 비해 작고 항만 내에서 조종성이 우수한 특징이 있다. 일반적으로 추진시스템은 두 대의 엔진 또는 두 대의 추진기를 사용하여 조종성능을 강화하고 비상시에 대체할 수 있는 대체수단(redundancy) 기능을 가진다.

LNG벙커링선박은 실제 환경에 따라 선박의 용량과 제원이 달라진다. 일반적으로 선박의 LNG연료 공급용량은 1,000~10,000 m^3 이며, 최근에는 20,000 TEU급 이상의 LNG추진 초대형컨테이너선박의 연료공급을 위해 18,000~20,000 m^3 의 고용량 벙커링 선박이 건조되고 있다.

또한 다양한 선박에 폭넓은 서비스를 위해 LNG연료와 함께 각종 연료유를 공급할 수 있도록 연료유와 LNG를 함께 실을 수 있는 LNG벙커링선박의 디자인도 개발되고 있다.

LNG벙커링선박 자체가 가능한 한 친환경선박이 될 수 있도록 LNG추진엔진을 탑재하고 LNG연료로 추진한다. 높은 용량의 화물펌프와 고효율의 이송시스템은 빠르고 안전한 벙커링작업을 보장한다.

그림 2-13 LNG벙커링전용선(Engie Zeebrugge호)

(5) 중소형 LNG운송선(LNG feeder vessel)

중소형 LNG운송선은 지역적으로 LNG를 유통하기 위한 것이다. LNG는 대형수입터미널에서 적재하여 해안선을 따라 분포되어 있는 수요자(receivers)에게 공급된다. 그 주된 수요자(primary receivers)는 여러 가지 크기를 가진 중간 LNG저장탱크 또는 많은 양의 LNG연료를 필요로 하는 대형선박이 된다.

중소형LNG운송선의 용량이나 제원은 여러 가지 시장의 요구, 선박의 조종성능, 물의 깊이, 그 외 항만이나 벙커링지역의 물리적 제한 조건 등에 따라 달라진다. 중소형 LNG운송선의 대표적인 크기는 대략 7,000~30,000 m^3 가 될 것으로 예측된다.

탑재되는 장비들은 운송하고자 하는 LNG화물을 고려하여 가능한 한 유연하게 대처할 수 있도록 선택된다. 이것은 LNG저장탱크의 개수, 화물펌프, 이중연료엔진을 결정하는 데도 마찬가지다.

중소형 LNG운송선의 연료는 주로 LNG화물의 증발가스와 LNG화물을 기화하여 사용하고 주기관과 보조기관은 선박의 대체수단을 확보하기 위하여 이중연료엔진을 탑재한다. 중소형 LNG운송선은 LNG를 중간 LNG저장탱크에 공급하므로 근본적으로 선박의 조종성능이 뛰어나야 하므로 고용량의 bow thruster, 고성능 타(rudder) 등이 설치된다.

중소형 LNG운송선은 수심이 낮은 해안을 쉽고 안전하게 항해할 수 있고 계류작업도 가능한 한 예인선의 도움 없이 수행하는 것이 경제적이다.

그림 2-14 LNG Feeder Vessel(Coral Methane호)

(6) LNG TRUCK

특수하게 설계된 트럭이 LNG운송에도 폭넓게 사용된다. LNG트럭은 보통 40~80 m^3의 LNG를 운송할 수 있으며 그 용량을 제한하는 나라도 있다. LNG트럭은 보통 IMO type C tank와 같은 방법으로 화물이 적재된다.

트럭으로 LNG를 다른 저장탱크로 이송하는 데는 보통 두 가지의 방법이 이용된다. 하나는 트럭 탱크의 압력을 높여서 압력 차에 의한 이송 방법이고, 또 하나는 펌프로 이송하는 방법이다.

트럭의 탱크 내 압력을 높이는 방법은 매우 느리기는 하나 많은 장비를 필요하지 않은 장점이 있고, LNG를 펌프로 이송하는 방법은 이송률이 높은 장점이 있다. 보통 LNG트럭의 이송 호스는 2~3인치 구경의 것을 사용한다. 세미트레일러형 LNG트럭의 경우 관련서류 및 안전절차서 작성 및 승인을 포함해서 약 2시간 정도 소요되므로 실제 LNG의 이송은 1시간 정도 걸린다.

트럭에 의한 LNG공급은 많은 양을 공급할 때, 비용측면에서 선박으로 공급하는 것보다 효율적이지 못하다. 트럭에 의한 적정한 운송거리는 약 600 km까지로 보고 있다.

그림 2-15는 LNG추진선박에 트럭으로 LNG연료를 주입하는 광경이다.

그림 2-15 LNG Tank Truck

(7) LNG 파이프라인

파이프라인에 의한 장거리 운송은 기술적으로 어렵고 비용이 많이 든다. 따라서 LNG 저장탱크로부터 LNG벙커링스테이션까지 거리가 짧은 곳에 유용하다. 그리고 파이프라인을 사용하지 않을 때 파이프라인에서 발생하는 LNG의 증발도 고려해야 한다.

2.4.2 LPG연료 공급체계(LPG supply chain)

LPG화물 해상운송의 50년 역사는 LPG가 안전하고 효율적으로 운송될 수 있음을 입증했다. LPG를 선박의 연료로 사용하는 것은 비교적 새로운 시도이다. 엔진에 사용되는 LPG 또는 "벙커" 연료는 잠재적으로 유해한 대기 배출을 줄이는 데 도움이 될 수 있으며 국내외 LPG의 새로운 시장을 창출할 수 있다.

해양 연료로서의 LPG 시장은 향후 크게 성장할 것으로 예상된다. 연료 보급은 선박 항해 일정을 충족하고 컨테이너, 차량 적재 또는 승객 승하선과 같은 동시 작업을 고려하여 짧은 시간 내에 완료되어야 한다.

LPG는 압력 하에서 또는 저온 상태로 저장될 수 있으며, 벙커링선박에는 가압 탱크, 반냉장 탱크 또는 완전 냉장 탱크 및 벙커링될 선박에 유사한 배치를 가지고 다양한 조합이 가능하다.

LPG의 두 가지 주요 공급원은 석유 및 가스 생산의 부산물과 정유 공장의 부산물이다. 재생 가능한 에너지로 LPG를 생산하는 것도 가능하다.

(1) LPG 공급 (LPG supply)

LPG연료 공급체계는 생산설비, 저장 설비 종류, 벙커링 위치와 방법에 따라 구분된다.

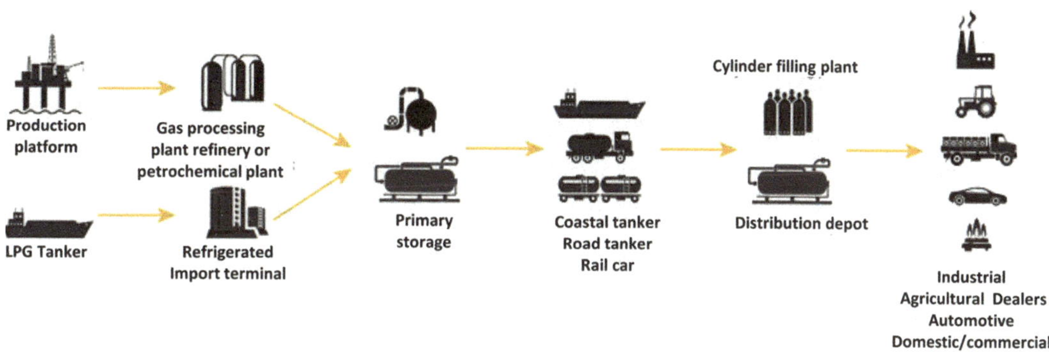

그림 2-16 LPG공급 체계

(2) LPG 항만 터미널 인프라

LPG는 터미널, 정유소 등 기존 시설을 사용하는 선박에 벙커 연료로 효과적으로 공급할 수 있어 다른 대체연료에 비해 인프라 개발 초기 비용을 절감할 수 있다.

전 세계적으로 LPG 저장시설은 1,000개 이상이 될 것으로 보인다. 일반적으로 LNG보다 LPG를 액화시키는 것이 더 쉽기 때문에 벙커 연료로 취급하기가 더 쉽고 경제적이다.

현재 국내외 해상 운송을 포함한 산업 부문에서 연료로 LPG 사용에 대한 높은 관심으로 인해 LPG 공급 및 관련 인프라 지원을 위한 여러 프로젝트가 진행 중이다.

(3) LPG 해상운송 및 운송선박

LPG 피더선은 선박 연료로 사용하거나 근거리 지역에서 공업적으로 LPG를 사용할 목적으로 LPG를 지역 운송하는 데 사용되는 중소형 LPG 운반선이다. 현재 운항 중이거나 건조 중인 LPG 피더선은 7,500~30,000 m^3 용량의 가스 운반선이다.

선박의 크기와 주요 치수는 시장 수요와 접안 장소의 치수 및 부두의 흘수와 같은 예정된 하역 위치의 물리적 제한에 따라 달라진다.

LPG피더선은 대형 LPG수출입 터미널에 선적할 수 있다. 선적은 피더선의 크기에 따라 1,000~6,000 m^3/h의 일반적인 속도로 고정 파이프와 플렉시블 호스 또는 고정 암을 통해 이루어진다.

선박의 화물 탱크에서 배출된 LPG 증기는 증기 회수 라인을 통해 터미널로 반환된다. 벙커터미널이나 벙커링스테이션에서 선박의 하역은 고정 파이프와 플렉시블 호스 또는 고정 암(Loading Arm)을 사용하여 수행된다. LPG는 선박의 화물 탱크에 설치된 잠수형 펌프에 의해 1,000~6,000 m^3/h의 일반적인 속도로 터미널로 이송된다.

LPG는 상온에서 낮은 압력으로 액화될 수 있기 때문에 다른 대체연료에 비해 저장 및 운송이 용이하다.

LPG는 화물 저장 방법에 따라 세 가지 유형의 화물창을 가진 선박으로 운송할 수 있다.

- 저온저장방식 : 일반적으로 대기압에서 -50℃의 저온상태로 저장
- 반가압반저온방식: 일반적으로 -10℃와 4~8 bar의 압력 상태에서 저장
- 가압식: 일반적으로 약 45℃에서 프로판의 증기압에 해당하는 17 bar G의 압력 상태에서 저장

2020년 현재 300척 이상의 LPG운반선이 운항 중이며, 약 90,000 m^3이상의 LPG를 수송할 수 있는 초대형 가스 운반선(VLGC)과 일반적으로 6,000~35,000 m^3 용량의 화물은 반냉동식 저장탱크를 가진 선박으로 운송하고 반면, 1,000~5,000 m^3의 소량 화물은 가압식 LPG 운반선으로 운송한다.

(4) LPG운반선 및 인프라

LPG피더선은 선박 연료로 사용하거나 오지(remote places)에서 LPG를 산업용으로 사용할 목적으로 LPG의 지역 운송에 사용되는 중소형 LPG운반선이다. 현재 운항 중이거나 건조 중인 LPG피더선은 7,500~35,000 m^3 용량의 가스운반선이다.

선박의 주요 제원은 시장 수요와 접안 장소의 공간적 제한 및 부두의 흘수와 예정된 하역 위치 등 물리적 제한에 따라 달라진다.

(5) LPG 벙커링선

LPG벙커선은 항만 내외의 선박에 LPG 연료를 직접 공급하는 소형 LPG선이다. 벙커링 중에 LPG는 벙커선의 화물 탱크에서 공급되는 선박의 연료 탱크로 직접 펌핑된다. LPG벙커선은 LPG 피더선과 설계가 동일하며 일반적으로 500-20,000 m^3의 용량을 가지고 있다. LPG벙커선은 중소형 벙커터미널이나 대형 LPG수입터미널에서 선적할 수 있다.

벙커링은 LPG연료추진선의 연료탱크 크기에 따라 60-3,000 m^3/h의 속도로 플렉시블 호스 또는 고정 암을 사용하여 수행된다.

LPG벙커링선박은 일반적으로 IGC코드의 적용을 받는다.

LPG벙커링바지선은 본질적으로 선박의 추진시스템이 없는 부선형태의 LPG벙커링선박이다. 모든 유형의 다양한 LPG 용량 및 격납시스템이 가능하며 점점 더 많은 설계가 개발되고 있다.

이러한 바지선은 예인선 또는 기타 외부 추진 장치에 의해 이동한다. 하나의 추진장치로 여러 바지를 이동할 수 있는 장점이 있으나 반면에 교통량이 많은 수로에서는 조종성(manoeuvrability)에 대한 어려움이 있다.

(6) LPG벙커링 (LPG Bunkering)

LPG를 엔진 연료로 채택하는 해상 운송업체의 핵심 요구 사항은 LPG 벙커링 시설의 가용성이다. LPG벙커링은 선박에 대한 공급, 저장 및 연료 공급을 위한 전문 인프라가 필요하다.

항구 지역에서 대형 선박의 벙커링은 일반적으로 선박 간 이송으로 수행된다. 이것은 LPG 벙커링의 경우에도 마찬가지다. 소형 선박 벙커링의 경우 탱크로리가 가장 경제적이고 편리한 방식이다.

IGC 및 IGF 코드는 화물 적재 및 하역 작업 또는 LPG벙커링 거래를 다루지 않으나, 가스 운반선의 경우 SIGTTO는 다양한 모범 사례집과 지침서를 개발했다.

LPG는 압력 하에서 저장되거나 저온상태로 저장 될 수 있으며, LPG는 선박이 처리할 수 있는 온도 및 압력 범위에서 항상 사용할 수 있는 것은 아니다. 따라서 벙커링선박과 LPG연료추진선박은 안전한 벙커링에 필요한 장비와 설비를 갖추어야 한다.

LPG연료추진선에서 회수되는 증기는 반냉장 탱크에 비해 너무 높은 압력을 가질 수 있으며 이 경우 벙커링 선박의 재액화플랜트에서 처리해야 하며 이 시스템의 일부 수정이 필요할 수 도 있다.

이 경우 증기 회수에 대한 대안은 LPG 증기를 응축시키기 위해 벙커링선박의 화물탱크 내에 스프레이 라인으로 차가운 LPG를 채우는 것이다.

드문 경우에 벙커링 선박의 가압 탱크와 LPG연료추진선의 반냉동 탱크의 재액화 플랜트로 온도를 낮추어 압력을 낮출 필요가 있다.

가압 탱크가 있는 LPG 운반선에는 일반적으로 재액화플랜트가 장착되어 있지 않으므로 장비 및 화물 처리 시스템의 포괄적인 수정이 필요하다. 이 경우에는 증기 회수 압력을 높이기 위해 설정해야 하는 벙커링 선박에 압축기가 있는 증기 회수 시스템도 필요하다. 가압 탱크가 있는 LPG 운반선에는 일반적으로 압축기가 장착되어 있지만 화물탱크를 비우기 위한 용도로만 사용된다.

LPG벙커링은 탱크로리에서 LPG연료추진선박으로 공급, LPG 터미널에서 LPG연료추진선박으로 공급(PTS), LPG벙커링선박으로 공급하는 방식(STS) 등이 있다.

탱크로리에서 LPG연료추진선박으로 벙커링의 경우, 탱크로리에 의한 벙커링은 연안용 페리 또는 해상플랫폼을 지원하는 해양지원선과 같은 중소형 선박에 연료를 공급하는 데 가장 적합하다.

부두의 LPG탱크로리에서 부두에 정박해 있는 LPG연료추진선박에 LPG연료를 공급하는 것이다. 이 방식의 벙커링은 많은 자본 투자 없이 연료 공급 기능을 제공한다. 이러한 방식으로 LPG탱크로리를 이용하여 LPG연료를 공급하는 것은 트럭 크기, 도로 제한 또는 기타 물류 제약이 있지만 소규모 LPG벙커링에 적합하다.

표 2-12 TTS(Truck to ship) 방식의 장단점

장점	단점
• 운영 유연성 • 제한된 인프라 요구 사항 • 다양한 고객의 요구에 따라 인도되는 양(도로 탱커의 수)을 조정할 수 있음 • 다양한 안전 요구 사항에 적응할 수 있음 • 포인트 투 포인트 배송 시 다양한 LPG 연료 사용자에게 서비스 제공 가능	• 탱크로리의 제한된 용량 • 제한된 유량 • 여객 또는 화물이 관련된 기타 작업에 중대한 영향을 미침

LPG항만터미널(육상)에서 LPG연료추진선박으로 벙커링(PTS)의 경우, LPG터미널 또는 LPG위성터미널에서 부두나 부두에 정박된 LPG연료추진선박에 LPG를 공급하는 것이다. 대형 LPG연료추진선박에 공급할 수 있다. LPG는 소형 저장탱크, 소형 스테이션 또는 수출입 터미널에서 직접 벙커링한다.

표 2-13 PTS(Pipe to ship) 방식의 장단점

장점	단점
• 더 많은 양의 LPG를 더 높은 속도로 제공할 수 있음 • 안정적이고 장기적인 벙커링 수요가 있는 항구에 적합한 방법임 • 특히 항만 처리 시간이 짧은 선박의 경우 벙커링. • 일반적으로 화물/여객 취급 작업에 지장을 주지 않음	• 운항상 LPG연료추진선박을 터미널까지 인도하는 것이 어려울 수 있음. • 대형 LPG터미널과의 근접성은 보장하기 어려울 수 있음 • 건설 및 운영과 관련된 초기 투자 비용 증가

LPG벙커링선박으로 LPG연료추진선박 벙커링(STS)의 경우, 오늘날 LPG 벙커링의 주된 방법은 LPG 바지선이나 소형 LPG벙커링선에 의한 선박 대 선박의 벙커링이다. 이것은 부두에 정박된 LPG연료추진선박에 LPG벙커링선박을 계류하여 연료를 공급하는 방식으로 대형 LPG연료추진선박에 LPG를 공급할 수 있다.

선박 대 선박을 통한 벙커링은 기존 연료유의 가장 일반적인 벙커링 형태이다. 한 배는 터미널 역할을 하고 다른 배는 정박하는 형태이다. 두 선박 사이에 호스가 연결되고 LPG벙커링선박에 있는 펌프가 호스를 통해 액체를 이송한다.

표 2-14 STS (Ship to ship) 방식의 장단점

장점	단점
• 선박은 항로를 우회할 필요가 없음. 벙커링만을 위해 항구에 진입하기 위해서는 많은 시간이 소요되므로 선박이 바다에서 벙커링을 할 수 있으면 더 빨리 목적지에 계속 갈 수 있음 • 선적 또는 양하해야 하는 선박은 더 빨리 정박할 수 있음 • 항구 수수료가 없음. 선박이 항구에 입항할 때 항구 요금을 지불해야 한다. 선박이 벙커링을 하는 동안 바다에 머무를 수 있는 경우에는 지불할 필요가 없음	• 해상 벙커링은 두 배의 움직임으로 인해 정박 중 벙커링만큼 안전하지 않음. • 고가의 선박건조비용

2.4.3 암모니아 연료 공급체계

(1) 암모니아 생산

암모니아는 많은 산업에서 필수 공급원료로 사용되는 중요한 상품이다. 암모니아는 아직 해양 연료로 사용되지 않지만 세계적으로 연간 생산량이 1억 5000만~1억 8000만 ton에 달하는 가장 널리 해상 운송되는 화물 중 하나다.

가장 일반적인 용도(약 80%)는 비료 제조이다. 나머지 수요는 화학, 광업 및 야금, 펄프 및 종이, 섬유 및 플라스틱, 의약품, 세정제, 폭발물 및 냉매와 같은 공정의 원료이다. 상품으로서 암모니아는 국제적으로 거래되며 연간 약 2천만 ton이 일반 가스운반선과 전용 암모니아 운반선을 통해 선박으로 운송되고 있다.

암모니아는 대기 중의 질소(N_2)가 고온 및 고압에서 촉매를 통해 수소(H_2)와 반응하여 암모니아(NH_3)를 생성하는 Haber-Bosch라는 그 역사가 100년이나 된 공정을 통해 가장 일반적으로 생산된다.

여기서 수소 공급원은 가장 일반적으로 메탄(CH_4)이며 이는 증기 개질이라는 과정을 통해 수소와 이산화탄소로 분리된다. 공급망에서 암모니아는 일반적으로 대기압 및 -33.6℃에서 액체로 저장되고 일정 온도에서 반가압식 용기로 운송되기도 한다.

암모니아는 저탄소 에너지를 사용하여 생산될 때 화석 연료에 대한 유망한 대안이 될 수 있다. 실제로 암모니아는 다시 수소로 전환될 수 있고 저장 및 운송이 더 쉽기 때문에 수소 운반체로도 사용할 수 있다.

해양 산업에서 암모니아의 수요는 생산 및 유통 인프라의 규모 확대를 주도할 가장 큰 잠재력을 가지고 있다. 그러나 암모니아가 해운을 탈탄소화하는 데 큰 역할을 하려면 수억 ton에 달하는 훨씬 더 많은 양이 필요할 것이다.

녹색 암모니아(green ammonia)는 녹색 수소(green hydrogen)를 사용하여 생성된 암모니아이다. 녹색 수소는 물을 수소 가스와 산소로 전기 분해하기 위해 무공해 전기를 사용하여 생산된 수소이다. 수소 가스는 전통적인 Haber-Bosch 공정으로 생산된다. 수소와 암모니아 생산 공정에서는 온실가스를 생성하지 않는다.

녹색 암모니아를 생산하는 핵심 단계는 전기분해이다. 전기분해는 오늘날 전 세계적으로 사용되는 비교적 성숙한 기술이지만 새로운 시스템 설계 기술도 빠르게 발전하고 있다. 다만, 전기분해 기반 수소 생산은 현재 증기 개질보다 훨씬 더 비싸다.

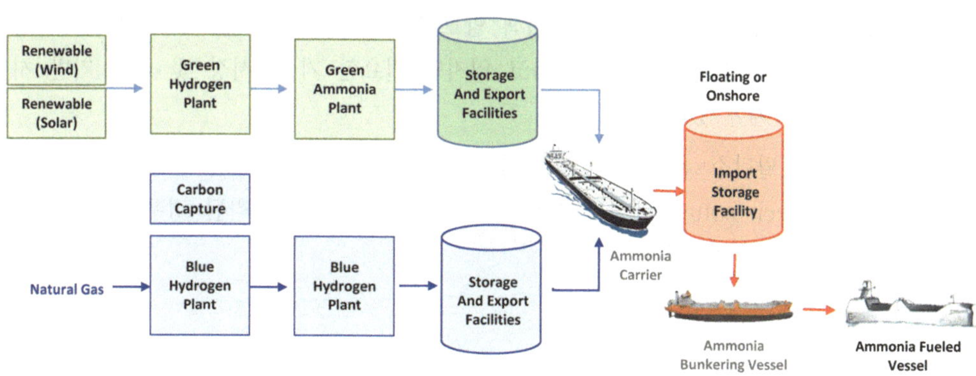

그림 2-17 Ammonia Supply Chain

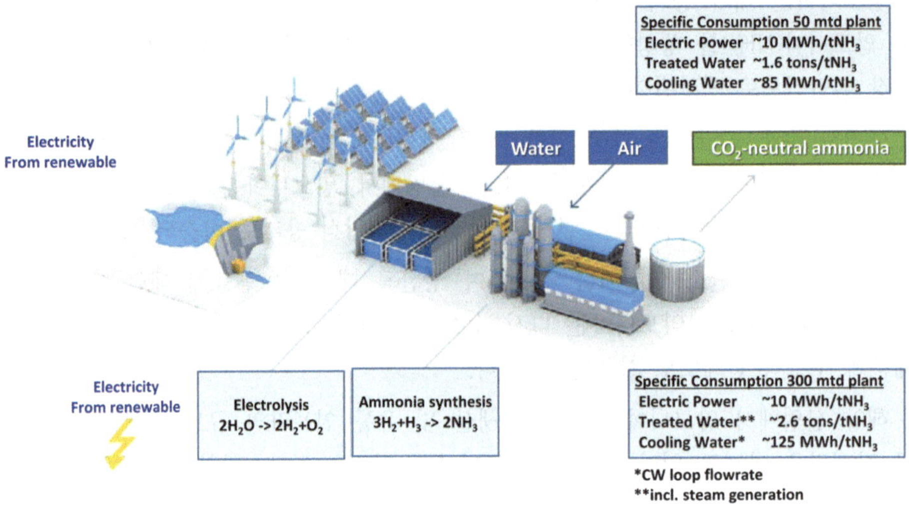

그림 2-18 Green ammonia production system by Thyssenkrupp
[Source :(Will, Lueke, 2nd Power to NH_3 conference, 2018)]

녹색 에너지로부터 전기분해를 통해 생산되는 암모니아는 현재 화석 가스의 증기 개질에서 나오는 암모니아의 대략 3배의 비용이 든다. 따라서 가능한 한 저렴하게 생산을 시작하고 장기적으로 비용을 낮추는 메커니즘이 필요하다.

낮은 유해가스 배출로 수소를 생산하는 또 다른 대안은 증기 개질 공장에서 탄소 포집 및 저장(CCS) 기술을 적용하는 것이다. 이런 공급원에서 나오는 수소와 암모니아는 청색 수소(blue hydrogen) 및 청색 암모니아(blue ammonia)라고 한다. 이산화탄소 포집(CCS)과 관련된 활동이 증가하고 있지만 필요한 기술, 시장 및 규제 기반 시설은 아직 시작 단계에 있다.

따라서 탈탄소 운송 수단으로 암모니아를 사용하면 연소된 암모니아가 재생 가능한 공급원(green source)에서 생산되거나 탄소가 포집 및 격리된 경우에만 온실가스 감소 목표를 달성할 수 있다.

(2) 암모니아 벙커링

현재 선박 연료로 녹색 또는 회색 암모니아가 공급되지 않기 때문에 벙커링을 위한 인프라를 선택해야 한다.

암모니아운반선은 화물이 암모니아이므로 연료 공급은 기존 암모니아 터미널에서 이루어지며 화물 처리를 위한 기존 인프라를 활용한다.

암모니아연료추진선박의 연료공급은 벙커링에 대한 옵션은 경우에 따라 화물탱크에서 직접 공급, 내부 이송, 로딩 암, 바지선 등을 이용하는 등 다양하게 이루어진다.

암모니아 벙커링에 대한 안전 표준 및 규정은 아직 확립되지 않았지만 암모니아 운반선의 승선원은 이미 선박에 암모니아를 적재, 취급 및 배출하기 위한 절차 및 국제 안전 표준에 따라 작업하고 있다. 이러한 절차와 안전 표준은 암모니아를 연료로 사용하기 위한 안전 표준을 개발하기 위한 기초로 사용될 가능성이 매우 높다.

2.4.4 수소 연료 공급체계(LH_2 Supply chain)

(1) 수소 연료의 특성

수소는 joule 또는 kWh/kg 단위로 높은 비에너지를 갖지만 다른 해상 운송용 연료에 비해 낮은 에너지 밀도를 갖는다. 저위발열량에서는 120 MJ/kg 또는 33.3 kWh/kg을 포함하고 1 bar의 압력에서 기체 형태로 0.08 kg/m^3, 액체 형태로 70.8 kg/m^3의 밀도를 갖는다.

수소의 온도를 섭씨 -252.9℃까지 낮추면 액체로 변환되어 대량 유통에 더 적합하게 된다. 0,1 MPa(1 bar)의 액화수소(LH_2)는 25 MPa(250 bar)의 압축 수소보다 부피 단위당 에너지가 약 4배, 35 MPa(350 bar)보다 거의 3배 더 많은 에너지를 포함한다.

표 2-15 Properties of hydrogen and other energy carriers

	Boiling Point (℃, 1bar)	Density (kg/m^3)	Specific Energy LHV (MJ/kg)	Specific Energy LHV (kWh/kg)	Energy density (MJ/m^3)	Storage temp/pressure	Chemical comp.
Hydrogen	-253	0.089	120	33.3	10.8		H_2
Hydrogen compressed		23 (350 bar)	120	33.3	5,040	Ambient 200~1000 bar	
Hydrogen loquid		71	120	33.3	8,500	Cryogenic Atm /Low pressure	
MGO	175~650	890	42.7	11.97	38,000	Ambient atmospheric	Hydro-carbon
LNG	-162	440	50	12.50	22,000	Cryogenic Atm /Low pressure	CH_4
LPG	-42	490	46.4	12.90	22,740	Ambient or Cryogencic/atm	C_3H_8
Liquid Ammonia	-33.3	653.1	18.6	5.17	14,100	Ambient High /Atm pressure	NH_3
Methanol	65	780	20	5.56	36,700	Ambient Atm.	CH_3OH
Biodiesel	〉130	875	37.27	11.80	32,375	Ambient Atm.	

액화수소는 전 세계적으로 수소 생산이 부족한 것은 아니지만 전 세계 액화 용량은 약 350 ton/day로 추정된다. 현재 액화 수소의 대규모 소비자는 항공 우주 산업, 화학 산업, 전자, 반도체 산업 및 야금 산업이다.

현재 생산의 대부분은 아메리카 대륙에서 이루어지며 대략 미국에서 215 ton/day, 캐나다에서 81 ton/day의 생산 능력으로 추정된다. 에어리퀴드, 에어 프로덕츠, 프렉스에어가 미국에서 하루 90 ton의 추가 생산 공장을 건설할 계획을 발표함에 따라 생산 능력이 증가할 것으로 예상된다.

일본은 미국과 캐나다에 이어 세 번째로 큰 액화수소 생산국으로 추정 생산 능력은 하루 30 ton이다. 유럽에는 현재 3개의 액화수소 생산 공장이 운영 중이며 일일 생산량은 약 20 ton이다. 유럽의 3개 생산 공장 모두 현재 CCS가 없는 증기 메탄 개질을 통해 천연가스에서 액체 수소를 생산한다.

현재 노르웨이에는 액화 플랜트가 없기 때문에 액화수소는 모두 유럽에서 수입한다. 로테르담의 에어 프로덕츠에서 액체 수소는 극저온 탱크만 있는 도로 위의 트럭을 통해 배포되거나 부두를 오가는 도로 운송이 가능한 로로 선박의 최상층에서 극저온 탱크 컨테이너로 이송될 수 있다.

시장 관점에서 Equinor는 최소 5 ton/day의 수요를 보유하고 있으며 10~15 ton/day 수요를 기대하고 있다. 2019년 1월 Gasnor(가스 공급업체), Sunnhordland Kraftlag(수력 발전) 및 Kvinnherad 지방 자치 단체가 주도권을 가지고 개발을 시작하였다. 그들은 Kvinnherad(Bergen에서 남동쪽으로 약 2시간 거리)에 10~20 ton/day의 생산 능력을 갖춘 액화 공장을 건설하는 것을 고려하고 있지만 프로젝트 개발의 매우 초기 단계에 있다.

Certif HY 프로젝트를 통해 EU는 현재 녹색수소(green hydrogen)에 대한 원산지 보증 제도를 개발하고 있다. 이 계획은 수소 생산자가 제품을 인증하기 위해 인증서를 구입할 수 있는 전기 원산지 보증 시장과 동일한 원칙에 따라 구축되었다.

저탄소 수소에 대한 임계값은 36.4 g/CO_2eq/MJ H_2 또는 수소 킬로당 약 4,36 kg/CO_2eq로 설정되며, 이는 91 g/CO_2eq/MJ H_2 또는 가스 개질로 인한 수소 1 kg당 약 10.9 kg/CO_2eq.에서 사용 가능한 최고 기술의 기준치보다 60% 낮다.

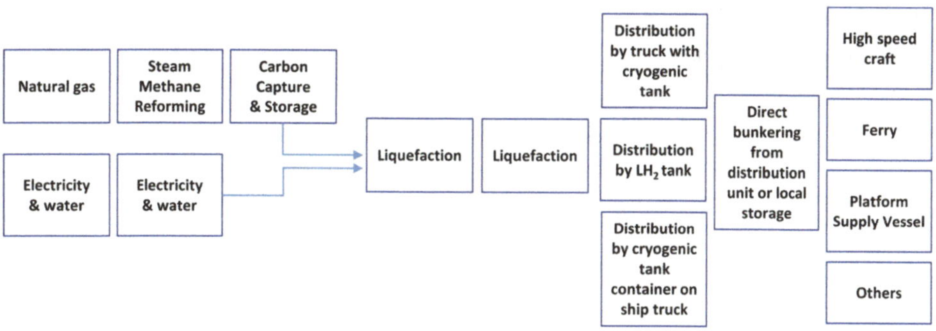

그림 2-19 Norwegian future value chains for liquid hydrogen

(2) 수소의 생산

천연가스를 이용한 가스개질과 전기와 물을 이용한 전기분해, 수소를 생산하는 다른 방법이 있지만 이 두 가지 방법이 가장 일반적이다. 또한 천연가스의 수소는 CO_2배출을 피하기 위해 탄소 포집 및 저장과 결합되어야 한다.

가스 개질(Gas Reformation)은 오늘날 가장 일반적인 수소 생산 형태는 증기-메탄 개질(SMR)이다. SMR에서 메탄은 촉매가 있는 상태에서 증기와 반응하여 수소, 일산화탄소 및 이산화탄소를 생성한다. 이어서, "수성 가스 전환 반응(수전해)"이라고 하는 일산화탄소와 증기가 촉매를 사용하여 반응하여 이산화탄소와 더 많은 수소를 생성한다. 최종 단계에서 이산화탄소와 수소 가스로 분리된다.

초기 단계에 있지만 천연가스로부터 수소를 생산하고 모든 주요 시장에서 사용하는 탄소 포집을 위한 상업적으로 이용 가능한 기술이 이미 있다. 탄소 포집을 위한 가장 성숙한 기술은 아민 기술과 같은 용매를 사용한 흡수법이다. 여기에서 CO_2는 물과 아민으로 구성된 액체인 아민 용매에 의해 포집된다.

다른 기술은 Air Liquide가 개발하여 2015년 노르망디의 Port-erome에 있는 생산 시설에서 사용된 저온 포집 시스템 Cryocap이다. 여기에서 저온 압축, 액화 후 가스를 분리한다.

오늘날 전기분해(hydrogen from electrolysis)로 생산되는 수소의 전기 공급원은 알려져 있지 않지만 많은 경우 재생 가능 에너지와 화석 자원의 혼합에서 나온다고 가정하는 것이 합리적이다.

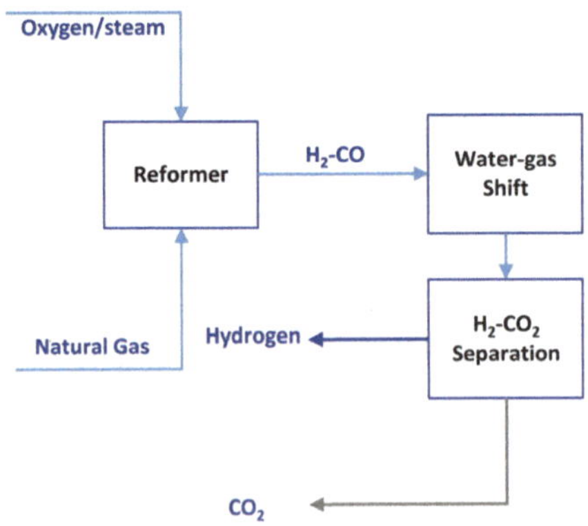

그림 2-20 Hydrogen by gas reformation

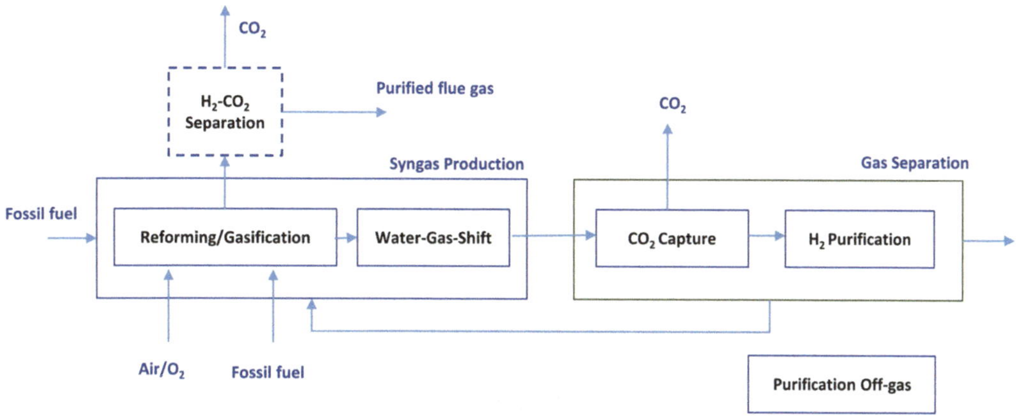

그림 2-21 Carbon Capture from Steam-Methane Reforming

가스화(gasification)는 석유, 석탄 또는 바이오매스와 같은 연료를 완전 연소를 위한 충분한 산소 공급 없이 건조 및 가열하여 주로 수소와 CO_2 로 구성된 합성가스를 생성하는 과정이다.

수소는 생산 방법에 관계없이 -253℃에서 액체가 된다. 액화(liquefaction)를 하기 위해 수소를 공급할 수 있는 곳에 액화 플랜트를 건설한다. 더욱이 오늘날 수소는 주로 천연가스에서 공급된다. 대부분의 수소 액화 플랜트는 천연가스 터미널에 위치하고 수소 생산 현장에서 액화된다.

수소는 그 특성으로 인해 운송 비용이 비싸기 때문에 수요처 근처에서 생산하는 것이 좋다. 상업적 규모의 경제적인 액화 플랜트 시장은 Linde, Air Products 및 Praxair가 지배하고 있다.

수소를 액화하기 위해 역 헬륨 브레이튼 주기(reversed helium brayton cycle)과 클로드 사이클(claud cycle) 2가지 주요 방법이 있다.

첫 번째 역 헬륨 브레이튼 주기의 경우, 소규모 플랜트(최대 3TPD)는 자본 비용이 더 낮은 경향이 있는 반면 운영 비용은 더 높은 경향이 있는 역 헬륨 브레이튼 사이클에 의존한다. 역 헬륨 브레이튼 사이클은 10~15 bar의 압축 수소가 공정에 주입되면서 시작된다. 그런 다음 액체 질소를 사용하여 수소를 약 -193℃로 사전 냉각한다. 액체 질소는 이후 대기로 배출되고 재활용되지 않는다.

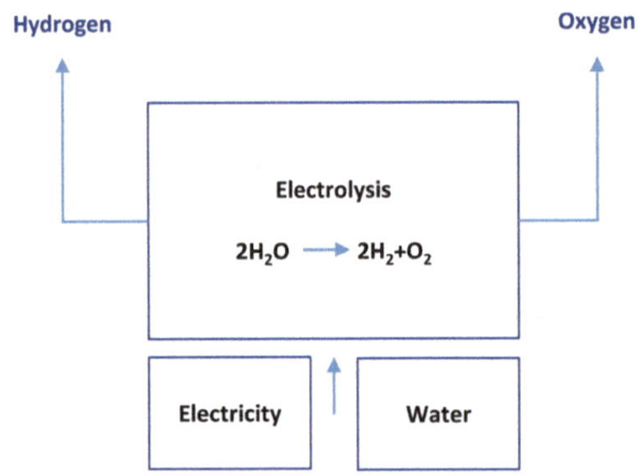

그림 2-22 Hydrogen by electrolysis

수소는 헬륨 냉각 사이클을 통해 팽창 터빈을 사용하고 마지막으로 줄 톰슨(Joule-Thomson) 밸브를 통해 냉각된다. 헬륨을 사용하면 저비용의 오일 주입식 스크류 압축기를 사용할 수 있으므로 플랜트는 위험구역 요구 사항을 피할 수 있으므로 관련 투자 비용을 더욱 줄일 수 있다. 결과적으로, 저가형 압축기는 비효율적이며 따라서 더 많은 에너지를 사용하고 따라서 더 높은 에너지 비용이 들어간다.

두 번째 클로드 사이클의 경우, 반면에 대규모 공장은 자본 비용이 더 높지만 생산 수준이 충분히 높아 낮은 운영 비용(단위당)이 이를 상쇄하는 클로드 사이클에 의존한다. 현재의 모든 대규모 액화 시스템은 사전 냉각된 클로드 사이클 버전을 기반으로 한다.

브레이튼 사이클과 마찬가지로 액체 질소는 수소를 약 -193℃로 사전 냉각하는 데 사용된다. 액체 질소는 이후 대기로 배출된다. 사전 냉각 사이클 후 프로세스는 재활용 압축기를 사용하여 수소를 냉각하고 마지막으로 팽창하는 동안 30K에서 20K로 냉각되는 줄 톰슨 밸브를 통해 액화된다.

극저온 저장 탱크는 여러 공급업체가 다양한 용량의 저장 솔루션을 제공하기 때문에 기술 준비 수준이 가장 높은 공급체계(value chain)의 일부일 것이다. 예를 들어, Linde 社는 최대 300 m^3의 LH_2 저장 탱크를 공급한다.

세계에서 가장 큰 단일 극저온 저장 탱크는 미국 플로리다에 있는 NASA에 있다. 탱크의 크기는 3,800 m^3이고 용량은 270 ton의 액체수소 저장용이다. 또한 JAXA는 일본에 540 m^3의 저장고를 보유하고 있으며 LH_2 38 ton을 저장할 수 있다. 둘 다 우주선 산업과 관련이 있다.

탱크에는 외부 용기 또는 "진공 재킷"으로 둘러싸여 지지되는 액체 용기라고도 하는 내부 용기가 있다. 내부 용기와 외부 용기 사이의 공간은 절연성과 불활성을 제공하는 천연 소재로 채워져 있다. 전달 시스템에는 탱크 외부에 장착된 게이지와 밸브로 제어되는 진공 재킷을 통해 내부 용기에서 외부로 가스를 운반하는 배관이 설치된다.

(3) 수소의 유통(Distribution)

수소전용운반선에 의한 운송의 경우, 일본 Kawasaki는 소형 2,500 m^3 수소운반선을 건조했다. 160,000 m^3 용량의 대형 수소운반선은 설계 중에 있다. 이 선박은 일본과 호주 사이를 항해하도록 설계되었으며, 호주의 갈탄을 사용하여 발전 회사, 운송업체 등을 위한 수소를 생산한다.

2,500 m^3 수소운반선은 2020년 파이럿 프로젝트용으로 인도되었다. 이 선박은 길이가 약 116 m로 설계되었으며 각각 1,250 m^3의 화물 격납 시스템 2개를 수용할 수 있다. 화물 격납 시스템은 해상에서 최대 21일 동안 증발 가스를 축적할 수 있다. 수소는 이 선박의 추진에 사용되지 않으며 디젤 엔진으로 구동되는 발전기에서 동력을 받는 전기 모터에 의해 구동된다.

그림 2-23 수소운반선의 개념도

[Source: 일본 가와사키 중공업]

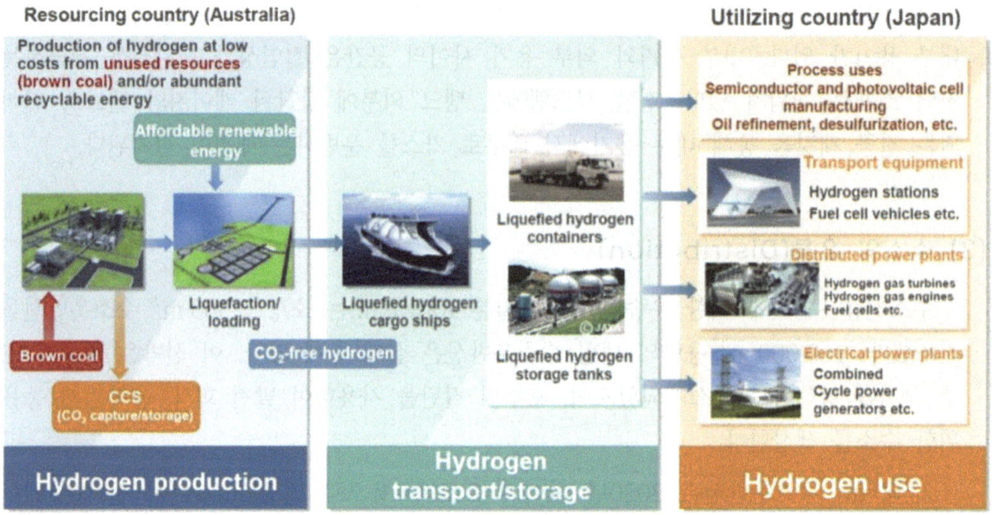

그림 2-24 대용량 액체수소 공급 체계

[Source: 일본 가와사키 중공업]

선박의 극저온 탱크 컨테이너에 의한 유통에 경우, 선박의 컨테이너로 액화수소를 운송하는 경우 두 가지 방법이 있다. 상부 갑판에서 로로페리로 트럭으로 운송하거나 대륙간 컨테이너선에서 ISO 컨테이너로 선적하여 운송한다. 후자의 경우 생산 현장에서 페리로, 페리에서 하역 지점까지 도로 운송이 여전히 필요하며 두 경우 모두 위험물 운송에 대한 유럽 위험물 이동 운반 안전규정인 ADR(European Agreement concerning the International Carriage of Dangerous Goods by Road, 도로위험물운송협정) 규정 적용을 받는다.

육상 운송을 위한 액체 수소 충전소가 있지만 해상 벙커링을 위한 상용화 솔루션은 개발 중에 있다. 액체수소 벙커링시스템은 액체수소 저장 탱크, 불활성 가스 공급 장치 및 플렉시블 벙커링 호스시스템 등 세 가지 주요 요소로 구성된다.

벙커링 스테이션은 수소, 비활성 가스 충전용 호스 연결부와 냉각 가스 회수용 호스 연결부로 구성되어 있다. 이들은 호스를 통해 해안 시설에 연결된다. 불활성 가스는 순수한 연료 공급을 보장하기 위해 벙커링 전에 공기와 수분을 제거하는 데 사용된다. 액체 헬륨이 불활성 가스로 사용되는 경우 액체수소보다 비등점이 낮기 때문에 배관의 예냉도 가능하다.

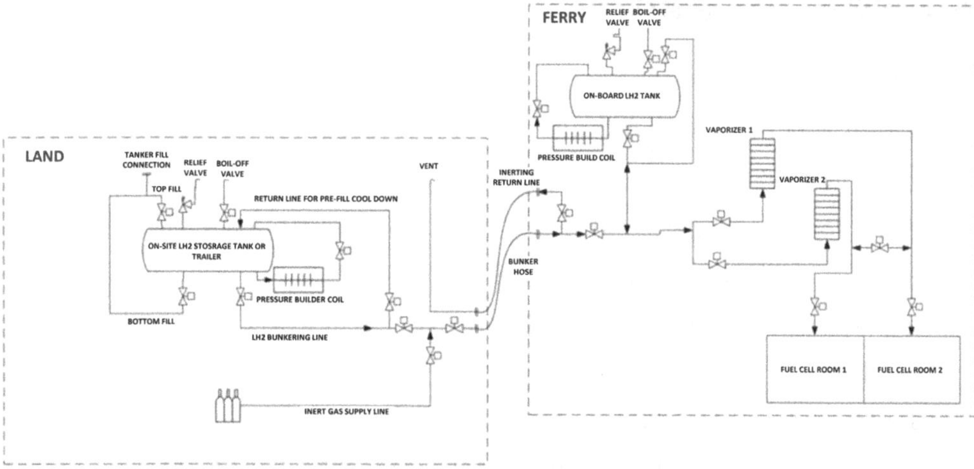

그림 2-25 Flow-schematic of an LH_2-bunkering facility - pressure fill

그림 2-25는 개략적인 흐름도를 나타낸다. 육상 수소 탱크에 축압(Pressure Built-up) 프로세스를 사용하면 펌프를 사용하지 않고도 이송을 수행할 수 있다. 그렇지 않은 경우 액체수소 펌프를 사용하여 이송을 한다.

액체수소 벙커링을 LNG 벙커링과 비교해 보면 특별한 고려 사항이 있으며 가장 중요한 것은 낮은 비등점(-253℃ vs -162℃)이다.

이것은 벙커링 전에 냉각 과정을 최소화하기 위해 가능하면 충전 라인을 짧게 하는 것이 좋다. 배관과 관련 기기류를 냉각하는 데는 충전 프로세스는 연결 해제 전 냉각, 액체수소 이송, 퍼지 및 쿨다운 등 많은 시간이 걸린다.

선박 대 선박 벙커링도 가능하다. Moss Maritime社는 Equinor社, Wilhelmsen社, Viking Cruises社 및 DNV社와 협력하여 액체수소벙커링 선박의 설계를 개발했다.

Moss Maritime社에 따르면 이 선박은 9,000 m^3, 640 ton의 화물을 수용할 수 있으며 상선에 액체수소 벙커링 서비스를 제공하고 해상 운송도 제공할 목적으로 개발 되었다.

액체수소는 최대 25일의 항해 후 최소 500 ton의 액체 수소를 인도할 수 있도록 했다. 화물격납설비는 2개의 4,500 m^3 탱크로 구성된다. 액화수소벙커링선박은 액화수소 터미널에 접안하여 액화수소를 적재한다.

2.4.5 메탄올 연료 공급체계

(1) 메탄올의 특성

메탄올(CH_3OH)은 선박의 탈탄소화에 사용되는 후보 연료 중 하나로 주목받고 있다.

현재는 천연가스의 증기 개질에 의해 생산된다.

메탄올에는 독성이 있으며 상대적으로 낮은 인화점(12℃)과 함께 재료 호환성 문제 외에도 보관, 취급 및 사용 중 특별한 주의가 필요하다.

화물 제품으로서의 메탄올은 MARPOL 협약의 부속서 II에 포함된다. 해양 연료로서 이것은 MARPOL 협약 부속서 VI의 규정 2에 명시된 용어 '연료유'의 정의에 속하므로 해당 부속서 규정 18의 관련 요구 사항이 적용된다.

메탄올의 인화점은 SOLAS 협약 II-2장에서 규정한 일반 사용 한도인 60℃ 미만이므로 IMO의 국제 가스 연료 코드(IGF Code)의 추가 개발 범위 내에서 고려되고 있으며, 이를 위해 임시 지침이 있다.

메탄올(CH_3OH)은 약한 알코올 냄새가 나는 무색의 수용성 액체이다. -97.6℃에서 얼고 64.6℃에서 끓으며 20℃에서 0.791 kg/m^3의 밀도를 갖는다.

메탄올은 과일, 야채, 발효 식품 및 음료, 대기 및 우주에서도 자연적으로 발생한다. 역사적으로 메탄올은 목재의 증류에 의해 목탄 제조의 작은 부산물로 처음 생성되었기 때문에 일반적으로 목제 알코올이라고 불렸다.

1920년대까지 나무는 메탄올의 유일한 공급원이었다. 그 시점부터 석탄에서 메탄올의 산업적 생산을 하게 되었고 1940년대부터 천연가스에서 생산을 하게 되었다.

2019년 이후 연간 생산량 중 60% 이상이 메탄올을 통해 포름알데히드, 아세트산, 메틸 메타크릴레이트, 에틸렌 및 프로필렌과 같은 화학 물질을 합성하는 데 사용되었다.

높은 옥탄가로 인해 메탄올은 내연 기관(ICE)에서 가솔린을 대체하거나 첨가제로 사용할 수 있다. 특히 메탄올은 휘발유와 디젤의 체적 에너지 밀도의 약 절반에 불과하다.

해상 운송 메탄올에 대한 관심은 증가하고 있다. 현재 운영 중이거나 발주 중인 20척 이상의 대형 선박이 메탄올로 구동된다.

세계 최대의 메탄올 생산 및 유통업체인 Methanex社도 디젤 연료 또는 메탄올로 작동할 수 있는 이중 연료 MAN 엔진을 탑재한 50,000 DWT(Dead Weight Tonnage) 케미컬 탱커를 운영하고 있다.

표 2-16 메탄올 : 선박연료로서의 장단점

장점	단점
• 해양 연료로 메탄올을 사용하면 ECA의 엄격한 배출 기준과 2020년 발효된 IMO에서 설정한 새로운 글로벌 배출 기준을 충족 • 재생 가능한 메탄올은 온실가스 배출 감소 • 메탄올 벙커링은 전 세계의 많은 항구에서 사용할 수 있음 • 메탄올과 디젤 이중연료로 작동하도록 개조된 디젤 엔진으로 구동된다(현재 20척 이상의 대형 선박이 운항 중) • 연소 시 오염물질 배출 감소 • PM, SOx 배출 없음 • NOx 배출을 낮춤 • 저탄소 및 재생 가능한 메탄올은 화석 연료에 비해 전체 CO_2 배출량 감소 • 휘발유보다 화재시 안전한 연료	• 경쟁 기술(예: 선택적 촉매 환원, 스크러버, 필터, 배기 재순환 시스템) • 경쟁 연료(예: 저유황 연료유, 저유황 증류 연료, LNG, 수소, 암모니아) • 불완전 연소는 포름알데히드 및 포름산 오염물질을 유발할 수 있음 • 공기 중에서 폭발성 혼합물을 형성 • 독성(독성 노출은 흡입, 피부 및 눈 접촉 및 섭취에 의해 발생) • 인화성이 높음

그림 2-26 Methanol-powered Stena Germanica 50 000 DWT ferry operating between Gothenburg and Kiel

[Source: Stena Line (2020)]

(2) 메탄올의 생산 (methanol production)

세계 최대의 메탄올 생산 및 소비국은 중국이며, 2018년에 약 5,500만 ton의 메탄올을 소비했으며 그 중 4분의 1이 연료 응용 분야에 사용되었고 전 세계 총 수요의 절반 이상을 차지한다.

메탄올 약 65%는 천연가스 개질(회색 메탄올)을 기반으로 생산하고 나머지(35%)는 주로 석탄 가스화(갈색 메탄올)를 기반으로 생산한다. 현재 재생 가능한 자원(녹색 메탄올)으로 부터의 생산은 약 0.2%에 불과하다.

석탄을 사용하는 대부분의 메탄올 생산은 막대한 석탄 매장량이 있는 중국에서 이루어진다.

탄소 포집 또는 재생 가능한 전력 투입 없이 석탄과 천연가스에서 생산된 메탄올(갈색 및 회색 메탄올)은 일반적으로 탄소 집약도가 높은 것으로 간주되며, 다양한 형태의 재생 가능 에너지 사용을 기반으로 하는 메탄올은 탄소 집약도가 낮은 것으로 간주된다.

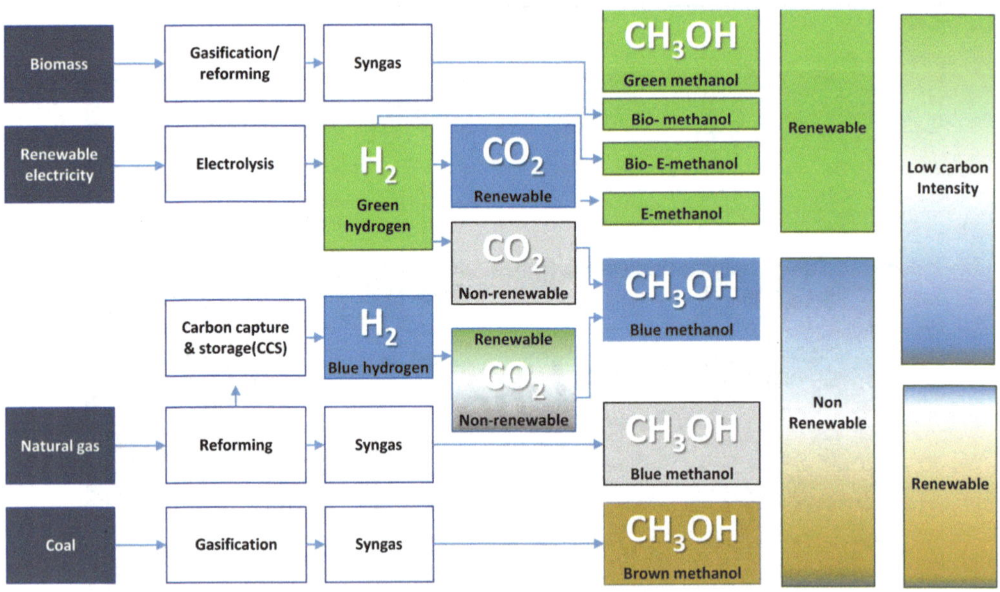

그림 2-27 Proposed classification of methanol from various feedstocks

메탄올은 재생 가능한 것과 재생 불가능한 것으로 분류되기도 한다. 재생 가능 제품으로 인정받기 위해서는 메탄올 생산에 사용되는 모든 공급원료가 바이오매스, 태양열, 풍력, 수력, 지열 등과 같은 재생 가능 원료이어야 한다.

메탄올을 천연가스와 석탄으로부터 생산하려면 먼저 일산화탄소(CO), 수소(H_2) 그리고 이산화탄소(CO_2)의 혼합물인 합성가스(synthetic gas)로 전환되어야 한다.

석탄의 경우 합성가스는 고온(공정 및 공급원료에 따라 800~1,800℃)에서 부분 산화 및 증기 처리를 결합한 가스화에 의해 얻어진다.

저탄소 메탄올은 천연가스에서 메탄올 생산의 탄소 집약도를 줄이기 위해 많은 회사에서 저탄소 메탄올(LCM) 공정을 개발했다. 천연가스를 사용하면서 CO_2 배출량을 줄이는 방법이 있다.

한 가지 옵션은 다른 공정에서 나온 CO_2 를 메탄올 합성 루프에 주입하는 것이며, 다른 하나는 메탄올의 첫 번째 단계를 탈탄소화하는 것이다.

재생 가능한 메탄올은 초저탄소 또는 순 탄소중립 재생 가능한 메탄올은 다양한 곳에서 생산할 수 있다. 임업 및 농업 폐기물과 부산물, 바이오 가스, 하수, 도시 고형 폐기물(MSW) 및 펄프 및 제지 산업의 흑액과 같은 바이오매스에서 생산되는 재생 가능한 메탄올을 일반적으로 바이오 메탄올이라고 한다. 이에 비해 재생 가능한 전기로 생산된 이산화탄소와 녹색수소로부터 얻을 수 있는 것은 일반적으로 "e-메탄올"이라고 불린다.

재생 가능한 자원 및 공정에서 나오는 바이오 메탄올 및 e-메탄올은 화석 연료 기반 메탄올과 화학적으로 동일하지만 전체 수명 주기 동안 온실가스 배출량을 현저히 낮춘다.

CO_2에서 합성된 메탄올(e-메탄올)은 1단계 촉매 공정을 통해 CO_2와 녹색 수소로부터 쉽게 얻을 수 있는 액체 제품이다. '잉여전력을 활용한 대체연료 저장 또는 생산기술(Power-to-X 기술)'을 통해 생산되는 e-메탄올은 전기 연료(e-연료) 및 전기 화학 물질로 간주된다.

전기화학적 공정을 통해 e-메탄올을 생산하는 방법에는 여러 가지가 있다. 가장 간단하고 가장 성숙한 방법은 재생 가능한 전기를 사용하여 물을 전기분해하여 수소를 만든 다음 CO_2와 촉매 반응하여 e-메탄올을 형성하는 것이다.

또 다른 접근법은 전기분해를 통해 합성가스의 구성요소인 CO와 H_2를 모두 생산한 다음 기존의 메탄올 생산에 사용되는 것처럼 합성가스를 e-메탄올로 전환하는 것이다.

표 2-17 Comparison of various fuel properties

Fuel type	LHV (MJ/kg)	Volumetric energy density (GJ/m^3)	Storage pressure (bar)	Storage pressure (℃)
Methanol	19.9	15.8	1	20
DME	28.9	19.2	5	20
LNG	48.6	20.8	1	-162
CNG	48.6	9	250	20
Liquid ammonia	18.6	11.5	1~10	-34(@ 1 bar) ~20(@ 10 bar)
Liquid hydrogen	120	8.5	1	-253
Compressed hydrogen	120	4.7	700	20
Gasoline	43.4	32	1	20
Marine gas oil	42.8	36.6	1	20
Lithum ion battery	0.4~1	0.9~2.4	1	20

화석 연료에서 포집한 CO_2를 한 번 더 사용하여 대신 메탄올을 생산한다. 단순히 CO_2를 대기로 방출하는 것만으로도 잠재적으로 배출량을 절반으로 줄일 수 있다. 이러한 유형의 메탄올은 저탄소 연료로 간주될 수 있다.

(3) 메탄올의 유통(storage, transport and distribution of methanol)

메탄올은 이미 광범위한 유통 및 저장 용량을 갖춘 전 세계적으로 사용 가능한 상품이다. 수백만 ton의 메탄올이 선박, 바지선, 철도 및 트럭을 통해 다양하고 흩어져 있는 사용자에게 매월 운송되고 있다. 해운 부문에서도 기존의 설비를 약간의 개조로 저렴한 비용으로 사용할 수 있다.

메탄올은 석유 및 그 제품과 마찬가지로 파이프라인을 통해 운송될 수도 있다. 자동차, 버스 및 트럭에 메탄올을 공급하는 주유소는 현재 주유소와 본질적으로 동일하다.

그리고, 메탄올 재충전 인프라는 액화천연가스(LNG) 충전소보다 훨씬 저렴하다.

선박용 메탄올 벙커링은 쉽고 깨끗하다. 메탄올은 대기압에서 액체 상태이므로 기존의 연료유처럼 저장할 수 있다. 따라서 메탄올을 저장하기 위한 기반 시설 비용은 특히 LNG 또는 수소 대비 낮다. 메탄올은 오늘날 이미 100개 이상의 주요 항구에서 사용할 수 있다.

메탄올은 기존 연료유의 약 절반 에너지 함량을 가지므로 더 많은 양의 메탄올을 운반하거나 더 자주 벙커링을 해야 한다. 메탄올은 대기 압력 및 온도에서 액체 상태이다. 기존 연료유 탱크는 메탄올 호환 코팅을 사용하여 개조할 수 있다.

메탄올은 IMO 화학 물질 운송에 대한 등급 시스템을 사용하여 해양 생물에 유독한 것으로 평가되지 않았기 때문에 저장 탱크는 위치에 관한 유연성 있으며, 탱크 위치는 외부 선체에 인접하여 설치할 수 있다.

메탄올 벙커링에 대한 안전 절차는 잘 알려져 있고 전 세계적으로 시행되고 있다. 메탄올 분자는 상온에서 안정적으로 유지된다. 유출을 줄이면서 기존 연료처럼 쉽게 처리된다.

메탄올 취급 용이성으로 인해 메탄올을 지원하는 벙커링 회사는 기존 오일 벙커링 기반 시설에 대한 약간의 변경만으로도 운용이 가능하다.

메탄올의 주요 장점은 상대적으로 우수한 적용성으로 기존 변환기 기술과 낮은 탱크 비용을 활용할 수 있어 자본 비용이 낮다. 메탄올은 일반적으로 도로, 철도, 해상으로 운송된다.

UN 위험물 분류(UN No. 1230)에 따른 Class 3 가연성 액체로 분류되며 다른 많은 액체 연료와 동일한 범주에 속한다.

해상운송은 IMO의 International Code for the Construction and Equipment of Ships carrying Dangerous Chemicals in Bulk (IBC Code)에 따른다.

현재 운항 중인 메탄올연료추진선박은 탱크로리로 벙커링을 수행하고 있으며 벙커링 선박은 일반 중소형 케미컬탱커(product carrier)로 가능할 것으로 보인다.

메탄올의 연료 공급, 기반 시설 및 벙커링은 앞으로 광범위하게 적용하기 위해서는 많은 개발이 필요하다. 메탄올을 위한 벙커링 인프라는 LNG벙커링을 참고하여 개발하고 적용할 수 있을 것이다.

그림 2-28 Methanol Bunkering Station (Bunkering of the Stena Germanica in Gothenburg)

벙커링 시설, 선상 저장 시스템, 연료 공급 시스템 및 선박 엔진은 메탄올을 해양 연료로 사용하기 위해 평가되고 검증되어야 할 주요 사항이다.

연료 수급 장소(bunkering station)는 적절한 통풍장치를 갖추어야 하며 가급적이면 개방갑판에 위치하여야 한다. 반폐쇄 또는 폐쇄된 벙커링 스테이션의 경우 효과적인 기계적 환기(mechanical ventilation)가 제공되어야 하며 위험 평가(Risk Assessment)가 필요할 수도 있다.

대기 조건에서 액체 연료로서 메탄올에 대한 벙커링 장비 및 실행방법은 기존 연료유 벙커링과 매우 유사하다.

제 3 장

저인화점 연료추진선박설계 주안점 (Design Point of Low Flash Point Fuel Propulsion Vessels)

3.1 LNG연료추진선

3.2 액화석유가스연료추진선

3.3 암모니아연료추진선

3.4 수소연료추진선

3.5 메탄올연료추진선

3.1 LNG연료추진선 (LNG Fueled Ship)

LNG연료 추진선 설계 개념(design concept)에 있어 천연가스를 선박의 연료로 사용하는 기술은 기존의 LNG운반선에서 잘 확립되어 있다. LNG운반선은 오래 전부터 그 화물인 LNG를 연료로 사용하여 운항해 왔으며, 현재 세계적으로 수백 척의 LNG운반선이 취항하고 있다.

LNG운반선과 LNG연료추진선은 LNG를 연료로 사용한다는 점에서는 유사하나 본질적으로 다른 점은 그 선박의 주체가 무엇인가 하는 점이다. LNG운반선은 그 이름과 같이 LNG화물이 주체이다. 선내 LNG화물의 적재 공간을 최대한 확보하는 것으로 하역장치와 LNG연료시스템을 겸한 복잡한 시스템으로 구성되어 있다.

한편, LNG연료추진선의 LNG는 화물이 아니라 그 선박이 운항에 필요한 연료이다. 그러므로 이 선박의 LNG연료적재 공간을 최대로 적재하는 것이 중요하다. 이 때문에 LNG연료저장탱크를 비롯하여 LNG연료시스템을 구성한 결과, LNG연료적재공간이 크게 줄어드는 것은 좋지 않은 설계라고 할 수 있다. 그러므로 경제성, 안전성, 신뢰성을 고루 갖춘 LNG연료시스템으로 구성하여야 한다.

LNG연료추진선의 LNG연료시스템 구성요소는 다양한 선택의 여지가 있고, 각각 장단점이 있다. 가장 적절한 선택을 위해서는 그 선박을 어떻게 운용할 것인가를 명확히 할 필요가 있다. 예컨대 항해하는 전 해역에서 천연가스를 주연료로 사용하여 운항할 선박인가, 아니면 일부 해역에서만 천연가스를 연료로 사용할 것인가에 따라 선박의 디자인은 크게 달라질 수 있다.

천연가스연료로 운항할 항해거리가 길면 길수록 LNG연료탱크는 크게 되고, LNG연료적재공간이 줄어드는 것을 쉽게 알 수 있다. 또한 연료유와 함께 이중연료를 사용하는 선박에서 저유황유와 같은 연료유를 사용할 때 LNG연료는 운항 중에 LNG저장탱크 내에서 지속적으로 증발하는 천연가스를 어떻게 처리할 것인가도 매우 중요하다. 증발가스를 즉시 처리하기 위한 추가 장치가 필요한 경우도 있다.

또한, LNG연료 보급 즉 벙커링의 빈도가 낮으면 자연히 LNG연료저장탱크는 크게 되고, 여기에 선박의 벙커링시스템에 적합한 보급설비가 갖추어져 있어야 하므로 LNG 연료를 어디서 보급할 것인가도 선박의 설계에 큰 영향을 미친다.

LNG연료의 설계 특성상 LNG 화학적 조성(chemical composition)은 천연가스(natural gas) 화석연료이다. 지구상에 수백만년 전에 매장된 유기물질로 생성되었다. 원유와 천연가스 같은 탄화수소계 연료들은 수소와 탄소 원자의 결합으로 구성되어 있다.

화학적 조성은 산지나 생산 과정에 따라 달라진다. 그것은 메탄, 에탄, 프로판, 부탄, 소량의 중탄화수소계 화합물 및 불순물로 이루어져 있다. 특히 질소와 황 성분, 물, 이산화탄소, 황화수소 등은 가스전에서 생산되는 가스에 존재할 수도 있으나 이들은 액화 전에 제거된다. 천연가스의 주 성분은 메탄(methane)이며 보통 85%이상 포함되어 있다. 메탄의 화학식은 CH_4이며 하나의 탄소와 4개의 수소로 결합 되어있다.

비등점(boiling point)은 가스가 액체로 상태 변화를 할 때 가장 중요한 특성 중에 하나이다. 이것은 액이 증발하는 온도 또는 대기압 상태에서 액이 증발가스로 급속히 변화되는 그 온도로 정의된다. 순수한 물의 비등점은 100℃이다.

LNG 비등점은 그 구성성분에 따라 다르지만 보통 -162℃로 본다. 저온의 LNG가 더운 공기 또는 물과 접촉하면 그 경계에서 증발하기 시작한다. 그것은 주변 온도가 LNG의 비등점 보다 높기 때문이다.

표 3-1 탄화수소계 화합물 구성성분 및 분자구조

구성성분	화학식	함유량(저)	함유량(고)
메탄(Methane)	CH_4	87%	99%
에탄(Ethane)	C_2H_6	〈 1%	10%
프로판(Propane)	C_3H_8	〉 1%	5%
부탄(Butane)	C_4H_{10}	〉 1%	〉 1%
질소(Nitrogen)	N_2	0.1%	1%
기타 탄화수소화합물		미량	미량

표 3-2 가스의 비등점

물질	비등점(℃)
물	100
부탄(Butane)	-0.5
암모니아(Ammonia)	-33
프로판(Propane)	-42
LNG	-162
산소(Oxygen)	-183
질소(Nitrogen)	-195
수소(Hydrogen)	-252
헬륨(Helium)	-270

액화는 천연가스를 냉각하여 액으로 바꾸는 공정이다. 이때 가스의 부피는 1/600까지 줄어든다. 액체 상태의 LNG는 다시 천연가스로 바꾸어 소비자에게 공급된다. LNG 재기화는 LNG 온도를 높여 기체 형태로 바꾸는 공정이다.

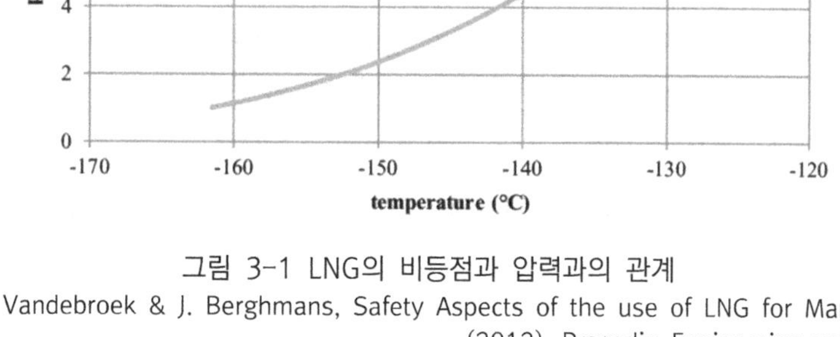

그림 3-1 LNG의 비등점과 압력과의 관계
[Source : L. Vandebroek & J. Berghmans, Safety Aspects of the use of LNG for Marine Propulsion (2012), Procedia Engineering vol. 45. p.21-26]

밀도(density)는 단위 부피당의 중량이며, 절대량이다. LNG는 순수 메탄만으로 구성된 것이 아니기 때문에 LNG의 조성에 따라 조금씩 다르다. LNG의 밀도는 430~470 kg/cm^{3}정도이다. 물 밀도의 약 절반 정도 된다. 그러므로 액체인 LNG는 물 위에 뜨게 된다. 일반적으로 선박설계는 470 kg/cm^3, 선체구조설계는 500 kg/cm^{3}을 기준으로 한다.

비중(Specific Gravity)은 상대적인 양이다. LNG액체 비중은 15.6℃에서 물 밀도에 대한 LNG 밀도 비율이다. 가스 비중은 15.6℃에서 공기 밀도에 대한 가스 밀도의 비율이다. 비중이나 상대적인 밀도가 공기보다 충분히 작으면 가스는 개방된 공간이나 환기가 잘 되고 밀폐된 공간에서 쉽게 확산 된다. 대기 온도에서 메탄 비중은 0.554이다. 따라서 공기보다 가벼워 공기 중에 뜨게 된다.

대기조건에서 LNG는 증발하여 가스가 된다. LNG가 증발할 때 저온의 가스는 공기 중의 습기를 응축시킨다. 때로는 가스가 데워지고 희석되면서 확산되기 전에 백색의 구름을 형성하기도 한다.

상대습도가 55%보다 높으면, 가연성 구름은 완전히 눈에 보이는 가스구름(vapor cloud) 속에 존재하게 된다. 상대습도가 55% 보다 낮으면 가연성 구름은 눈에 보이는 구름의 바깥에 존재하게 된다. 이것은 발화원이 눈에 보이는 구름으로부터 멀리 있어도 발화될 수 있다는 것을 의미한다.

LNG 증발가스는 대기압, 비등점 온도에서 상대 밀도는 약 1.8이다. 이것은 누출 초기에는 LNG 증발가스는 공기보다 무거워서 땅 주변에 머문다는 것을 의미한다. 그러나 메탄 증발가스는 급속히 데워져서 약 -110℃의 온도에 도달하면 천연가스의 상대 밀도는 1.0 보다 작게 되어 공기 중에 뜨게 된다.

대기 온도에서 천연가스는 비중이 약 0.6정도 된다. 이것은 천연가스 증기가 공기보다 가볍다는 것을 의미한다.

-110℃ 이하 저온의 증기는 뜨지 않고 데워질 때까지 낮은 곳에 축적된다. 따라서 누출된 LNG는 밀폐된 공간이나 낮은 공간 공기와 치환되어 위험지역을 형성하게 된다. LNG증기 증발율은 누출된 LNG 양, 외기조건, 누출된 장소, 즉 제한된 장소, 넓은 장소, 낮은 곳 또는 높은 곳, 육상 또는 해상에 따라 달라진다.

이러한 위험으로부터 안전을 유지하려면 가스가 데워져 공기 중에 확산되어 날아갈 때까지 수막(water curtain)을 형성하거나, 가스를 발화원으로 부터 우회하게 하거나, 가스가 집중되어 가연성 범위를 형성하지 않도록 조치하여야 한다. 어떤 형태로든 LNG로 열이 침입하면 증발은 가속화될 것이다.

열은 대기 중의 습기와 같은 것이나 지면, 구조물 등으로부터 전달된다. LNG는 지면보다 수면에서 5배 가량 빨리 증발한다. 위험을 피하기 위한 또 하나의 방법은 호스를 사용하여 누출된 LNG에 물을 뿌리는 것이다. 물을 뿌리면 LNG가 급속히 증발하여 공기 중으로 날아가기 때문이다.

가연성(flammability)은 천연가스가 에너지원으로서 바람직한 특성이면서 안전에 대해서는 위험인자이다. 천연가스는 가연성이지만 LNG는 액체 내 산소의 부족으로 불이 붙지 않는다. LNG는 저장용기로부터 누출되면 증발하기 시작하는데 언제 불이 붙게 되는지가 중요한 관심사가 된다.

연소 범위(flammability limits)의 경우, LNG증발가스로부터 화재가 일어나기 위해서 몇개의 인자가 필요하다. 특히 연료와 산소는 가연혼합기체가 형성되기 위해서는 어떤 범위에 있어야 한다. 연소범위는 발화원이 있으면 연소할 수 있는 가스나 증발가스의 농도 범위를 말한다. 연소범위는 연소하한(Lower Flammable Limit, LFL)과 연소상한(Upper Flammable Limit, UFL)이 있다. 메탄의 가연범위는 5%(LFL) ~ 15%(UFL)사이에 있다. 이 범위를 벗어나면 발화하지 않는다.

표 3-3에 LNG의 연소범위를 다른 연료와 비교하여 표시하였다.

재료의 연소범위가 넓으면 비상 시에 더 위험하게 된다. 예를 들면, 수소와 아세틸렌은 매우 넓은 연소범위를 가지고 있어서 약 2 ~ 80% 범위에서 언제든지 발화할 수 있다.

표 3-3 탄화수소계 연료의 연소범위

[Source: NPFA Fire Protection Handbook]

연료	연소범위 하한(LFL)	연소범위 상한(UFL)
메탄 (Methane)	5%	15%
부탄(Butane)	1.86%	7.6%
등유(Kerosene)	0.7%	5%
프로판(Propane)	2.1%	10.1%
수소(Hydrogen)	4%	75%
아세틸렌(Acetylene)	2.5%	82%

밀폐된 저장탱크나 용기 내부 메탄 비율은 100%이다. 통풍이 잘 되는 곳에 탱크에서 누출된 소량의 LNG는 신속하게 혼합되고 확산되어 공기 중 메탄의 농도가 5% 보다 낮게 된다. 빠르게 혼합되기 때문에 누출된 곳의 아주 작은 범위에서만 발화할 수 있는 농도를 가지게 된다. 모든 LNG터미널에 있는 설비에는 LNG누출을 감지하기 위한 여러 가지 장치들이 있다.

오늘날 운항 중인 LNG연료추진선박에는 기본적으로 린번 가스 엔진(lean-burn gas engine)과 DF엔진(duel fuel engine) 두 가지 유형의 엔진이 설치되고 있다. 린번 가스 엔진은 IMO Tier III 규정을 준수하는 반면 DF 엔진은 액체 연료 오일 모드에서 작동할 때 IMO Tier II 규정을 준수하고 가스 모드에서 작동할 때 IMO Tier III 규정을 준수한다.

현재 LNG 연료 엔진의 주요 제조업체는 Wärtsilä, Rolls Royce 및 MAN ES이며 모든 출력 범위에서 다양한 엔진 설계를 제공한다.

희박연소가스엔진(lean-burn gas engine)은 LNG만을 공급하도록 설계되었으며 린번 오토 원리(lean-burn Otto principle)에 따라 작동한다. 린번 가스 엔진에는 천연가스 압력을 필터링하고 제어하는 가스 밸브 장치(GVU)를 통해 천연가스가 공급된다.

가스 엔진 실린더는 엔진을 따라 설치되는 이중관에 연결된 개별 파이프에 의해 공급된다. 가스 엔진은 예비 연소실에서 점화 플러그에 의해 점화되는 데 미리 혼합된 공기-가스의 혼합물로 연료를 공급받는다.

공기와 가스의 혼합물은 필요한 것보다 더 많은 공기를 포함하여 연소 온도를 낮추므로 더 높은 압축비와 최적화된 분사 타이밍으로 인해 NOx 배출이 감소하고 효율성이 증가한다.

공기-가스 혼합물은 저압(4~5 bar)으로 분사되며 과급기(turbocharger) 뒤의 실린더 외부에서 생성된다. 린번 가스 엔진은 저압 엔진이기 때문에 가압된 LNG 연료 탱크에서 직접 가스를 공급할 수 있다. 또한, 가스 엔진은 고부하에서 높은 에너지 효율을 가지며 NOx 배출량이 낮으며 GHG를 약 20% 줄이는 것으로 알려져 있다.

또한, 린번 가스 엔진을 사용하는 추진 시스템은 엔진 직결 구동 방식과 전기추진 방식의 두 가지 추진시스템을 제공한다. 엔진 직결 구동 방식에서 린번 가스 엔진은 감속기어와 샤프트 라인을 통해 프로펠러에 추진력을 제공하는 반면, 전기추진방식은 린번 가스 엔진에 의해 구동되는 발전기가 전력을 공급하고 그 전기로 전기모터를 구동하여 선박의 추진력을 공급한다.

그림 3-2 Wärtsilä 25SG lean burn spark-ignited gas engine

Rolls Royce社는 희박연소가스엔진의 주요 생산업체이며 출력 범위가 다양한 LNG연료 추진 시스템을 개발했다. Rolls Royce社의 희박연소가스엔진은 중속으로 작동하며 고효율, 낮은 운영 비용 및 높은 환경 성능을 특징으로 하여 유해가스 배출 수준이 매우 낮다. Rolls Royce社는 모델 Bergen B와 C 2가지 희박연소가스엔진 시리즈를 개발했다. Bergen B 시리즈는 대형 페리 및 Ro-Ro선박용으로 설계된 엔진이며 Bergen C 시리즈는 주로 예인선, 소형 페리 및 LNG벙커링선 엔진으로 사용된다.

이중연료(DF) 엔진은 LNG 및 MDO 또는 HFO 등의 액체 연료를 공급하도록 설계되었다. DF 엔진은 가스 모드에서는 린번 오토 사이클에 따라 작동하고 디젤 모드에서는 일반 디젤 사이클에 따라 작동한다. 가스 모드에서 작동하는 DF 엔진에는 천연가스 압력을 필터링하고 제어하는 GVU를 통해 천연가스가 공급된다.

엔진 실린더에는 엔진을 따라 설치된 이중관에 연결된 개별 파이프에 의해 공급된다. 가스 모드에서 작동할 때 DF 엔진은 미리 혼합된 공기-가스 혼합물로 연료를 공급하여 최고 연소 온도를 낮추며, 공기-가스 혼합물로 인해 필요한 것보다 더 많은 공기가 포함되어 NOx 배출이 감소한다.

공기-가스 혼합물은 흡입 행정 동안 실린더로 공급되고 공기-가스 혼합물의 자기 점화 온도가 너무 높기 때문에 압축 행정이 끝날 때 연소실로 분사된 소량의 디젤유에 의해 점화된다. 4행정 엔진에서 공기-가스 혼합물은 저압(4~5 bar)에서 분사되고 과급기 뒤의 실린더 외부에서 생성된다. 4행정 엔진은 저압 엔진이므로 가압된 LNG 연료탱크에서 직접 천연가스를 공급할 수 있다.

NOx 배출을 최소화하기 위해 압축 행정이 끝날 때 분사되는 디젤의 양은 일반적으로 총 연료 소비의 1% 미만으로 매우 적다. DF 엔진은 연소를 최적화하기 위해 마이크로 파일럿 분사와 엔진 속도, 부하 제어 및 모니터링 시스템을 사용한다.

DF 엔진이 디젤 모드에서 작동할 때 디젤은 상사점 직전에 고압으로 연소실로 분사된다. 가스 유입은 비활성화 되지만 마이크로 파일럿은 활성화되어 엔진이 디젤 모드에서 가스 모드로 변경될 때 안정적인 파일럿 점화를 보장한다.

DF 엔진은 작동 시에 한 모드에서 다른 모드로 쉽게 변경할 수 있다. 가스 모드에서 디젤 모드로의 전환은 매우 짧은 시간에 이루어지며 엔진 부하와 속도에 영향을 미치지 않는다. 천연가스 공급 중단 또는 엔진 부품 고장 시 가스 모드에서 디젤 모드로의 전환이 자동으로 그리고 즉각적으로 이루어진다.

디젤 모드에서 가스 모드로의 전환은 점진적인 과정이며 디젤 공급은 천천히 감소하는 반면 제공되는 천연가스의 양은 증가한다. 그러나 디젤 모드에서 가스 모드로 전환하는 것은 엔진 부하와 속도에 최소한의 영향을 미치게 된다. LNG에서 MDO로 또는 그 반대로 전환하는데에는 엔진 수정이 필요하지 않지만 LNG에서 HFO로 전환하려면 약간의 엔진 수정이 필요하다.

MAN ES는 DF엔진의 주요 제조업체 중 하나이지만 4행정 DF엔진과 약간 다른 2행정 DF엔진을 개발했다. MAN ES DF엔진은 고압에서 작동하므로 결과적으로 공기를 압축하고 연료유를 주입하는 연소 행정을 시작하고 공기-연료유 혼합물에 천연가스를 주입한다. 이러한 이유로 천연가스 압력은 높아야 하며(300bar) 2행정 DF MAN 엔진은 펌프를 사용하여 천연가스의 압력을 높인다.

DF MAN 엔진은 연료유 전용 모드, 최소 연료 모드 및 특정 가스 모드의 세 가지 연료 모드에서 작동할 수 있다. 연료유 전용 모드에서 작동하는 DF 엔진에는 연료유만 공급된다. 최소 연료 모드에서 작동할 때 DF엔진은 연소실에 파일럿 연료와 천연가스를 주입해야 한다. 파일럿 연료의 최소량은 엔진이 30~100%의 부하에서 작동할 때 총 연료 소비량의 5~8% 범위이며 HFO 또는 MDO 파일럿 연료로 사용할 수 있다. 엔진 부하가 30% 미만인 경우 천연가스 및 파일럿 연료의 안정적인 연소가 보장되지 않는다. 결과적으로 엔진은 최소 연료 모드에서 연료유 전용 모드로 전환된다.

또한 DF엔진은 주로 DF엔진 직접구동시스템과 추진모터에 의한 전기추진방식의 두 가지 추진시스템을 제공한다. 한편으로 DF엔진 직접구동시스템은 감속 기어와 샤프트 라인을 통해 프로펠러에 추진력을 제공한다. 반면에 전기추진방식은 프로펠러를 추진하기 위해 전기모터에 전력을 공급한다.

Wärtsilä社는 DF엔진의 주요 생산업체이며 출력 범위가 0.9~18.3 MW인 다양한 LNG연료추진시스템을 개발했다. Wärtsilä DF엔진은 500~1,200 rpm으로 작동하며 DF엔진이 전기추진시스템에서 일정한 속도로 작동하거나 DF엔진 직접구동시스템에서 가변 속도로 작동할 수 있기 때문에 연료 유연성, 낮은 배기가스 배출 및 적용 유연성이 특징이다.

Wärtsilä사는 Wärtsilä 20DF, Wärtsilä 34DF, Wärtsilä 46DF 및 Wärtsilä 50DF의 4가지 DF 엔진 시리즈를 개발했다. Wärtsilä 20DF는 구동 원동기로 작동할 때 예인선과 소형 LNG연료선 및 페리에 적합하지만 발전기 세트로 작동할 때 다양한 선박에도 적합하다.

LNG연료 저장 탱크는 개념설계 첫단계에서 LNG연료탱크의 크기를 계산할 필요가 있다. LNG연료탱크의 크기는 LNG연료적재 공간에 가장 직접적으로 영향을 미치기 때문이다. LNG연료탱크의 크기는 LNG연료 보급 빈도를 고려하여 항속거리, 엔진의 연비에 의해 결정된다.

액화가스를 저장하는 탱크는 주로 독립방식과 멤브레인방식의 두 종류로 분류할 수 있고, 독립 방식은 A, B, C형으로 분류된다. 이러한 방식 중에서 LNG탱크로 주로 이용되는 것은 독립방식 B, C형 및 멤브레인방식이다. 최근에는 독립방식 A형도 LNG탱크로 개발되고 있다.

각각의 방식은 장단점이 있으며, 가장 두드러지는 특징은 LNG연료용량의 제한이다. 일반적으로 대형이라면 독립방식 B형 또는 멤브레인방식, 소형이라면 독립방식 C형을 이용한다.

LNG연료탱크는 1차방벽(primary barrier), 이차방벽(secondary barrier), 단열시스템(thermal insulation)과 그 지지구조(support structure)로 구성된다.

이들 저장시스템은 독립형과 일체형으로 구분되며, 독립형은 완전 자기지지형(self supported type)이며 선박의 선체구조와는 독립되어 있다. 일체형은 LNG연료의 하중이 직접 선박의 선체로 전달되는 구조이다.

표 3-4 IMO의 액화가스저장탱크(연료저장탱크)의 분류

종류	독립형 type A	독립형 type B	독립형 type C	멤브레인형
형상		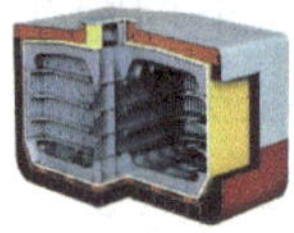		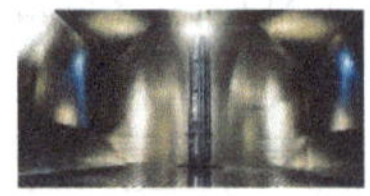
설계 증기압	< 0.07 MPa	< 0.07 MPa	0.3~0.5 MPa	< 0.025 MPa
이차방벽	완전이차방벽	부분이차방벽	불요	완전이차방벽
LNG선 실적	LNT-A 탱크	Moss 탱크, SPB 탱크	Cylinder 탱크, Bi-lobe 탱크	GTT Mark III, KC-1
LNG추진선실적	없음	있음	다수	있음
용적효율	좋음	구형: 나쁨 방형: 좋음	나쁨	좋음
그 외	고비용	높은 신뢰성	높은 신뢰성	슬로싱문제

LNG연료탱크의 설계상 주요 요건은 IGF Code의 연료저장시스템(fuel containment system) 요건에 따라 설계되고 건조된다. LNG는 극저온의 액체로 탱크에 저장된다. 그러나 외부로부터 열의 침입으로 LNG는 증발이 일어나게 되고 결국 탱크 내부의 압력이 상승하게 된다. 여기서 탱크 내의 압력을 조절하기 위해서 증발하는 가스는 탱크로부터 배출되어야 한다.

LNG의 증발은 줄일 수 없으므로 외부로 가스배출을 최소화하기 위한 특별한 압력탱크가 사용될 수 있다. 이것은 내부 압력을 견디면서 가스를 배출해야하는 시간을 지연하기 위한 것이다.

그러나 LNG추진선에서는 LNG가 탱크로부터 엔진으로 서서히 빠져나가므로 압력은 탱크의 설계압력 이하로 유지할 수 있어서 가스를 외부로 방출할 필요가 없다. 선박이 오랜 기간 동안 정지상태에 있을 때는 가스를 탱크 외부로 배출을 해야할 수도 있다.

현재 LNG연료탱크용으로 여러 가지 형상의 탱크들이 개발되고 있으며, 그들은 각각 고유의 특징을 가지고 있으며 선박의 종류와 크기, 그리고 운용 형태에 따라 달리 적용되고 있다.

LNG연료탱크는 보통 2개 또는 그 이상의 연료탱크가 설치되는데 연료탱크가 설치되는 이 공간을 hold space라 부른다. 연료탱크의 형상에 따라 얼마의 hold space의 공간을 연료탱크가 차지하는지가 LNG추진선박의 개념설계에 매우 중요한 인자가 된다.

LNG연료탱크는 극저온의 액체를 저장하는 용기로 그런 낮은 온도에서 견딜 수 있기 위해서는 스테인리스 스틸이나 알루미늄 또는 니켈 성분이 많이 포함된 강재를 사용하여 건조하며, 특별한 방식의 단열을 필요로 하고, 탱크의 수축에 대한 특별히 고안된 탱크 지지구조가 설치된다.

LNG의 증발가스는 공기보다 온도가 높아지면 쉽게 연소하고 무게가 가벼워 쉽게 확산되므로 적절한 배기장치와 특별한 안전장치가 필요하다. 또한 연료유 보다 많은 공간이 요구되고, 탱크의 설치 위치도 선박의 종류에 따라 달라지므로 연료저장탱크의 형상을 결정할 때 세심한 주의가 필요하다.

연료탱크의 이차방벽 요건은 IGF Code에 따라 저온식이고 탱크의 설계압력(MARVS)이 0,7 barG이하로 건조되는 LNG추진선 연료탱크는 완전 이차방벽(Full secondary barrier) 또는 부분 이차방벽(Partial secondary barrier)을 설치해야 한다.

이차방벽(secondary barrier)은 연료탱크 또는 연료탱크의 외부에 설치되는 일종의 선체로, 연료탱크와 선체 사이의 단열시스템(Insulation)의 내측 또는 연료탱크 주변 선체 내에 설치된다.

연료탱크 주변의 선체가 이차방벽으로 이용된다면 그것은 ballast tank, 선측, cofferdam 등이 될 것이다. 연료탱크 인접의 선체구조를 이차방벽으로 사용된다면 그 선박은 -55℃ 이하의 LNG연료를 운송할 수 없게 된다.

일차방벽인 연료탱크로부터 LNG가 누출했을 때 이차방벽이 적어도 15일 동안 누출된 LNG연료를 담고 있어야 하며, 선박이 30도 경사한 경우에도 이차방벽은 그 역할을 해야 한다.

이차방벽은 연료탱크로부터 LNG의 누출이 예상되는 경우에 요구된다. 탱크 강도와의 관계는 표 3-5와 같다.

표 3-5 연료탱크 강도와 이차방벽과의 관계

연료탱크의 종류		이차방벽 요건
독립형	Type A	탱크에 균열이 발생하여 다량의 LNG가 누출되어도 이것이 직접 선체에 접촉하지 않도록 완전 이차방벽이 요구됨
	Type B	파괴기구해석을 하여 탱크의 파괴가 일어나지 않는다는 것을 확인하면 탱크 내 LNG의 소량 누출에 대처할 만큼의 부분 이차방벽이 요구됨
	Type C	완전한 강도설계에 의해 탱크의 균열과 누설이 발생하지 않는 것으로 가정하므로 이차방벽은 요구되지 않음
멤브레인		멤브레인 탱크는 단열재를 매개로 인접하는 선체구조로 지지되는 박판(Membrane)에 의해 구성되는 비자기지지형의 탱크이다. 완전이차방벽이 요구되며, 탱크로부터 LNG의 누출은 멤브레인으로 방지하며 그 연료의 하중은 단열재를 매개로 선각으로 전달됨

LNG연료탱크의 최대허용압력을 MARVS(Maximum Allowable Release Valve Setting)라고 하며, 연료탱크 제작업체에서 제공하는 사양서(specifications)에 따라 설정된다.

각 탱크의 최대허용압력과 부압(vacuum)은 선박의 적합증서(Certificate of Fitness)에 기재된다. US Coast Guard는 압력탱크의 안전을 위하여 IMO보다 더 엄격한 규정을 적용한다. 이것은 IMO와 USCG의 최대허용압력 값이 서로 다르다는 것을 의미한다.

독립형 탱크의 Hold space나 멤브레인시스템의 일차방벽(연료탱크)과 이차방벽사이의 공간(inter barrier space)에는 선박 내 기존 빌지시스템(bilge system)과는 별도로 빌지시스템을 설치한다. 빌지시스템은 LNG연료탱크에서 누출이 발생하면 누출된 액을 퍼내는 역할을 한다. 이 시스템은 또한 수증기가 응축되어 생긴 물을 퍼내는 역할도 한다.

대기압 상태에서 가연성 액체를 저장하는 연료탱크는 hold space와 inter barrier space에는 반드시 dry air나 질소가스를 채워 불활성화해야한다.

저온의 액화가스를 저장하는 연료탱크의 재료는 다음 표와 같다.

표 3-6 설계온도와 사용 가능한 재료

탱크의 재료	최저사용 온도(℃)
저온강 (Carbon manganese steel)	- 48
5% 니켈강 (5% Ni-Steel)	- 104
9% 니켈강 (9% Ni-Steel)	- 163
36% 니켈강 (Invar steel)	- 163
스테인리스강 (Austenitic stainless steel)	- 196

독립형 LNG연료 탱크(independent LNG fuel tank)는 LNG연료 적재 시 압력을 선체로 전달하지 않는다. 따라서 탱크의 중량만 탱크 지지구조(cradle 또는 support)로 전달된다. 독립형탱크는 전후 좌우, 아래 위로 움직이지 않게 특별히 디자인된 support 및 초크(chock) 등으로 지지된다.

독립형 탱크는 A, B, C의 3가지 type으로 나눈다. 독립형 탱크 type A는 독립형 탱크 중에서 구조강도가 가장 약한 LNG연료탱크 type이다. 그래서 완전 이차방벽을 설치한다.

독립형 type B는 type A보다 더 강한 구조강도를 가지고 있으며, 부분 이차방벽을 설치한다. 독립형 type C는 이차방벽이 필요 없는 압력탱크이다.

독립형 탱크 Type A (Independent tanks type A)는 사각 형상(prismatic tank)으로 Ni steel, carbon manganese steel 또는 aluminium 재료로 건조된다. 이러한 재료들은 선급의 승인을 받은 고품질의 재료들이다. 이 type의 탱크는 주로 LNG, LPG 그리고 Ammonia 운송선에 사용된다.

설계압력은 0.7 barG이하로 한다. 통상 상용 압력은 0.25 barG이다. 탱크가 선체의 지지구조(wooden block) 위에 놓여지고 탱크는 여러 방향으로 자유롭게 수축 또는 팽창할 수 있다. 이 type의 LNG연료탱크는 완전 이차방벽이 설치되어야 한다. LPG운송선은 최저온도 -48℃에서 설계되며, LPG연료탱크 인접 선체는 저온강으로 건조된다.

그림 3-3 독립형 Type A 탱크 (LNT A-BOX system)

독립형 탱크 Type B(Independent tanks type B)는 prismatic tank 또는 spherical tank로 설계된다. 이 탱크는 type A tank 보다 더 견고하다. 이 type의 탱크는 대형 또는 중형 LNG와 LPG운반선에 적용된다. LNG 탱크의 재료는 알루미늄이나 고망간강 또는 9% 니켈강을 쓴다. 이 탱크는 구속 없이 자유롭게 팽창할 수 있도록 support 위에 놓여진다.

탱크는 액체의 free space를 줄이기 위해 중앙부에 종격벽(centreline bulkhead)을 설치한다. 탱크는 폴리우레탄(polyurethane) 또는 펄라이트(perlite)로 단열한다. LNG연료 펌프는 잠수펌프(submerged pump) 또는 디프웰 펌프(deepwell pump) type의 것을 설치 한다.

Moss-Rosenberg社 patent인 구형탱크는 알루미늄 또는 9% 니켈강으로 제작된다. 이 탱크는 탱크의 중앙부에 cargo tank skirt라는 구조에 의해 지지 된다. 주갑판 위에 방수용 커버가 있다. 탱크에는 잠수펌프가 설치된다. 단열재로 폴리우레탄(polyurethane)이 사용된다.

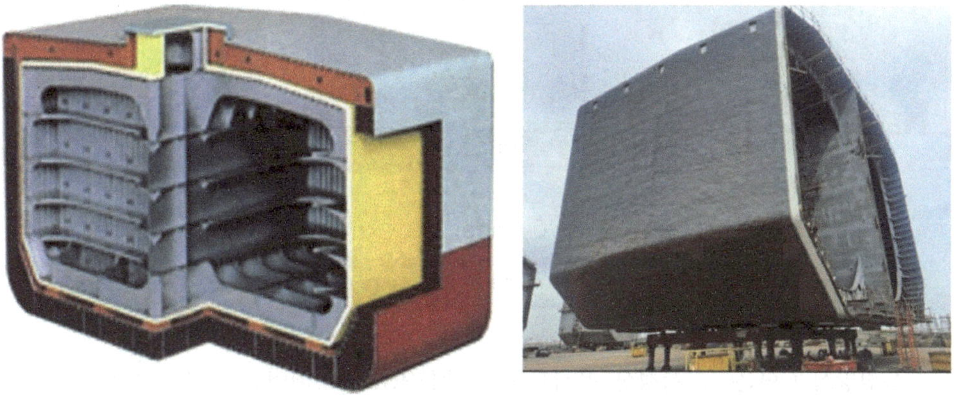

그림 3-4 독립형 Type B 탱크

독립형 탱크 Type C (Independent tanks type C)는 구형(spherical tank) 또는 원통형(cylinder tank)으로 제작된다. LNG 탱크의 재료는 9% 니켈강, 고망간강, 스테인리스강 등이 사용된다. 이 type의 탱크는 안전성이 뛰어나기 때문에 이차방벽을 설치하지 않으며, 압력식 또는 저온압력식 액화가스운반선에 적용된다.

이 탱크는 saddle support 위에 설치되며, 하역펌프로 잠수식 펌프(Sub-merged pump) 또는 디프웰펌프를 설치한다. 선체의 손상으로 LNG연료창이 침수할 때 LNG연료탱크가 뜨는 것을 방지하기 위하여 LNG연료탱크의 위쪽에 부유 방지용(anti-floatation) key가 설치된다.

탱크의 설계온도가 -10℃보다 낮으면 단열을 하여야 한다. 일반적으로 단열재는 폴리우레탄 또는 폴리스티렌(polystyrene)이 사용된다. 단열시공은 LNG연료탱크의 표면에 폴리우레탄 또는 폴리스티렌을 뿌리거나 LNG연료탱크 표면에 폴리우레탄 또는 폴리스티렌 패널을 부착한다.

단열재의 두께는 단열재의 품질과 연료의 온도, 연료의 양, 일일 증발량(BOR)에 따라 다르다. 이 단열재의 두께는 LNG연료저장 탱크의 경우 약 350 ~ 450 mm 두께의 단열재를 붙인다.

Lattice

Cylinder

Bi-lobe

그림 3-5 독립형 Type C 탱크

독립방식 C형은 그 특성상 용적효율이 단점으로 강조되어 왔으므로 대형탱크로 채용된 사례가 적은 편이다. 기술적으로는 탱크 1개당 10,000 m^3 정도까지는 제작 가능하나 실제적으로는 3,000 m^3를 경계로 독립방식 B형이나 멤브레인을 선택하는 경향이 있다.

이 용량 제한은 LNG연료탱크를 복수배치하여 회피하는 것도 가능하다. 복수 탱크로하면 한 개의 탱크에 문제가 생기면 나머지 하나로 운항이 가능하기 때문에 redundancy 관점에서도 이점이 있다. LNG연료와 연료유의 이중연료선박이 아닌 LNG연료전용선으로 설계하는 경우에는 이 이점이 더 크다.

형상도 특징 중의 하나로, 독립방식 C형은 원통형의 탱크로 하는 것이 일반적이며, 독립방식 B형이나 멤브레인 방식은 사각 형상(prismatic shape)으로 하는 것이 가능하다. 이 때문에 선내 구획에 탱크를 배치하는 것은 사각공간(dead space)이 작게 발생하는 독립방식 B형이나 맴브레인 방식이 유리하다.

설계압력 면에서는 IGF code에 규정이 있으며, 독립방식 B형과 멤브레인 방식에 70 kPa을 초과하는 설계압력을 설정하는 것은 원칙적으로 금지되어 있다. 독립방식 C형은 제한은 없으나 1,000 kPa까지 설정할 수 있는 것이 특징이다.

탱크설계압력의 상한은 증발가스(BOG) 처리와 밀접한 관계가 있다. LNG는 -162℃ 정도로 냉각하여 액화하고 있으며, 탱크 외부로부터 열 침입에 의해 LNG연료탱크 내부에는 항상 천연가스가 증발을 계속하고 있다. 이렇게 증발한 천연가스를 LNG연료탱크 내에 밀폐하면 탱크 내압이 상승하며 독립탱크 C형을 채용하여 설계압력을 높게 하면 일정 기간 증발가스를 탱크 내에 보존하는 것이 가능하다.

반면에 독립방식 B형이나 맴브레인 방식은 증발가스를 장기간 보존할 수 없으므로 증발가스를 연료로 소비하는 등의 방법으로 증발가스를 계속적으로 처리해야 할 필요가 있다.

한편으로, 탱크방식의 선정은 LNG연료의 이송 방식에도 관련 된다. 이송방식의 하나로서 잠수식 펌프라고 불리는 액중에서 이용 가능한 펌프를 LNG연료 탱크 내에 배치하여 이 펌프로 LNG를 이송하는 것이 있다. 이 방식은 탱크의 방식에 관계없이 적용 가능하며, 펌프를 LNG액 내에 배치하기 때문에 펌프 고장 시에 보수하기가 어렵다는 단점이 있다.

이런 문제점을 피하기 위한 방법으로 LNG연료탱크 내에 압력을 가하여 이 압력으로 LNG연료를 이송하는 방법도 있다. 이 방법은 LNG연료탱크 내에 펌프를 설치할 필요는 없으나, 탱크 내 압력이 적어도 500 kPa 정도까지 높여야 할 필요가 있기 때문에 이 방법은 독립방식 C형을 채용하는 것이 필수적이다.

이와 같이 LNG연료탱크를 선정하기 위해서는 LNG라고 하는 액체저장설비 관점에서 뿐만 아니라 LNG연료 시스템의 일부로서 다양한 관점에서 최적화 된 것을 선택하는 것이 중요하다.

멤브레인 탱크 (membrane tank)는 2개의 멤브레인을 설치하며 하나는 이차방벽으로 작용한다. 반면에 세미 멤브레인 탱크는 하나의 멤브레인을 설치한다. 멤브레인 탱크는 공통적으로 free liquid space를 줄이기 위한 중앙부 종격벽이 없다. 대신에 탱크의 천장으로 올라 갈수록 좁아지는 트렁크 구조로 만든다.

프랑스의 GTT Membrane Mark III Tank는 일차방벽을 스테인리스강을 사용하고 이차방벽은 tri-flex를 사용한다. 일차방벽은 열팽창을 흡수하기 위하여 특별한 모양(주름)을 가진 스테인리스강판을 사용하는데, 그 두께는 1.2 mm의 것을 사용한다. 단열은 폴리우레탄 폼 판넬(polyurethane foam panel)을 사용한다.

최초의 Technigaz mark I 시스템(GTT mark III 시스템의 초기버전)은 이차방벽을 베니어판을 사용하였고 단열을 발사목(balsa wood)를 사용했다.

GTT Membrane NO96 Tank는 멤브레인 시스템의 LNG연료탱크 소재로 invar강(36% Ni강)과 스테인리스강으로 된 얇은 판으로 된 멤브레인을 설치한다. 이런 강재의 특징은 열팽창계수가 극히 작은 재료들이다.

그림 3-6 멤브레인 연료탱크
[Source: GTT]

멤브레인 판의 두께는 0.5~1.2 mm이다. 선체와 이차방벽 사이에 단열재를 설치한다. 단열재는 나무상자에 펄라이트(perlite)를 넣은 것을 사용(GTT NO96)하거나 polyurethane foam panel(GTT mark III)을 사용한다. 선체는 LNG연료의 중량을 지지하고, 멤브레인은 열팽창을 흡수한다. LNG연료탱크의 설계압력은 대개 0.25 barG로 설계하고, 이차방벽을 설치한다.

연료의 온도가 -55℃ 이상은 선체를 이차방벽으로 이용할 수도 있으며, 연료탱크 인접 선체는 저온강을 사용해야 한다. 종종 연료탱크 주변 선체가 ballast tank 또는 cofferdam이 될 수도 있다. 연료의 온도가 -55℃ 보다 더 낮은 LNG연료탱크는 이차방벽이 단열재 사이에 설치된다.

프랑스의 GTT NO96 멤브레인 시스템은 동일한 36% invar강을 일차방벽(primary barrier)과 이차방벽(secondary barrier)으로 사용한다. 이 시스템의 단열(insulation)은 펄라이트(perlite)를 채운 사각의 나무상자를 사용한다.

LNG연료탱크는 충돌이나 좌초 등에 의해 선체의 손상으로부터 보호하기 위하여 선체 외판으로부터 아래 그림에 표시하는 최소거리 이상 떨어져 선박의 내측에 설치하여야 한다.

특히 탱크의 설치 위치는 하계만재흘수선을 기준으로 최소거리를 B/5 또는 11.5 m 중, 적은 거리로 하는 요건은 선박의 설계에 큰 제한이 된다. 대체적인 설계 방법으로는 연료탱크의 선측 투영면의 범위에 있는 타 선박의 충돌확률(f_{CN})을 계산으로 구하고, 그 값이 기준치(여객선 0.02, LNG연료선 0.04) 이하로 하면 하계만재흘수선에서, B/5 또는 11.5 m 보다도 현측에 가까운 배치를 할 수 있고, 보다 유연한 선체배치 설계가 가능하다.

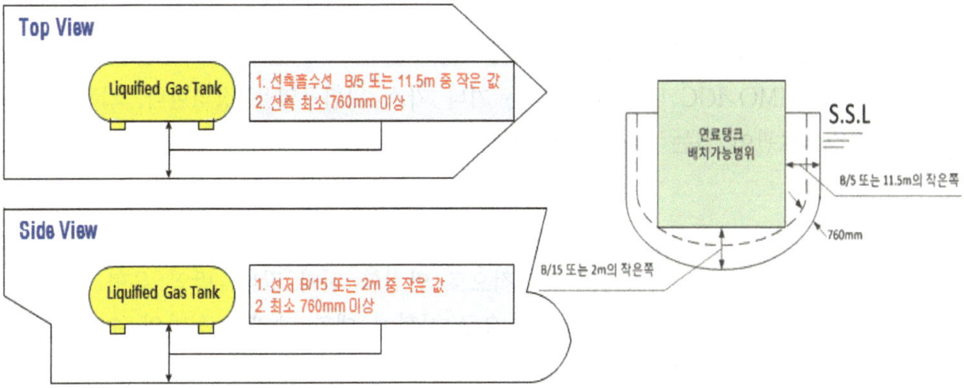

그림 3-7 연료탱크의 위치

[Source : 한국선급]

그림 3-8 LNG연료추진 산적LNG연료선의 LNG연료탱크 배치 예

가스 위험구역은 IMO IGC 및 IGF 코드에 따라 위험지역으로 설정 된다. 가스 위험구역은 LNG연료 탱크 배출구, 가스 또는 증기 배출구, LNG연료 파이프 플랜지, LNG연료 밸브와 LNG연료 압축기실의 출입구와 환기구로부터 3 m 이내의 개방 갑판상 구역이다.

또한 LNG연료 구역 위의 개방형 갑판과 노출 갑판 위 최대 2.4 m 높이까지의 개방형 갑판에서 LNG연료 구역의 전후 3m 및 LNG연료 격납고의 외부 공간에서 2.4 m 이내의 구역이 포함된다.

전체 LNG연료 배관시스템과 LNG연료탱크도 가스 위험구역으로 간주 된다. 위의 구역 외에도 IMO IGC 및 IGF 코드는 기타 가스 위험구역을 정의한다. 기관실로 연결되는 가스연료관이 있는 공기흡입형 트렁크 주변은 위의 코드에서 가스 위험구역으로 보지 않는다.

이 구역에서 사용되는 모든 전기 장비는 고정 설치이든 휴대용이든 상관없이 인증된 안전 유형 장비이다. 여기에는 본질적으로 안전한 전기 장비, 방염 유형 장비 및 가압 인클로저 유형 장비가 포함된다. 이 요구 사항에 대한 예외는 선박의 수리 중 해당 구역이 가스가 없는 것으로 인증된 경우 적용된다.

이 가스 위험 구역은 특별히 안전에 주의하여야 한다. 선상에 설치된 LNG연료배관시스템은 특정 절차를 따르는 경우 LNG연료 시스템을 안전하게 작동할 수 있도록 한다. 가연성 가스가 포함되기 때문에 불활성 가스 또는 질소 가스를 사용하여 가스 제거 작업의 모든 부분에서 LNG연료 시스템에 존재하는 폭발성 혼합물의 잔존 가능성을 제거한다.

이 시스템은 또한 LNG연료를 채우기 전에 LNG연료 탱크를 불활성 가스나 질소로 퍼지(purge)할 수 있게 한다. 가스를 제거하거나 퍼지한 후 남아 있는 가스 또는 공기 주머니(air pocket)의 잔존 가능성을 제거하도록 배관이 배치된다.

가스 제거 공정은 LNG연료증기에서 불활성 가스, 공기로의 순서를 따라 치환되며, LNG연료증기는 공기가 탱크로 유입되기 전에 양질의 불활성 가스로 대체된다. 입거 또는 운항 정지 후 운항 재개를 위해 선박을 준비할 때는 반대의 절차가 수행된다.

위험구역에 배치된 모든 전기 장비는 본질안전형(Instrinsically safe, Ex i) 방폭형이어야 한다. LNG연료압축기실, LNG연료전동기실, 측면 통로 및 파이프 덕트에 대한 신선한 공기 흡입 및 배기 환풍기가 설치된다.

가스 위험구역은 다음과 같은 구역으로 구분하여 관리된다.

표 3-7 가스 위험구역 설명

Zone 0	폭발성 가스와 인화성 가스 또는 증기가 지속적으로 존재하거나 장기간 존재하는 구역 (연료탱크 내부, 연료를 포함하는 배관 및 장비의 내부, 압력 도출관 또는 Vent 장치 내부)
Zone 1	폭발성 가스와 인화성 가스 또는 증기가 작동할 가능성이 있는 구역 (LNG연료탱크, 벙커링스테이션 3 m 이내 갑판 구역, FGSS, FGSS입구, 통풍구 기타 개구의 1.5 m 이내 갑판 구역, Vent mast 출구 6 m 구역)
Zone 2	폭발성 가스와 인화성 가스 또는 증기가 정상적으로 발생할 가능성이 없고 간헐적으로 발생할 수 있는 구역 (ZONE 1의 1.5 m 이내 구역, 탱크 연결부로 볼트로 체결된 Hatch가 설치된 구역, Relief valve의 출구 가까운 곳에서 10 m이상)

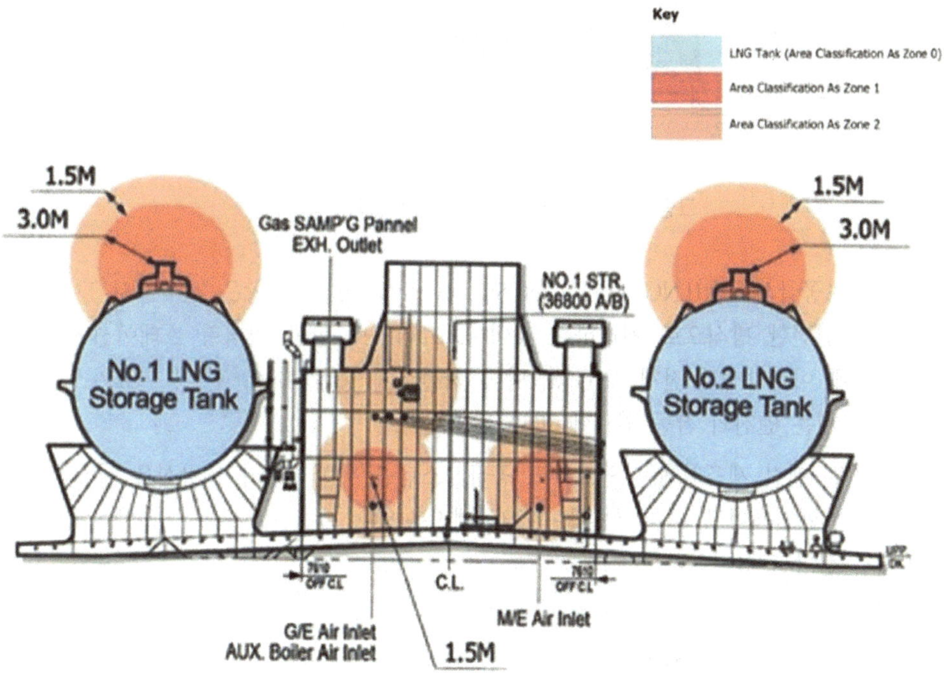

그림 3-9 LNG연료탱크 주변의 가스위험구역 예

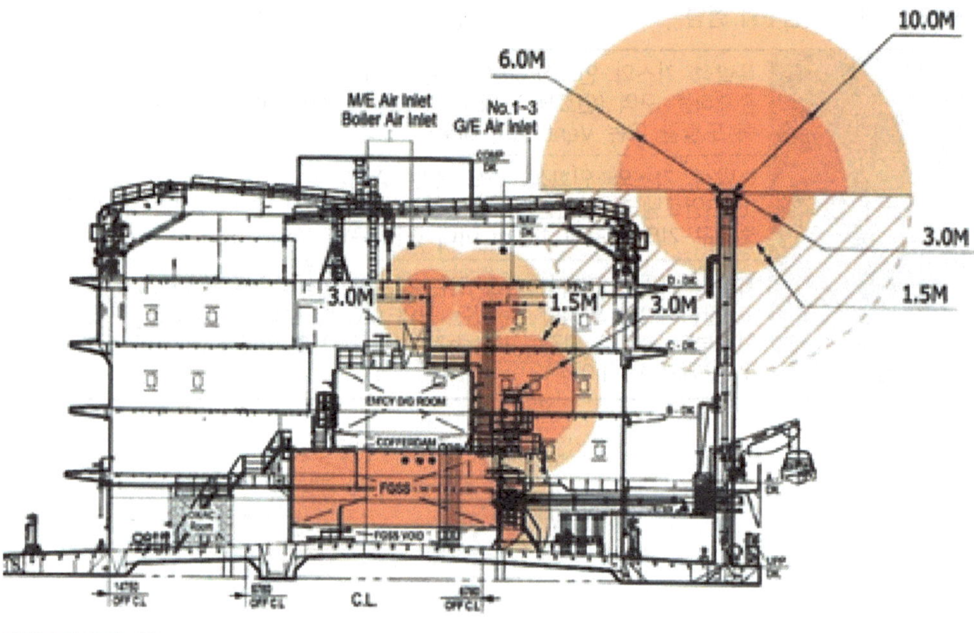

그림 3-10 FGSS 주변의 가스위험구역 예

LNG연료공급시스템(LNG Fuel Gas Supply System)의 역할은 선박에서 LNG와 천연가스를 안전한 방식으로 처리하는 것이다. 그러므로 항만 벙커링 스테이션에서 엔진 가스밸브에 이르기까지 전체 LNG공급망이 적절하게 통합되어야 한다. 연료가스 공급시스템의 설계는 엔진의 작동 압력에 따라 달라진다.

LNG연료 엔진 제조업체는 연료가스 공급시스템을 위한 두 가지 방식을 설계했다. 하나는 저압 엔진용이고 다른 하나는 고압 엔진용이다. 두 연료가스 공급시스템은 작동 측면에서 상당히 유사하다.

저압엔진은 4~5 bar의 천연가스로 연료를 공급해야 하며 결과적으로 LNG는 적절한 압력으로 저장되고 증발되어야 한다. 먼저, 육상 터미널 또는 LNG 벙커링 선박의 LNG는 1개의 벙커링 라인, 1개의 리턴 라인 및 1개의 질소 퍼지 라인을 포함하는 선상 벙커링스테이션을 통해 공급되며 모두 각각의 압력 안전밸브가 장착되어 있다. LNG는 벙커링스테이션에서 극저온 LNG 연료 탱크까지 단열된 배관을 따라 이송한다.

그런 다음 LNG는 벙커링 후 저장 탱크 압력을 높이고 탱크의 적정 압력을 유지하는 것이 목적인 PBU(Pressure Built-Up)로 진행한다. 저압 엔진은 탱크 압력이 적정 수준으로 유지될 때 최대 출력에 도달할 수 있다. 또한, 연료가스 공급시스템에 극저온 펌프 또는 압축기가 장착되어 있지 않기 때문에 엔진 가스 유입구 압력 요구 사항은 LNG 연료 탱크에 대한 적절한 압력을 유지하면서 달성된다.

또한, 탱크 상부와 하부의 압력 차로 인해 탱크 하부에서 PBU로 LNG가 흐르다가 상부를 통해 탱크로 되돌아온다. 탱크에 대한 적절한 압력에 도달하면 저장 탱크와 PBU 사이의 자연적인 LNG 순환은 중지된다.

그 후, LNG는 증발기로 공급되어 천연가스로 전환되고 엔진 요구 사항에 따라 최소 0℃로 가열된다. PBU와 증발기 모두 엔진 냉각 시스템의 온수를 열원으로 사용하여 탱크 압력을 높이고 LNG를 기화시킨다. 마지막으로 천연가스는 엔진 부하에 따라 천연가스 압력을 조절하고 연료가스 공급시스템의 안전한 분리를 보장하는 GVU(Gas Valve Unit) 쪽으로 이송된다.

GVU는 LNG 처리시스템과 LNG 연료 엔진 사이에 위치하며 동일한 엔진룸에 설치하기 위해 밀폐공간 내부에 위치하므로 복잡성과 설치 비용이 감소된다.

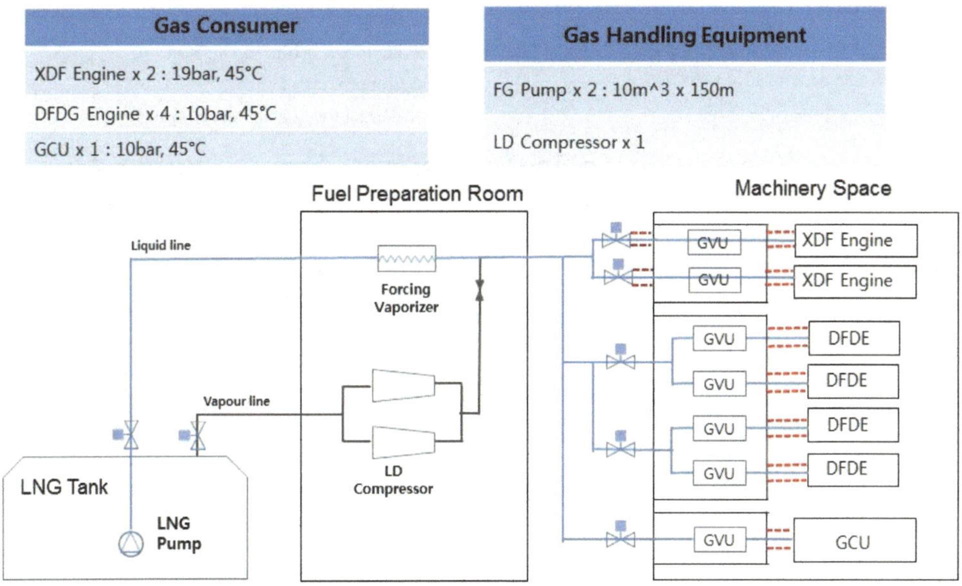

그림 3-11 저압용 LNG연료공급시스템

[Source: X-DF, 한국선급]

한편, 고압엔진용 연료가스공급시스템은 고압 LNG 펌프, 펌프 관리 시스템, 열교환기 및 완충 용량 시스템(buffer tank)으로 구성된다. 고압 엔진은 250~300 barG의 천연가스로 연료를 공급해야 하며, 결과적으로 LNG는 증발과 가압되어야 한다.

고압펌프는 극저온 LNG연료탱크에 저장된 LNG를 탱크에 위치한 펌프에 의해 공급받으며, LNG의 압력을 200~300 bar로 상승시켜 압축된 LNG를 열교환기(LNG vaporizer)를 통해 순환시키는 역할을 한다. 열교환기는 엔진 냉각 시스템의 온수 또는 해수를 열원으로 사용하여 LNG를 기화시킨다.

그런 다음, 압축된 천연가스는 버퍼 용량 시스템(천연가스 축압기)으로 옮겨지고 압축된 천연가스의 일정한 유량을 엔진에 공급하기 위해 저장된다.

기본적으로 연료가스 공급시스템은 LNG를 저장하고, LNG를 천연가스로 변환하여 완벽하고 안정적인 조건에서 엔진에 천연가스를 공급하는 시스템으로 안전성과 신뢰성이 향상된 것이 특징이다.

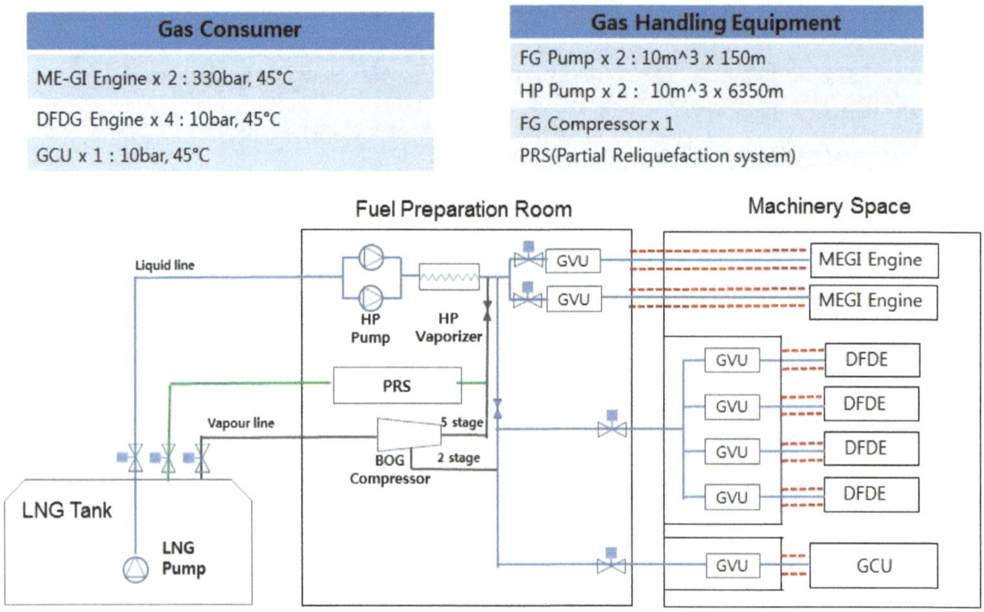

그림 3-12 고압용 LNG연료공급시스템

[Source: ME-GI, 한국선급]

LNG연료추진선은 증발가스(BOG) 처리방식도 매우 중요한 요소이다. 천연가스는 -163℃ 정도로 냉각함으로써 액화된다. 주성분인 메탄의 비등점은 -161.5℃이다. LNG연료탱크는 단열구조에 의해 외부로부터의 열 침입(heat ingress)을 억제하나, 그래도 무시할 수 없는 속도로 증발가스가 발생한다.

증발가스를 LNG연료탱크 내부에 보유하고 있으면 탱크의 내압이 상승하고, 결국 탱크의 설계 강도를 초과하게 된다. 따라서 최대설계압력이 낮은 독립방식 B형과 멤브레인형 탱크는 물론이고 설계압력이 높은 독립방식 C형 탱크라도 언젠가는 설계압력에 도달하게 될 것이다.

증발가스처리 방법 첫번째로 엔진의 연료로 소비하는 것이다. 증발가스는 천연가스 그 자체이기 때문에 이것이 가장 합리적이고 경제적인 방법이다. 그렇지만 엔진의 연료 소비 속도가 증발가스 발생속도에 따라가지 못하면 압력상승은 변화가 없으므로 양자의 밸런스를 이루는 조건으로 가능하다. 밸런스를 이루지 못하는 조건 중의 하나는 엔진에 비하여 LNG연료가 너무 많은 것이다.

증발가스 발생 속도를 지배하는 주된 요건 중 하나는 저장탱크 표면적이며, 탱크가 크게 되면 자연히 증발가스 발생속도가 빠르게 된다. 따라서 선박 크기에 비하여 LNG 연료탱크가 너무 크면 엔진부하를 높여도 밸런스를 이룰 수 없게 된다. 그리고 사양 상 밸런스를 취하는 것이 가능하여도 실제 운항을 고려하면 밸런스를 맞추지 못하는 경우도 있다. 예를 들면 감속운항을 하여 엔진의 부하가 낮은 경우나 이중연료선박에서 연료유 모드로 운항할 때는 연료가스 소모가 없는 경우를 고려할 수 있다.

또한 엔진과 연료공급시스템의 조합에 따라 증발가스를 모든 엔진의 연료로 이용할 수 있는 것은 아니다. 예를 들면, 주기에 고압 2행정 디젤엔진을 채용한 경우, 주기에는 대략 30 MPa (300 barG)로 압력을 올린 천연가스를 공급할 필요가 있다.

LNG연료추진선에는 통상 LNG를 고압 펌프로 승압하여 기화하는 방식이 이용된다. 이 시스템과 별도로 기화한 증발가스를 30 MPa로 승압하기 위해서는 고압용 압축기가 필요하며 대형이고 소비전력이 크기 때문에 LNG추진선에 적용하는 것은 현실적으로 적합하지 않다. 그래서, 예를 들면 발전기용 저압 엔진만으로 밸런스를 맞추도록 시스템을 구성해야 한다.

이와 같은 이유로 증발가스 처리능력이 부족한 경우는 별도의 처리 수단을 설치할 필요가 있다. 한 예로 일부 LNG운송선에 설치되어 있는 것과 같은 재액화장치를 설치하는 방법이 고려될 수 있다. 이것은 증발가스를 다시 액화하여 LNG를 저장탱크로 돌려 보내는 방식이다.

또 하나는 가스소각장치(Gas Combustion Unit ; GCU)를 고려해 볼 수 있다. GCU는 증발가스를 소각하여 안전한 상태로 대기 중에 방출하는 장치이다. 이러한 기기 자체가 초기비용, 운용비용 측면에서 손실로 되기 때문에 탱크방식의 선정 시 포함하여 종합적으로 평가하여 적절한 시스템으로 구성하는 것이 중요하다.

증발가스 처리방법은 연료로 소비하는 것이 가장 경제적이며, 증발가스 처리속도와 연료소비속도가 밸런스를 이루는 시스템으로 하는 것이 가장 이상적인 LNG추진선박이라 할 수 있으며, 이러한 것이 현실적으로 어려우면 보조 설비를 설치하여 증발가스처리시스템(BOG management system)을 구축한다.

3.2 액화석유가스연료추진선 (LPG Fueled Ship)

3.2.1 설계 개념

액화석유가스(LPG, Liquefied Petroleum Gas)는 기존의 석유 연료에 비해 환경보호 측면에서 많은 이점을 가지며, 액화 온도가 LNG 보다 높아 저장 및 취급이 용이하며 이미 잘 갖추어진 LPG 인프라를 선박 벙커링에 이용할 수 있는 이점이 있다.

현재 MAN-ES사가 ME-LGIP(Liquid Gas Injection LPG)라는 선박용 LPG 이중연료(Dual fuel) 엔진을 개발하여 대형 LPG운반선에 적용하고 있다.

LPG 이중연료 시스템은 서비스 탱크, 연료공급장치 LFSS(LPG/Low-flash poin Fuel Supply System), LPG 연료밸브트레인(FVT) 그리고 이중연료엔진(ME-LGIP) 등으로 구성된다. ME-LGIP 시스템의 가장 큰 특징은 LPG를 약 50 bar로 압축한 액체 상태의 LPG를 엔진에 공급하는 것이다.

펌프와 열교환기 등으로 구성된 연료공급시스템은 엔진에 요구되는 압력과 온도에서 안정적이고 신뢰할 수 있는 연료를 공급하는 데 사용된다. LFSS에는 필요한 리턴 가스 컨디셔닝 시스템을 포함하여 검증된 구성 요소가 장착되어 있다. 연료에 대한 높은 청정도가 필요하기 때문에 흐름의 상류에 적절한 필터가 설치된다.

연료공급시스템 설계자는 엔진이 요구하는 LPG 공급 조건, 국제 규약 및 선급 규정을 만족시키도록 시스템을 구성해야 한다. LPG 연료 공급 시스템은 LPG를 연료로 사용할 수 있도록 하여 운영 효율성을 높이고 시장에 환경적 지속 가능성을 지원하는 혁신적이고 신뢰할 수 있는 시스템이다. LFSS는 어려운 해상 조건에서도 견고하고 신뢰할 수 있도록 설계되어야 한다.

이 시스템은 선박의 운항에 최적화된 LPG 저장 탱크로 구성되며, LPG 연료 탱크는 전용 벙커링 매니폴더를 통해 충전되거나, LPG 운반선의 경우 화물 탱크에서 재적재된다. LPG연료는 연료 탱크에서 조건에 맞게 처리하여 준비한다.

LPG 연료는 상대적으로 낮은 증기압으로 인해 보관 및 처리가 용이하다는 장점을 가지고 있다. 반면에 기체 상태에서 공기보다 높은 밀도로 인해 누출 가스 처리에 주의를 기울여야 한다.

그림 3-13 BW LPG사의 LPG연료추진선 "BW Gemini", 84,000 cbm VLGC
[Source: BW LPG]

3.2.2 LPG연료 설계상의 특성

LPG는 원유 정제 과정에서 생기는 가스로 프로판(C_3H_8)과 부탄(C_4H_{10})이 주 성분을 이룬다. ME-LGIP 엔진은 프로판, 부탄, 둘의 혼합물을 연료로 사용 가능하며 12%의 에탄(C_2H_6) 성분까지 혼합을 허용한다.

LNG가 대기압에서 극저온 상태에서만 액화가 가능한 반면, LPG는 상온에서도 일정 압력을 가하면 액화가 되므로 현재 사용되고 있는 가스 연료 (LNG, 에탄) 대비 보관 및 처리가 상대적으로 용이하다는 장점이 있다.

프로판과 부탄은 액체 상태에서는 물보다 밀도가 작으나, 기체상태에서는 공기보다 무거운 특성을 갖는다. 이는 누설되는 LPG는 공기보다 훨씬 무거워서 밀폐된 공간에 누출되면 낮은 지점에 가라앉으며 누설 가스의 확산 및 배출이 잘 되지 않을 수 있다. 따라서, 벤트 마스트 가스 배출 시 거주부에 미치는 영향, 선박 기관실 혹은 연료준비실(Fuel preparation room)등 밀폐된 공간에서 누출 시 가스 탐지 등 안전성 평가에 유의해야 한다.

자연발화 온도(Auto-ignition temperature)는 가스가 외부매체 없이 스스로 발화할 수 있는 온도로 LPG가 LNG 대비 상대적으로 낮으나 자연 상태에서 도달 가능한 온도는 아니다.

그러나 선박기관실 내부의 고온 장비 중 LPG 노출 가능한 곳에 대한 불연성 재료 피복 등의 조치가 검토되어야 한다. 가연범위(Lower and upper flammable limit) 역시 LNG 대비 적은 농도에서 인화될 수 있다는 점에서 더 위험하다. 선급 규정에 의해 요구되는 가연하한치(LFL, Lower Flammable Limit)의 20~30%에서 경보, 40~60%에서 연료공급 차단을 준수한다면 위험도는 훨씬 낮아지게 된다.

표 3-8 프로판, 부탄, 메탄의 물성

	비등점	증기압(45℃)	액체 비중	기체 비중
프로판(Propane)	-42.1℃	15 bar	0.583	1.55
부탄(Butane)	-0.5℃	4 bar	0.600	2.09
메탄(Methane)	-162℃	-	0.427	0.554

발화점(Ignition point)의 경우 LPG가 상대적으로 높은 값을 가지나 현실적으로 유의미한 차이는 아니다. 점화 에너지(Ignition energy)는 LNG와 비슷하게 작은 값을 갖으며 이는 누출될 경우 작은 불꽃 등에도 점화 될 수 있음을 의미하므로, 일반적인 가스선의 요구 조건인 위험 구역에서 방폭 장비를 사용해야 한다. 즉 인화성 측면에서 LPG 연료는 LNG와 다소 물성의 차이는 있으나 기존 국제 규약(IGC and IGF code) 및 선급의 요구 수준을 상회하지 않는다.

3.2.3 LPG연료 기관

MAN ES사의 ME-LGIP 엔진은 저인화점 연료로 LPG를 사용하는 이중 연료 작동을 위해 설계되었다.

LPG연료는 다음과 같은 압력과 온도로 엔진에 공급 된다.

- 압력: 50 ± 2 bar
- 온도: 25 ~ 55℃

LPG는 LPG 탱크에서 그림 3-14와 같은 저인화점 연료공급시스템(LFSS)으로 공급되며, 이는 분사 밸브에서 필요한 LPG연료 조건을 만들어 준다.

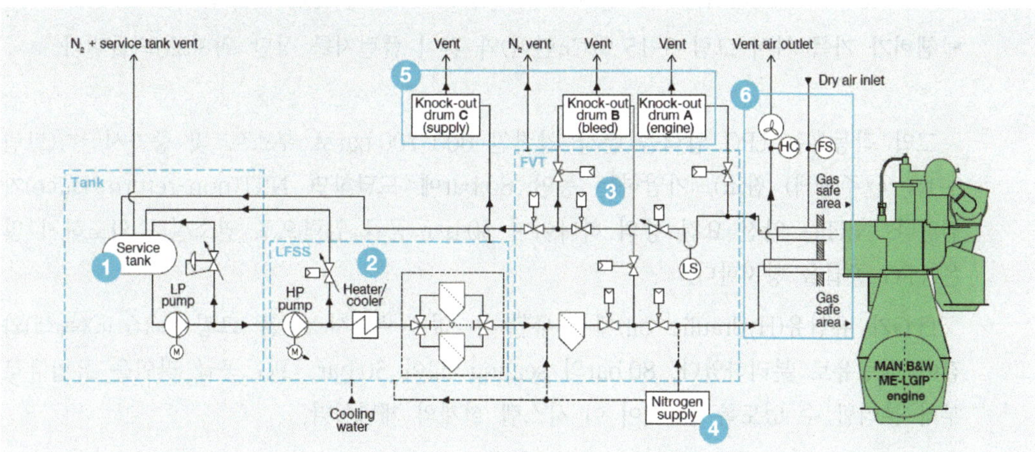

그림 3-14 Conceptual diagram of the ME-LGIP fuel supply system

[Source: MAN ES]

운전 중 일정량의 LPG는 재순환 라인을 통해 LPG탱크로 반환되고, LPG연료 운전이 중지될 때마다 동일한 재순환 라인이 엔진에서 LPG를 회수하는 데 사용된다.

연료 분사 및 LPG 보조 시스템의 구성 요소에 대해 다음에서 설명한다.

(1) 연료 분사 시스템 설계

LGIP 시스템의 주요 구성 요소는 LPG 분사밸브(FBIV-P), 가스 제어 블록, 파이프 및 어큐뮬레이터이다. 일반적으로 ME-LGIP엔진은 ME-GI(LNG) 및 LGIM(메탄올)의 개념과 유사하게 ME 엔진에 관련 기능을 더하는 애드온 시스템으로 설계되었다.

그림 3-15 ⓐ에 표시된 FBIV-P는 LPG 분사 밸브이다. FBIV-P는 프로판용 연료 부스터 분사 밸브(fuel booster injection valve for propane)는 두 가지 주요 기능으로 설계되었다. 첫 번째는 원하는 분사 압력으로 LPG를 가압하는 것이고 두 번째는 정확한 LPG 주입의 타이밍과 주입 기간을 확보하기 위한 기능이다.

LPG압력은 ELWI(electronic window valve) 의해 제어되고 분사 타이밍은 ELGI (electronic gas injection valve)에 의해 제어된다. 그리고 추가적인 안전 대책으로 ECS(engine control system)의 개별 제어 장치가 이 두 밸브를 독립적으로 제어하는 데 사용된다.

FBIV-P의 기능은 다음과 같다.

- 액체 LPG는 50 bar의 압력으로 FBIV-P 플런저 챔버(plunger chamber)에 공급된다.
- 챔버가 가득 차서 그림 3-15 ⓑ(노란색)와 같이 플런저를 상단 위치로 되돌린다.

고압 작동유는 LPG 압력을 분사 압력인 600-700 bar로 부스트 및 증가시킨다(그림 3-16 ⓒ(주황색) 참조). 가압하는 동안 80 bar에 도달하면 NRT(non-return valve)가 열린다. NRT는 안전 요건 중의 하나이며 50 bar 공급 압력으로 연소실로 의도하지 않은 LPG 공급을 방지한다.

LPG가 유압유(Hydraulic oil)에 침투할 수 없게 두 시스템을 그림 3-16 ⓓ(녹색)와 같이 실링유로 분리하였다. 80 bar의 sealing oil이 50 bar LPG 공급 라인을 유압유로부터 분리할 수 있도록 한 것이 이 시스템 설계의 개념이다.

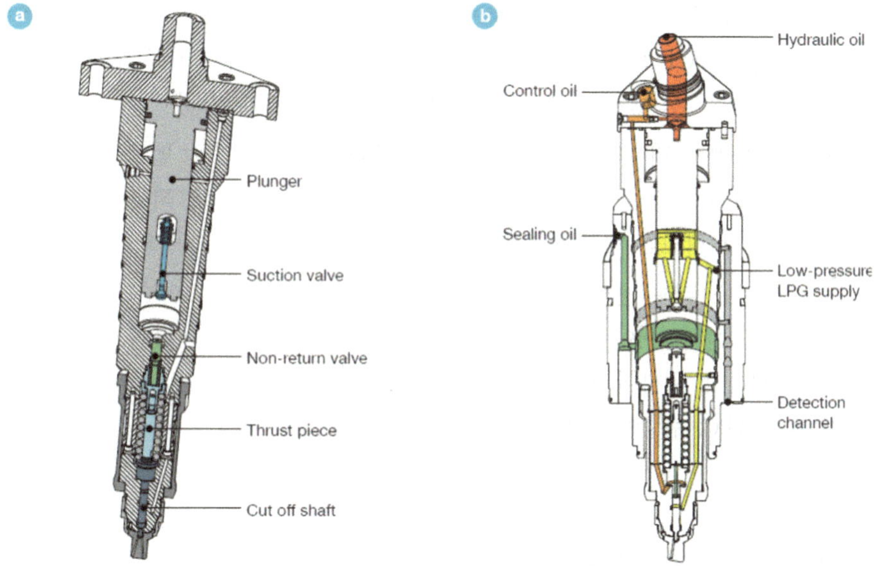

그림 3-15 LPG 분사밸브(FBIV-P) a와 b

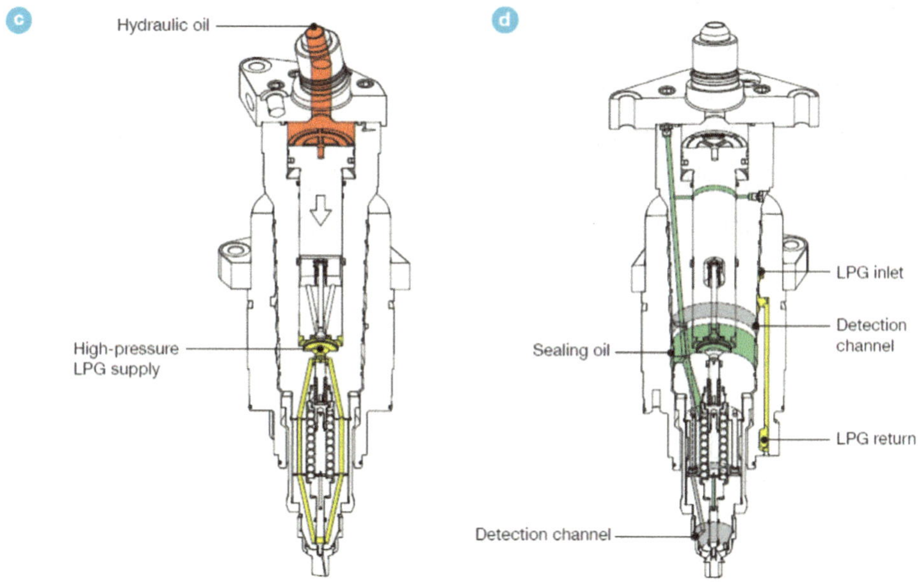

그림 3-16 LPG 분사밸브(FBIV-P) c와 d

실링 오일 시스템(Sealing oil system)은 단일 라인 시스템으로 오일 순환이 없다. ME-시스템에서 300 bar로 공급되는 실링 오일은 80 bar로 감소되고, LPG 공급 라인으로 이송되는 소량의 실링 오일은 LPG와 혼합되어 엔진에서 연소된다.

LPG의 FBIV-P를 비우기 위해 질소가 사용된다. 이것은 연료 밸브 트레인(FVT)에서 전환을 통해 LPG 라인을 통해 공급된다. 따라서 LPG를 탱크로 되돌리기 위해 정상적인 공급 및 리턴 라인만 사용되기 때문에 퍼지에는 추가 밸브가 필요하지 않다.

더욱이, 안전을 위해 엔진룸의 모든 LPG 배관은 환기가 되는 외부 파이프가 있는 이중벽 배관으로 설계되어야 한다. 씰에서 잠재적으로 누출이 일어나면 엔진룸으로 누출될 위험을 피하기 위하여 외부 파이프로 배출된다. HC(Hydrocarbon) 센서는 누출을 모니터링하고 LPG 누출이 감지되면 경보가 발생한다.

3.2.4 LPG연료 저장탱크

액화석유가스(LPG)는 화석연료에서 파생되며 주로 프로판(C_3H_8)과 부탄(C_4H_{10})의 혼합물로 구성된다. 상온에서 18 bar로 가압하여 보관하거나 대기압력에서 -48℃까지 냉장 보관하거나 5~8 bar에서 가압하여 -10℃ ~ -20℃로 냉장 보관할 수 있다.

대용량의 LPG연료는 저온에서 액체로 운송되므로 공간 활용을 극대화하기 위해 각형(Prismatic type) 또는 멤브레인형(Membrane type)탱크를 사용하는 것이 합리적이다. 반면에 소용량의 LPG연료는 상온에서 18 bar로 가압하여 운반할 수 있다. 압력형(Type C)의 원통형(Cylindrical shape) 또는 쌍통형(Bi-lobe shape) 탱크를 사용하는 것이 좋다.

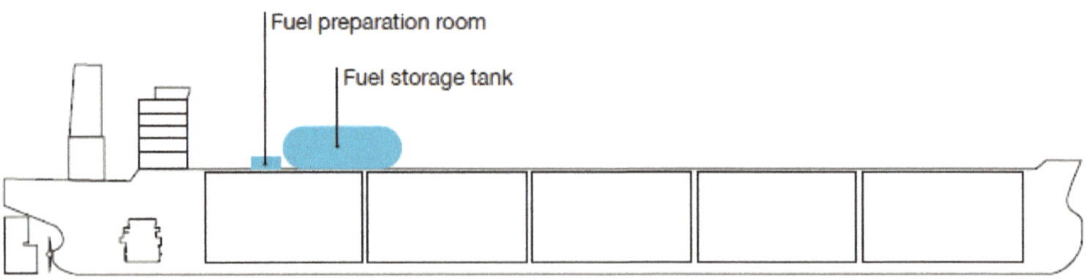

그림 3-17 LPG연료추진선박의 연료저장탱크와 연료준비실 배치 예
[Source: MAM ES]

3.2.5 LPG연료 공급시스템

그림 3-14에 표시된 ME-LGIP 공급 시스템의 주요 구성 요소는 다음과 같다.

- LPG 서비스 탱크(Service tank)
- 환기 시스템(Vent systems) 및 녹아웃 드럼(Knock-out drums)
- 저인화점연료 공급시스템(Low-flashpoint fuel supply system)
- 연료 밸브 트레인(Fuel valve train)
- 질소 시스템 (Nitrogen system)
- 이중벽 환기 시스템(Double-walled ventilation system)

(1) ME-LGIP 엔진의 연료공급 요건

ME-LGIP 엔진은 액체상태의 LPG와 전통적인 석유 연료(HFO/LFO/MDO)을 모두 사용할 수 있는 2행정 디젤 사이클기관이다. 상술한 대로 LPG의 자연발화 온도는 400℃ 이상이므로 점화를 위해 파일럿 오일(MDO/HFO/LFO)이 필요하다.

액체 상태의 LPG 연료는 엔진에 50 bar로 공급된 후 부스터 밸브를 통해 가압되어 600 bar 로 연소실 내부에 주입된다. 이 때, 엔진에서 요구 하는 LPG연료 공급 온도는 25 ~ 45℃ 이다.

MAN-ES에서 권장하는 연료 공급 개략도는 그림 3-14와 같다.

연료밸브 트레인(LPG FVT, LPG Fuel Valve Train)은 FSS와 엔진 사이에 위치하며 연료공급라인과 엔진에서 LPG가 FSS로 재순환되는 라인을 중간에서 연결해 준다.

LPG FVT는 연료공급장치의 이상 작동 시 연료의 효과적인 차단 및 잔량의 LPG연료를 안전하게 배출하는 것을 목적으로 한다. LPG FVT의 구성은 이중 차단 및 배출, 밴트, 압력조절, 질소 공급 등 목적의 밸브와 필터, 각종 센서류로 이루어지며, 엔진 공급 업체에서 함께 공급하게 된다.

FSS에서 FVT로 공급해야 하는 LPG연료의 요건은 다음의 표와 같다.

표 3-9 LPG연료공급 조건

압력(Pressure)	50 ± 2 bar
온도(Temperature)	45℃ + 0 / -20℃
LPG연료공급률	엔진의 요구량에 따름

(2) ME-LGIP 엔진 연료공급시스템의 구성 및 특징

FSS는 압력 펌프, 열교환기(LPG heater and cooler), 필터 등의 장비와 압력 조절, 유량 조절, 벤트, 질소 공급 목적의 각종 밸브와 센서류로 이루어지며 보조적으로 서비스 탱크, 질소 공급 시스템, 글리콜 시스템, 기액 분리기 및 벤트 마스트가 추가된다. 각 장비의 특징 및 구성은 국제 규약 및 선급 규정이 허용하는 범위에서 달라질 수 있다.

1) Service tank

ME-LGIP 엔진은 LPG FVT를 통해 공급받은 액체 LPG 연료 중 일부를 고온 고압의 상태로 LFSS로 재순환 시킨다. 이는 기체 상태 연료를 사용하는 기타 가스 이중 연료 시스템(LNG, Ethane)과 구별되는 ME-LGIP만의 특징이며, 이를 어떻게 처리하느냐에 따라 시스템 특징이 달라질 수 있다.

재순환 되는 LPG 연료에는 엔진의 윤활유가 포함되어 있으며, MAN-ES가 권고하는 디자인에서는 재순환 LPG를 별도의 서비스 탱크로 수용하여 LPG 연료/화물 탱크를 오염으로부터 방지한다.

또한 서비스 탱크는 엔진 정지 및 질소 가스 퍼징 시, 액체 상태의 LPG 유출을 방지하는 목적으로도 사용된다. 서비스 탱크의 설계 압력은 프로판의 증기압을 고려하여 20 bar 이상의 가압식 탱크 디자인이 요구된다.

서비스 탱크 용량 및 배치는 MAN-ES의 추천을 따를 수도 있으나 필수 규정은 아니므로 화물 오염 방지 및 퍼지 과정 중 기액 분리라는 목적에 부합하면서 규정을 따르는 다른 설계 또한 허용될 수 있다.

저압 펌프는 상술한 서비스 탱크에서 고압 펌프로 LPG를 공급하는 역할을 한다. 연료 펌프와 같은 회전 기기류는 국제 규약에 의해 1대가 고장 나더라도 선박 운항이 가능해야 하므로 엔진 요구의 100% 용량 2대 혹은 50% 용량 3대로 구성한다.

표 3-10 서비스 탱크의 주요 장비

장비		수량	용량
탱크부	서비스탱크	1개	18 bar
	LP펌프	2-3대	각각 100~50%

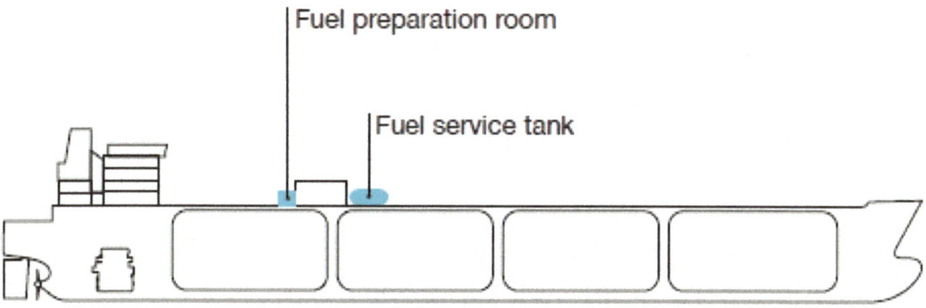

그림 3-18 LPG연료추진선박의 서비스탱크 배치 사례

[Source: MAM ES]

LP pump는 갑판 구역에 배치되는 서비스 탱크의 LPG 수위를 고려하여 낮은 유효흡입양정(NPSH, Net Positive Suction Head)이 요구되며 배출 압력은 고압 펌프의 NPSH 및 배관 손실을 고려하여 선정되어야 한다.

또한 프로판 및 부탄의 밀도 차이 및 엔진 부하에 따른 연료 소모량을 고려하여 VFD(Variable Frequency Drive) 적용이 필요할 수 있다.

2) 연료공급시스템(Fuel Supply System)

LFSS의 주요 장비는 고압 펌프(HP pump) 2~3대, 엔진 보호용 필터, LPG 온도를 맞추기 위한 열교환기(Heater/cooler)로 구성된다. 고압펌프는 저압펌프와 같이

100% 2대 혹은 50% 3대로 구성 된다.

고압펌프는 84 km^3 VLGC 급 기준으로 저압펌프에서 공급 받은 약 5 m^3/h의 LPG를 50 bar 수준으로 가압하여 LPG FVT로 공급해야 하므로, 소용량 고압 특성을 만족해야 한다.

표 3-11 서비스 탱크의 주요 장비

장비		수량	용량
연료공급시스템부	고압펌프	2-3대	각각 100~50%
	필터	2개	각 100%
	연료 가열/냉각기	1대	연료온도 조건에 따름

MAN-ES에서는 엔진으로 유입되는 연료용 LPG에 대하여 10μm 수준의 필터링을 요구하며, 필터 교환 시에도 엔진에 지속적인 LPG 공급이 가능하도록 복수의 필터 배치가 요구된다. 그리고 공급되는 LPG의 온도 조건(25~45℃)을 맞추기 위한 열교환기를 배치한다.

열교환기는 서비스 탱크의 LPG온도에 따라 연료를 가열 혹은 냉각하여 엔진 공급 온도 조건을 만족시킬 수 있는 열용량을 갖추어야 한다.

상술된 FSS는 가스위험구역에 위치해야 하므로 방폭 설비를 고려해야 하며 연료준비실(Fuel preparation room)에 설치한다. 초대형가스운반선(VLGC)과 같은 가스운반선은 기존 재액화장치 또는 컴퓨레서와 함께 화물장치실(Cargo machinery room)에 위치할 수도 있다.

3) 질소공급시스템(N_2 system)

질소공급시스템은 엔진, LPG FVT, FSS 및 서비스 탱크의 퍼징을 목적으로 하며 연료 공급 시스템의 기밀성 시험을 위해서도 사용될 수 있다. MAN-ES는 서비스 탱크의 설계압력에 7 bar를 더한 퍼징 압력을 요구하며(서비스 탱크 설계압이 18 bar일 경우 질소 공급압력은 25 bar가 되어야 함),

엔진을 시동하기 전에 연료공급시스템의 기밀성 시험을 위해서는 50 bar 이상의 질소 공급 압력이 필요한 경우도 있다. 그러므로 질소 공급시스템은 질소 발생기로 생성된 질소를 버퍼 탱크(Buffer tank)를 거쳐 가압 압축기(Booster compressor)로 압축하여 고압 실린더에 보관한다. 보관된 질소 가스는 가스모드 운전 전과 후에 실린더의 고압 질소 가스를 이용하여 퍼징(Pursing)을 수행한다.

표 3-12 질소공급 시스템의 주요 장비

장비		수량	용량
질소공급시스템부	N_2 Generator	1대	
	Booster Compressor	1대	Bottle bank 압력에 따름
	N_2 bottle bank(고압 실린더)	1 lot	50 bar 이상

4) 연료 밸브 트레인 (Fuel Valve Train, FVT)

FVT는 ME-LGIP 엔진과 보조 시스템 간의 인터페이스를 나타낸다. FVT는 셧다운 및 유지보수 중에 엔진을 안전하게 격리하기 위한 것이며 질소 퍼지 기능을 제공한다. 퍼지 기능은 셧다운 후 엔진의 안전한 환경을 보장한다.

FVT는 신뢰할 수 있는 안전 기능에 필요한 품질 표준을 갖추고 있으며 궁극적으로 ME-LGIP 엔진의 안전하고 안정적인 작동을 보장한다.

MAN ES의 ME-GI 이중 연료 엔진에 대한 광범위한 경험을 보유한 Eltronic은 코펜하겐 연구 센터에서 프로토타입 LPG FVT를 개발했으며 상업용으로 사용할 수 있는 FVT를 보유하고 있다.

상업용 LPG 버전은 선박 설계 프로세스의 유연성을 높이기 위해 공급 밸브 트레인과 리턴 밸브 트레인으로 분할된다.

5) 이중벽 배관 환기시스템 (Double-wall ventilation system)

기관실 내 시스템의 가스누출을 감지하고 이를 안전한 위치로 안내하기 위해 기관실 내부의 LPG시스템과 배관은 이중벽으로 되어 있다.

IMO 요구사항에 따라 외부 파이프에 일정한 환기 공기의 흐름이 유지된다. 이 시스템은 이미 다른 MAN B&W 이중 연료 엔진에 사용되고 있다. 건조한 공기의 지속적인 공급은 시스템의 내식성을 보장한다.

6) 기타 장비

LFSS의 LPG 열교환기 열원은 증기(steam)가 사용된다. 이 때 열교환기 내에서 증기와 LPG간 직접 열교환을 할 경우 열교환기 파손 시 선박의 안전성을 저해 할 수 있다.

그러므로 중간 매개체로 글리콜 부동액 폐회로를 두어 증기로 글리콜 부동액을 가열하고 글리콜 부동액이 LPG를 가열하는 방식이 선호되며 글리콜 탱크, 글리콜/증기 열교환기, 글리콜 펌프가 필요하다.

LPG연료의 냉각이 필요할 경우, 냉각원은 선박 냉각수(fresh water) 및 해수(sea water)가 모두 사용될 수 있으며, 상술한 글리콜 폐회로를 통해 LPG를 냉각하게 되지만 해수를 이용할 경우 직접 냉각하는 방법도 고려할 수 있다.

그러나 해수 직접 열 교환을 사용할 경우 열교환기 내 해수 침식 및 불순물에 의한 막힘 문제를 고려한 설계를 적용해야 한다.

ME-LGIP가 적용이 될 경우 추가적인 벤트마스트(Vent mast)가 적용 되어야 하며 추가 벤트 마스트는 기액 분리기(knock out drum)를 포함한다. 기액 분리의 목적은 액체 상태의 LPG를 연료가 엔진 정지 후 퍼징 과정에서 액체로 바로 유출됨을 방지하는 것이다.

벤트 마스트의 수량은 MAN-ES에서는 2개 이상을 권장하나 선급 규정을 만족하는 범위에서 다양한 설계가 가능하다.

이 외 공기보다 무거운 LPG 기체의 거동을 고려하여 가스 검출 위치를 결정해야 하며 기관실 내 이중 연료 공급관 및 공기 순환 시스템이 추가돼야 한다.

3.2.6 설계관련 법규

LPG 운송은 37.8℃에서 증기압이 2.8 barG 이상인 액체의 안전한 운송을 목표로 하는 대량 액화 가스를 운송하는 모든 선박의 건조 및 장비에 관한 국제 코드(IGC 코드)의 적용을 받으며 모든 국가에 적용된다.

LPG운반선이 LPG로 구동되는 경우 이는 원칙적으로 IGF 코드(가스 또는 기타 저인화점 연료를 사용하는 선박에 대한 국제 안전 코드)를 준수할 필요 없이 IGC코드가 적용된다. 다른 선종의 선박의 경우 연료로 LPG를 사용하는 경우는 IGF코드를 준수해야 한다.

3.3 암모니아연료추진선 (Ammonia Fueled Ship)

3.3.1 설계 개념

암모니아(NH_3)는 오래 전부터 연료로 사용한 적이 있으나 일반 상선에 상용화하는 데는 풀어야 할 과제가 많다. 암모니아 연료 엔진이 개발 중이며 연료 전지에서도 암모니아 사용이 연구되고 있다. 암모니아는 탄소 제로 연료가 될 수 있으며 내연 기관에서 연료로 사용될 때 암모니아 연소는 주로 물과 질소를 생성한다.

연소되지 않은 암모니아는 구름의 형성 또는 인체 건강 위험을 피하기 위해 허용 가능한 한계 내로 정밀하게 제어되어야 한다. IMO의 NOx 제한은 암모니아 연소 시에도 적용된다. 연료의 저장, 분배 및 공급 시스템은 기존 기술과 규정 요구 사항을 기반으로 할 수 있다.

암모니아 탱크는 암모니아가 지속적으로 증발하고 열의 침입으로 인해 증발 가스를 생성하여 관리하지 않으면 탱크의 압력을 증가시키기 때문에 온도와 압력을 지속적으로 제어해야 한다.

암모니아는 -34℃ 미만의 온도로 냉각하거나 8.5 bar 이상의 압력으로 압축하여 상온에서 액체 형태로 저장할 수 있다. 이러한 연료 특성은 암모니아 저장 탱크가 압력형 또는 단열된 대기압 각형(prismatic)이 될 수 있음을 의미한다. 그리고 암모니아는 또한 좁은 인화 범위(15%~ 27%)를 가지므로 화재 위험이 다른 대체연료에 비해 높지 않다.

그러나 독성이 있고 반응성이 매우 높다. 이러한 이유로 대량의 액화 가스를 운반하는 선박의 건조 및 장비에 관한 국제 코드(IGC 코드)는 암모니아를 포함하는 선박에서 사용할 수 있는 재료와 기자재에서 선원 노출 위험을 최소화해야 하는 엄격한 요건을 가지고 있다.

공기 중에서 암모니아를 연소시키는 것은 상대적으로 낮은 연소열, 높은 자연 발화 온도, 높은 기화열 및 좁은 가연성 범위로 인해 연소 촉진을 유도하는 촉매가 없는 상태에서 매우 어렵다. 이러한 특성으로 인해 2행정 디젤 사이클 엔진에서 연소를 돕기 위해 파일럿 연료 분사가 필요하다.

3.3.2 암모니아의 설계상의 특성

(1) 연소성

암모니아 연소의 총괄 반응식은 다음과 같다.

$$4NH_3 + 3O_2 \rightarrow 2N_2 + 6H_2O$$

암모니아의 가연 범위는 15-25%로 좁고, 또한 층류 연소 속도는 메탄의 대략 20% 정도로 연소하기 어려운 연료라고 할 수 있다. 착화 온도가 650℃로 기존의 디젤 연료보다 높다. 또한 연료 중 질소 원자를 포함하기 때문에 연소 시에 NOx가 발생 될 수 있다. 그러나 탄소를 포함하지 않는 점에서 불완전 연소 때 발생하는 질소산화물이며, 그을음이 발생하지 않는다.

(2) 독성

암모니아는 알칼리성 무색의 기체로, 부식성과 매우 강한 자극적인 냄새가 있다. 점막에 대한 자극성이 강하고, 높은 농도의 가스를 흡입했을 때 짧은 시간에 기도와 폐에 심각한 손상을 일으킬 수 있다. 시간가중평균노출기준 (TVL-TWL : Threshold Limit Value - Time Weighted Average)은 25 ppm으로 설정되어 있다.

(3) 저장성

암모니아의 저위 발열량은 18.8 MJ/kg으로 중유 42.7 MJ/kg 대비 44% 정도이다. 기존의 HFO 탱크와 비교하면 약 2.7배의 탱크 용량이 필요하고, LNG 연료, LPG 연료에 비해 각각 1.7배, 2.0배의 저장 공간이 필요하다.

암모니아의 저장 시 요구되는 사항은 LPG선박의 연료탱크 요구 사항과 유사하기 때문에 LPG저장 탱크를 사용하는 것도 가능하다.

(4) 부식성

암모니아는 구리, 구리 합금, 니켈 농도가 6% 이상 합금 및 플라스틱에 부식성이 있기 때문에 그 재료의 사용은 피해야 한다.

3.3.3 암모니아 연료 기관

세계적인 관심을 받고 있고 탈탄소화에서 중요한 역할을 할 가능성이 있는 미래 연료 후보 중 하나는 암모니아이다. 암모니아의 무탄소 및 무황 분자 구성 덕분에 엔진에서 연소하면 CO_2 및 SO_X 배출량이 거의 0에 가깝다.

생애 주기(well-to-wake) 관점에서 암모니아는 수력 발전, 풍력 또는 태양 에너지에서 생산된 전기와 같은 재생 가능 에너지원에서 생산될 때 탄소 중립 연료가 된다. 또한 탄소(블랙카본 또는 그을음, 미연탄화수소, 메탄 슬립 및 일산화탄소)와 관련된 대기오염 물질의 배출이 사실상 제거된다.

엔진의 경우 LFSS 개발을 위해서는 위험도 평가 기법인 HAZID 및 HAZOP 결과를 기반으로 하는 안전하고 신뢰할 수 있는 설계가 필요하다.

원칙적으로 ME-LGIP와 암모니아 엔진 설계를 지배하는 연료 특성의 주요 차이점은 발열량, 악취 및 암모니아의 부식성 특성과 관련이 있다.

- 연료의 낮은 발열량(LCV):
  - 프로판(LPG)의 경우 46.4 MJ/kg
  - 암모니아의 경우 18.6 MJ/kg
- 암모니아는 구리, 구리 합금, 니켈 농도가 6% 이상인 합금 및 플라스틱을 부식시킴.

이상적인 방법은 이중 연료 LPG 분사 시스템의 일부를 암모니아 엔진에 재사용하고 LPG연료 공급 시스템의 일부를 탱크에서 엔진으로 재사용하는 것이다.

(1) 이중 연료 작동 원리

이중 연료 작동 중에 엔진에 대한 암모니아 연료 공급은 연료 공급 시스템을 통해 저장 탱크에서 나온다. 엔진에서 필요한 연료 상태를 유지하기 위해 암모니아 연료의 일부분이 재순환시스템을 통해 연료공급시스템(LFSS)에서 지속적으로 재순환된다.

엔진이 이중 연료 모드에 있지 않을 때 FVT의 이중 차단 및 배출 장치는 압력을 낮추고 기관실 내부의 암모니아 연료 시스템을 암모니아 연료 공급 및 회수 시스템으로부터 완전히 격리시킨다.

매번 엔진을 시동하기 전에 시스템에 질소를 주입하여 시스템의 견고함을 확인한다. 이중 연료 작동이 중지되면 질소 압력으로 암모니아 연료를 엔진에서 재순환 시스템으로 밀어낸다.

퍼징 과정이 완료되면 FVT는 다시 한 번 기관실 시스템을 공급 및 반환 시스템에서 격리한다. 전체 작동 동안 기존 MAN ES 이중 연료 엔진의 이중관 환기시스템은 암모니아 연료 누출을 감지하고 이를 기관실에서 별도의 암모니아 트래핑 시스템으로 이송한다.

(2) 재순환 시스템

재순환된 암모니아 연료는 작동 중에 엔진에서 가열된다. 액체와 기체가 함께 존재하는 2상 조건을 피하기 위해 특정 양의 암모니아 연료가 전용 재순환 라인으로 재순환된다. 이중 연료 작동이 중단될 때마다 동일한 재순환 라인이 엔진에서 암모니아 연료를 회수한다.

재순환되는 연료에는 분사 밸브의 씰링 오일이 포함될 수 있다. 재순환 라인은 연료 저장 탱크를 오일로 오염시킬 위험을 제거한다. 재순환 라인은 또한 회수된 암모니아 연료에서 질소를 분리하고 배출한다.

3.3.4 암모니아연료 저장탱크와 선박의 배치

암모니아는 대기압(1bar)에서 -33.6℃의 저온 또는 상온 20℃에서 8.6 bar의 압력에서 액체 상태를 유지한다. 육상 플랜트 대규모 저장은 낮은 온도를 사용하므로 유지하는 데 에너지가 필요하다. 그러나 압력방식인 IMO Type C형 탱크에 가압(약 18 bar)하여 저장하면 선상에서 추가 재액화 장비를 설치할 필요 없이 증발가스를 쉽게 제어할 수 있다.

암모니아는 동일한 에너지를 생성하기 위해 중유(HFO)보다 약 2.4배 더 많은 탱크 부피가 필요하다. 암모니아 탱크는 선체 외판으로부터의 최소 거리, 수용 공간, 설계 및 안전 요구 사항 등에 대한 IGC 및 IGF 코드의 요구 사항을 준수해야 한다.

IGC 코드 섹션 17.12에는 암모니아 연료 격납에 대한 특정 재료 요구사항이 포함되어 있으며, 이는 선박 연료 저장 탱크에 적용된다.

유조선, 벌크선 및 컨테이너 선박은 선택된 연료와 발전 및 추진 시스템을 기반으로 하는 전체적인 설계가 필요하다. 연료 전지와 같은 새로운 발전 시스템은 현재 기관실의 구조도 변경될 수 있다.

암모니아는 에너지 함량이 낮기 때문에 동일 에너지를 얻기 위한 연료 저장을 위해 더 큰 탱크가 필요하고 선상에서의 위치는 중요한 설계 요소가 된다. 암모니아가 연료로 사용될 때 선박의 배치는 암모니아 탱크, 격납 시스템의 위치와 유형에 따라 달라진다.

또한 암모니아 연소 엔진이나 암모니아 연료 전지 장치의 사용으로 인해 화물 용량이 감소할 것으로 예상된다. 낮은 에너지 밀도로 인해 연료를 위한 추가 공간이 필요하며 이로 인해 선박은 더 커지게 되고 화물 공간은 줄어들며, 벙커링은 더 빈번하게 해야 할 수도 있다.

암모니아연료추진선의 경우 특정 특정선박의 배치는 연료의 실제 압력 및 온도 설정에 따라 달라진다. 선택된 엔진과 연료 저장 조건도 선박 설계에 영향을 미친다.

3.3.5 암모니아 연료 공급시스템

암모니아 연료공급시스템(LFSS)에는 암모니아 연료가 필요한 온도, 압력 및 품질로 엔진에 전달되도록 하는 데 필요한 장비가 포함되어 있다. 대부분의 경우 LFSS에는 다양한 엔진 소비에서 암모니아 연료 압력과 온도를 유지하기 위한 고압 펌프, 히터, 필터, 밸브 및 제어 시스템이 있다.

그림 3-19는 암모니아 엔진 및 이중 연료 작동을 위한 연료 공급 시스템을 나타낸다.

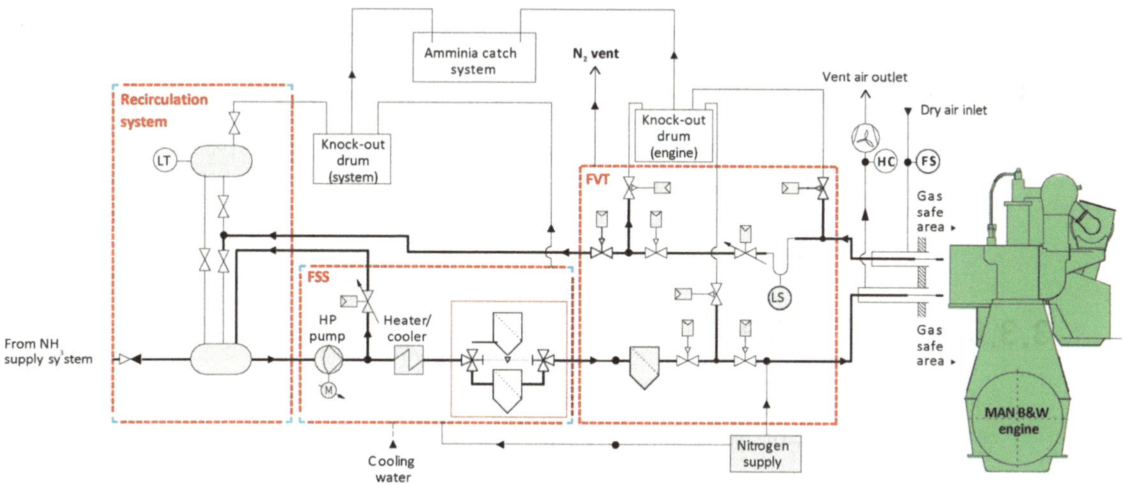

그림 3-19 암모니아 연료기관의 연료 계통도

[Source: MAN ES사]

(1) 연료 밸브 트레인

그림 3-19의 연료 밸브 트레인(FVT)은 엔진과 보조 시스템 사이의 인터페이스다. FVT의 목적은 셧다운 및 유지보수 동안 엔진의 안전한 격리를 보장하고 질소 퍼지 기능을 제공하는 것이다. 이 기능은 셧다운 후 엔진의 안전한 환경을 보장한다.

(2) 질소 시스템

이중 연료 작동 후 엔진 퍼지, 유지보수 전 가스 제거 및 유지보수 후 기밀 테스트를 위해 질소를 사용할 수 있어야 한다.

질소 시스템의 용량은 서비스 탱크 압력보다 높은 압력에서 특정 흐름을 전달할 수 있을 만큼 충분히 커야 한다.

(3) 이중관 환기 시스템

안전한 엔진룸을 유지하려면 암모니아 연료 시스템에서 누출을 감지하고 이를 안전한 장소로 보내는 것이 중요하다. 그는 암모니아 연료 시스템과 엔진룸 내부 배관의 이중벽 설계로 이어졌다.

IMO 요구 사항에 따라 외부 파이프에 일정한 환기 공기 흐름이 유지된다. 이 시스템은 이미 다른 MAN B&W 이중 연료 엔진 설계의 일부다.

(4) 암모니아 포집 시스템

암모니아 시스템은 암모니아가 주변으로 방출되는 것을 방지하기 위해 암모니아 포집 시스템도 포함하여 설계되어야 한다.

3.3.6 배출 저감 기술

암모니아로 구동되는 2행정 엔진의 순수 엔진 NO_x 배출 수준은 기존의 저속 디젤 엔진과 유사한 수준이 될 것으로 예상된다. 그러나 연소 중 NO_x 생성 경로는 기존 엔진과 상당히 다르기 때문에 엔진 성능 변화에 대한 민감도도 다르게 된다.

(1) 선택적 촉매 환원 기술(SCR)

질소 산화물(즉, 일반적으로 NO_X라고 하는 NO 및 NO_2)의 배출을 줄이고 지역적으로 다른 배출 규정을 충족하기 위해 MAN ES 엔진에는 선택적 촉매 환원시스템(SCR) 시스템이 탑재되어 있다.

암모니아를 사용하는 SCR 시스템은 1990년대에 4개의 벌크선에 도입되었다. 첫 번째 엔진 테스트 결과가 나올 때까지 Tier III 모드에서 규정을 준수하려면 SCR 체적과 암모니아 소비를 늘려야 할 수 있다.

SCR 기술은 연소 중에 생성된 NO_X를 촉매 환원으로 배기 가스에서 제거하는 후처리 공정이다. 일반적으로 필요한 암모니아(환원제)는 배기가스에 요소수($CH_4N_2O+H_2O$)를 주입하여 첨가하지만 촉매제로 요소 대신 암모니아를 주입할 수 있다.

이것의 이점 중 하나는 암모니아 연료 용기에 이미 암모니아가 실려 있다는 것이다. SCR 시스템의 암모니아 소비량은 암모니아 연료 소비량에 비해 매우 적다.

그림 3-20은 배기 가스의 NO_X 함량의 선택적 촉매 환원 원리를 개략적으로 나타낸다.

촉매 반응에서 NH_3와 NO_X는 이원자 질소(N_2)와 물(H_2O)로 전환된다.

$$4NO + 4NH_3 + O_2 \rightarrow 4N_2 + 6H_2O$$
$$6NO_2 + 8NH_3 \rightarrow 7N_2 + 12H_2O$$

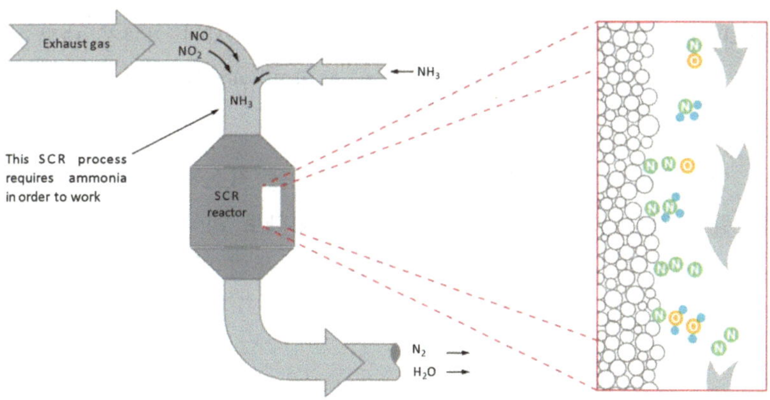

그림 3-20 고압 SCR 시스템

[Source: MAN ES사]

완전한 연소를 보장함으로써 미연소 암모니아 배출(Ammonia slip)과 아산화질소(N_2O)의 형성이 최소화된다.(이 두 물질은 지구온난화를 유발하는 강력한 물질이다)

3.3.7 암모니아연료추진선박의 설계상의 유의점

(1) 위험 평가 실시

저인화점연료추진 선박의 주요 설계는 IGF Code의 요구 사항을 준수하는 것을 바탕으로 하고 있지만, 암모니아 연료의 독성에 관한 인체 영향 등 암모니아 연료 고유의 조건을 고려한 위험도 평가(HAZID/HAZOP)를 실시하고 위험을 제거 또는 완화 필요가 있다.

(2) 비상 시 암모니아의 대기로의 방출에 관한 대책

암모니아는 대기 중에서 가스가 되기 때문에 단시간에 광범위하게 확산 될 수 있다. 선박 뿐만 아니라 항만 등에서 선박 외부로의 인적 및 환경 영향도 우려되므로 현재의 가스 연료 선박에 비해 갑판 장비에 대한 추가 누설 대책이나 이중관의 외관 내부 공기의 외부 배출 등의 추가 대책이 필요하다.

(3) 운전 정지 시의 암모니아 배출

암모니아연료추진선박의 기관에서 가스 운전 종료 시에 기관실 내부 배관의 가스 연료를 질소로 치환하고, 기관 실내를 가스 프리로 안전하게 유지하는 기능을 갖추어야 한다.

특히 암모니아연료는 이때의 암모니아 배출량을 최소화하는 조치가 필요하다. 암모니아 배출량을 최소화하는 방법으로는 10 ppm 이하로 희석하는 방법, 암모니아를 회수하는 방법, 배출관을 충분히 안전한 높이로 올리는 등의 방법이 고려된다.

(4) 대량의 암모니아 유출 위험 최소화

일반적으로 암모니아는 대기 상태에서 가스가 되어 공기보다 비중이 가볍기 때문에 위쪽으로 확산하는 것으로 생각된다. 그러나 암모니아의 증발 잠열이 높아, 대량의 암모니아가 누출될 경우에는 주변 공기를 냉각하여 기화가 억제되어 아래쪽으로 장기 체류할 수 있으므로 화재 및 질식의 위험이 높아진다.

외부 충격 등에 의해 암모니아 연료 공급관이 파손되는 일이 발생하면 암모니아가 대량 유출되고, 예상치 못한 위험 요인이 증가할 가능성도 있다. 이러한 위험을 최소화하기 위해 모든 배관 설계 및 기계적 손상에 대한 보호, 가스 운전 중인 배관에 대한 액세스 제한 등 대량 유출로 이어질 위험을 최소화 할 필요가 있다.

(5) 탱크의 용량 설계 및 암모니아 연료 공급시스템의 중복설치

암모니아연료추진선박의 기관은 암모니아 연료공급시스템의 고장 시에는 연료유로 기관 운전을 계속할 수 있는 것으로 설정하고 운항에 필요한 충분한 연료유 탱크의 용량을 갖고 있어야 한다. 또한 연료유 탱크를 대폭 축소하고 가스공급시스템을 이중화하는 방안도 있다.

(6) 주기관 이외의 암모니아 연료 사양 보조 기기

암모니아연료 연소 사양의 발전 기관, 대형 고효율의 축발전기, 선내 전력을 충당하기 위한 암모니아 연료 전지, 또는 암모니아 연료 연소 사양의 보일러 또는 GCU의 개발도 필요하다.

(7) 기타

상기의 기술적 과제 외에도 IMO의 관련 규칙 · 지침(IGF코드, IGC 코드 등)의 재검토 등 관련 법규의 재정비가 필요하다.

3.4 수소연료추진선 (LH$_2$ Fueled Ship)

3.4.1 설계 개념

수소를 해양 연료로서 상업적으로 사용하기 위해서는 수소가 나타내는 다양한 문제들이 해결되어야 한다. 수소는 선박 추진을 위한 개발 초기 단계에 있다.

액화 또는 기체 형태의 수소 저장에 대한 요구 사항은 개념 설계 단계에서 고려되어야 하며 저장 방식은 선박의 유형에 따라 다르며 적절한 고압 저장 탱크 또는 저온 격납 설비를 설치하게 될 것이다.

해양 선박에서 수소를 사용할 때 고려해야 할 몇 가지 주요 사항은 다음과 같다.

- 안전 및 운영 관리 계획
- 장비 고장 및 비상 절차
- 안전한 취급을 위한 인력 교육
- 연료의 가용성

표 3-13은 해양 연료로 수소를 사용할 때의 몇 가지 상대적 이점과 과제를 요약한 것이다.

표 3-13 수소연료의 이점과 과제

이점	과제
• 무탄소 및 무황 • 전기 에너지 및 바이오 재생 가능 공정에서 재생 가능하게 생산 가능 • 액체 또는 기체로 저장 및 운송 가능 • 육지에 상품화 • 연료 전지 사용 시 기체, 입자상 물질 및 GHG 무배출 • 액체 수소 온도에서도 높은 부력과 누출 시 분산	• 해상 운송 경험 부족 • 높은 연료비 • 재생 가능하게 생산된 수소의 낮은 가용성 • 연료 인프라 및 벙커링 투자 필요 • 새로운 발전 시스템에는 더 많은 기술 혁신과 비용 절감이 필요 • 제한된 공간에서 폭발 위험이 높음 • 극저온 문제(보관, 관리, 누출 등) • 재료 문제(투과성, 수소 취성 등) • 내연 기관에서 수소 연소 시 NOx 배출

3.4.2 수소의 가용성(Availability of Hydrogen)

미국에서 수소는 캘리포니아, 루이지애나 그리고 텍사스에서 가장 많이 생산되며 일반적으로 석유 정제, 금속 처리, 암모니아 또는 기타 화학 물질 생산 및 식품 가공에 사용된다. 많은 수소 충전소가 도로에서 사용이 가능해짐에 따라 현재의 수소 사용이 늘어가고 있다. 수소는 벨기에, 프랑스 및 기타 유럽 지역에서도 산업 부산물의 형태로 쉽게 구할 수 있다.

해양 연료로 수소를 이용하려면 항구에 수소 충전소를 설치해야 하며, 대부분 정부 기관의 지원과 수소 생산, 유통 및 획득 비용을 줄일 수 있는 정책이 뒷받침되어야 한다. 항구에서 수소 클러스터의 성장은 육지에서 수소에 대한 수요를 주도하고 이러한 위치에서 시장 가격을 낮추는 데 도움이 될 수 있으며 수소가 경쟁력있는 해양 연료의 대안이 되도록 할 수 있다.

수소는 스코틀랜드, 영국, 독일, 호주, 노르웨이, 스웨덴, 덴마크, 미국, 프랑스, 한국 및 일본에서 연료로 사용되고 있다. 스코틀랜드는 연안 해역의 조력에서 녹색 수소를 생산하는 데 노력을 집중해 왔다. 바이오매스에서 생성된 합성가스에서 수소가 생성되는 경우 공급 원료의 가용성에 따라 변동될 수도 있다.

2020년 ICCT(International Council on Clean Transportation) 연구에서 미국-중국 해운 회랑을 따라 대형 컨테이너선에 수소 연료 전지를 사용하는 가능성을 조사했다. 수소 및 연료 전지는 일반적으로 짧은 항로의 소형 선박에 사용되지만 이 연구에서는 항로를 따라 수소 연료의 가용성을 해결하고 화물 공간의 최대 5%를 연료 저장고로 전환함으로써 항해의 99%를 달성할 수 있음을 알았다.

3.4.3 수소의 특성(Characteristics of Hydrogen)

수소는 몇 가지 중요한 물리적, 화학적 특성을 가진 놀라운 원소 물질이다. 표 3-14는 수소의 일부 특성을 LNG의 주성분인 메탄과 비교하고 일반 해양 연료인 MGO와 유사한 특성을 나열한 것이다.

수소에 대한 주요 안전 문제는 수소의 가연성 특성과 넓은 가연범위이다. 가연범위는 순수 산소와 혼합될 때 증가한다. 개방된 공간의 수소 누출은 빠르게 소멸될 것으로 예상되지만 개방된 공간이나 밀폐된 공간의 누출은 가연 가스 혼합물의 빠른 형성으로 인해 심각한 화재 위험이 될 수 있다.

수소는 기체 또는 극저온의 액체이며 헬륨을 제외한 모든 원소 중에서 녹는점과 끓는점이 가장 낮다. 액체 수소를 얻으려면 연료를 -253℃ 미만의 온도에서 저장해야 하며, 이는 높은 에너지 투입이 필요하다.

이 온도에서 다른 일반 가스 또는 화합물은 접촉 시 액화 또는 고형화 될 수 있으므로 액화 또는 극저온 수소와 격리해야 한다. 극저온 물질이나 절연되지 않은 탱크, 파이프 또는 밸브에 사람이 접촉하면 냉화상이나 심각한 피부 손상을 일으킬 수 있다. 독성은 없지만 고농도의 수소는 사람이 질식 할 수 있다.

표 3-14 수소와 메탄의 특성 비교표

[Source: MSC.420(97)]

	Hydrogen	Methane(LNG)	MGO
Boiling Temperature (℃)*	-253	-161.5	900
Liquid Density (kg/m^3)*	70.8	430	-
Gas Density (kg/m^3)** (Air: 1.198)	0.084	0.668	-
Dynamic Viscosity ($g/cm \cdot s \times 10^{-6}$) -(Liquid)	13.9	116.79	5.4
Flame Temperature in Air (℃)	2396	2230	-
Maximum Burning Velocity (m/s)	3.15	0.385	-
Heat of Vaporization (J/g)*	448.7	510.4	-
Lower Flammability Limit (% vol. fraction)***	4.0	5.3	0.7
Upper Flammability Limit (% vol. fraction)***	75.0	17.0	5.0
Minimum Ignition Energy (mJ)***	0.017	0.274	-
Auto-ignition Temperature (℃)	585	5.37	250
Temperature at Critical Point (K)	33.19	190.55	-
Pressure at Critical Point (kPaA)	1297	459.5	-

* At their normal boiling points for comparison purpose

** At normal temperature and pressure, 20℃ and 1 atm.

*** Ignition and combustion properties for gas-air mixtures at 25℃ and 101.3 kPaA

그림 3-21 A conceptual LH_2 Carrier, designed and built by KHI.
[Source: 카와사키중공업]

3.4.4 화재 안전(Fire Safety)

수소는 활성화 및 점화 에너지가 매우 낮은 가연성 가스이다. 그럼에도 불구하고 적절한 조치와 프로토콜을 따르면 수소 폭발의 위험을 최소화하고 완화할 수 있다.

수소 가스 또는 액체의 흐름과 뒤섞임(교반/攪拌/agitator) 가연성 농도의 수소 스파크 및 점화를 유발할 수 있는 정전기를 생성할 수 있다. 이러한 이유로 수소 발화를 피하기 위해 모든 수소 취급 장비가 전하 축적(electrostatic charges) 및 잠재적 스파크로부터 보호되는지 확인하는 것이 중요하다.

수소 불꽃은 눈에 보이지 않고 대부분 가시광선 스펙트럼 밖에서 타며 감지하기가 매우 어려울 수 있다. 수소는 또한 다른 가연성 화합물에 비해 매우 빠르게 연소하며 최대 연소 속도는 3.15 m/s 이다.

가연성 조건, 수소의 압력 및 농도에 따라 점화원에 노출된 혼합물은 폭연(아음속 연소) 또는 폭발(초음속 연소, 야외에서는 불가능)에 의해 연소될 수 있다. 수소 가스 시스템은 적절한 압력 릴리프 시스템, 파열판 또는 릴리프 패널을 사용하여 배관 및 격납 시스템을 통해 전파되는 폭연에 대한 보호를 고려해야 한다.

폭발은 극심한 압력 증가(대기압의 최대 20배)를 초래할 수 있으며 폭연보다 억제하기가 더 어렵다. 폭연(deflagration) 및 폭발(detonation)의 위험을 완화하는 가장 좋은 방법은 적절한 가스 관리, 파이프 퍼지 및 환기 방법을 사용하여 위험한 수소 농도 가능성을 제거하는 것이다.

밀폐된 지역은 내부에 수소가 누출될 경우 화재 위험에 특히 취약하다. 수소 운반 및 사용을 고려할 때 기본 안전 조치에는 적절한 환기, 수소 가스 감지, 방폭설비 등이다. 특히 수소가 누출되어 가연 상태를 유발할 수 있는 수준으로 축적될 수 있는 위험 지역 및 밀폐된 공간에는 적절한 정격 전기 장비가 설치되어야 한다.

가연성 수소 및 공기 혼합물이 발생하거나 발생할 가능성은 수소 농도, 저장 압력(즉, 누출로 인한 분사 속도), 저장된 수소의 양, 단열재의 양, 방출 위치 및 기상 조건(바람, 공기, 온도 등과 같은)에 따라 달라진다.

기체 수소를 연료로 사용하는 경우 누출을 식별하기 위해 일반적으로 천연 가스에 첨가하는 화합물(부취제)은 황성분이 포함되어 있기 때문에 황이 수소와 반응하여 수소를 분해할 수 있으므로 사용해서는 안 된다. 전용 수소 센서는 기체 수소를 사용할 때 유용할 수 있지만, 누출 가스가 부주의하게 센서에서 멀어질 수 있는 과도 기류가 높은 영역에서는 실용적이지 않을 수 있다.

따라서 하드웨어 자체에서 누출 감지 전략을 구현하는 것도 바람직하다. 예를 들어 가스 흐름이 없는 조건에서 압력을 모니터링하고 이러한 매개변수가 누출이 없음을 나타내는지 확인하는 것과 같은 것이다.

수소 화재를 진압하기 위해 건조화학소화기(dry chemical extinguishers) 또는 이산화탄소 소화기를 사용할 수 있다. 수소 화재가 파이프 또는 탱크에 포함된 수소 주변 또는 근처의 다른 물질로 확산되는 경우, 수소가 가열되는 것을 방지하기 위해 적절한 물 분무 냉각 및 단열 장치가 있어야 하며, 과도한 열로부터 보호하기 위한 압력 완화 장치가 있어야 한다.

3.4.5 선박 배치(Ship Arrangement)

미래의 선박은 선박 속도, 주엔진 부하 그리고 보조엔진 부하 등 운항정보(operational profile)와 선택한 연료에 기반하는 발전 및 추진 시스템을 통합한 설계가 필요하다. 연료 전지와 배터리 저장 시스템이 통합된 수소발전 시스템(추진시스템)은 현재 기관실 설계 구조를 변경할 수 있다.

예를 들어, 연료전지의 선박 설치는 규모가 클 수 있지만 일반적인 선박 엔진만큼 접근 가능한 유지 관리 공간이 많이 필요하지 않을 수 있으므로 엔진룸 내의 공간을 콤팩트하고 효율적으로 사용할 수 있다.

그러나 대형 연료 전지 설치는 무게를 고려해야 한다. 연료 전지 및 전기 하이브리드 시스템은 선박 전체에 전기 장비를 나누어 배치할 수 있기 때문에 선박의 공간을 보다 효율적으로 사용할 수 있다.

수소는 부피당 에너지 함량이 낮기 때문에 동등한 에너지 저장을 위해 더 큰 탱크가 필요하며 선상에서의 위치는 중요한 설계 요소가 된다. 많은 소형선박은 소량의 누출이 발생할 경우 자연 환기를 이용할 수 있는 상부 구조의 갑판이나 상갑판에 설비들을 설치한다.

다른 더 큰 선박들은 수소를 독립탱크나 선체구조에 결합된 탱크를 고려할 수 있다. 저장된 수소의 에너지 함량은 밀도(즉, 압력 및 온도)에 따라 다르지만 모든 경우에 다른 해양 연료와 동일한 부피 에너지 밀도를 충족하려면 더 많은 부피의 수소가 필요하다.

연료를 위한 추가 공간은 크기가 커지거나 화물공간이 줄어들거나 또는 더 빈번한 선박 벙커링을 요구할 수 있다. 또한, 수소 연료 선박의 경우 탱크 온도 및 압력 관리를 위한 수소 연료 격납 시스템, 가스 밸브 장치 및 장비와 관련하여 저장 시스템을 재설계해야 할 수도 있다.

액체 수소 화물 관리 시스템에는 증발 가스 처리, 재액화, 가스 밸브 장치/트레인, 환기 배관 시스템 및 배기 마스트를 위한 시스템도 필요할 수 있다.

적절한 등급의 전기 장치는 스파크로 인한 잠재적인 발화를 제한하기 위해 가스 유입에 취약할 수 있는 위험 구역 또는 환기 경로에 설치해야 한다.

수소 감지기는 잠재적인 가연성 가스 혼합물을 식별할 수 있도록 적절하게 위치해야 한다. 화재를 조기에 식별하기 위해 경보 시스템이 있는 적절한 화재, 열 또는 연기 감지기도 권장된다.

3.4.6 연료의 저장

수소가 실행 가능한 대규모 상업용 연료로 사용되려면 상당한 기술적 발전이 필요하며, 특히 장거리 및 대양 항해를 위해 많은 공간이 필요할 수 있는 대용량 수소 연료를 사용하는 응용 분야의 경우 더욱 그렇다.

화물로 저장된 수소는 가장 밀도가 높은 극저온 액체 형태로 보관되어 운송량과 선내 저장을 늘릴 수 있다. 그러나 탑재된 기체 및 액체 수소를 위한 더 큰 용량의 저장장치는 수소 밀도, 선박 운영, 탑재 전력 시스템 및 경로에 따라 일부 화물 공간이 줄어 들 수 있으므로 절충이 필요할 수 있다. 벙커링 시설 근처를 항해하거나 벙커링 시설 근방에서 운항하는 수소 연료 선박은 자주 벙커링을 할 수 있는 기회가 많으므로 연료 부족 또는 화물 공간 손실과 같은 문제가 작을 수 있다.

증발률은 육상 기반 액체 수소 저장 탱크의 경우 하루에 약 1~5%이다. 개량된 단열재와 높은 저장 비용은 들지만 액체 수소 증발량을 하루 0.02%까지 줄일 수 있다. 수소의 손실을 피하기 위해 액화 가스 탱크의 증발 가스를 엔진이나 연료 전지에서 사용할 수 있다. 압력식 기체 수소 탱크는 압력으로 증발을 억제할 수 있다.

(1) 탱크 형식 및 단열 시스템

선박에 탑재하는 수소 저장 탱크의 사양은 IGF 코드 준수를 전제로 검토한다. 필요 용량이 클 것으로 예상되는 초대형급 컨테이너선박의 탱크에 대해서는 용적효율을 고려하여 직사각형 형상(Prismatic type)의 B형 탱크 또는 멤브레인형 탱크를 선정하고, 재질은 알루미늄 합금, 또는 스테인레스강으로, 초대형 벌크선의 탱크는 IMO Type C형 탱크와 재질은 스테인레스강을 채택하는 것이 합리적이다.

액화 수소는 극저온이며, 고성능 단열 시스템이 필요하기 때문에 내조(내부탱크)에는 단열재를 시공한다.

연료 탱크 및 이송 배관에 진공 단열을 적용하고 있지만, 금속이 고유하게 가지고 있는 흡착 및 흡장 가스에 의한 배출 가스 O링과 가스켓으로부터 투과 가스에 의해 진공이 열화하기 때문에 이 열화 중지 혹은 최대한 적게 하는 기술이 필요하다.

또한 진공 단열 대신 LNG 연료 선박에 사용되는 발포타입의 단열을 채용 한 경우, 발포 가스가 저온에서 응고해 버려 성능을 발휘할 수 없을 가능성이 있기 때문에 새로운 단열 시스템의 개발이 필요하다.

탱크 구조는 탱크 대형화에 의한 문제 등 향후의 과제로서 좀 더 정밀한 검토가 필요하지만, 기본 방침으로 각 탱크는 이중 구조로 내조와 외조 사이를 진공으로 단열한다. IMO Type B형 탱크에 요구되는 부분 이차 방벽의 역할은 외조가 담당한다.

또한 증발가스의 양은 액화 수소 운반선에서의 실적을 바탕으로 추정한 결과, 탱크 용량에 따라 일일 수소 증발량 (BOR)은 80,000 DWT급 벌크선이 약 0.39%/day, 20,000 TEU급 컨테이너선이 약 0.27%/day으로 추산된다고 한다.

탱크의 최대 허용 설정 압력은 IMO Type B형 탱크에 대해서는 IGF코드에 준하여 0.07 MPa로 상시 설계 압력 범위 내로 유지하기 위한 설비가 추가로 필요하다. IMO Type C형 탱크에 대해서는 상기 BOR에서 IGF코드의 요건에 따라 15일간 유지하기 위해 0.2 MPa로 한다.

(2) 수소 연료 탱크 용량

선박의 항속 거리 및 주요 엔진의 연비를 바탕으로 각 선박의 필요 용량을 검토한다. 또한 충전 한도는 IGC코드 6.8.1-1의 다음 같은 계산식으로 산출한다.

$$LL = FL\frac{\rho_R}{\rho_L}$$

LL은 충전 제한값, FL은 적재 제한값으로 규칙에서 98%로 정해져 있다. ρ_R는 기준 온도에서 수소의 비중, ρ_L은 충전 시의 온도에서의 수소의 비중이다.

또한 산출 된 값보다 큰 값을 인정받을 수는 있지만, 95%를 초과해서는 안된다고 규정하고 있다.

여기에서 IMO Type B형 탱크는 대기압에서 충전이 되므로 LL은 $\rho_L = \rho_R$되고, 상기 요건에 따라 95%가 된다.

또한 IMO Type C형 탱크는 ρL은 대기압에서 수소 비중 0.071로 기준 온도에서 수소 비중은 상기 최대 허용 설정 압력 0.2 MPa에 대해 포화 온도 -250℃, $\rho_R = 0.068$로, LL은 94%가 된다.

(3) 탱크 배치

대형 벌크선은 화물창 갑판 구역은 화물창의 개방과 하역 작업에 방해가 되기 때문에 배치가 곤란하고, 갑판 하부에 설치할 경우 갑판 상부의 공간은 쓸데없는 공간 (Dead space) 이 되어 버린다.

따라서, 이런 경우 일반적으로 선미 갑판에 수소 저장 탱크를 배치한다. 필요 탱크 크기의 영향으로 거주구역의 위치를 선수방향으로 배치하고, 선박의 길이는 항만 제한에 의해 연장이 어렵기 때문에 화물창이 줄어든다. 이를 보상하기 위해 선박의 깊이 (ship's depth)를 올리는 것으로 화물창 용량을 유지할 수 있다.

초대형급 컨테이너선은 갑판 및 갑판 하부에도 컨테이너를 탑재하고 하역은 상부에서 작업하는 것을 고려하고, 거주 구역 아래의 컨테이너를 탑재 할 수 없는 공간을 활용하기 위해 거주구 하부의 공간을 포함한 화물창 공간에 배치한다.

그림 3-22 수소 탱크 배치 예

3.4.7 연료의 공급

연료 공급 시스템(LFSS)의 목적은 소비자에게 정확한 온도와 압력으로 연료를 공급하는 것이다. 저인화점 연료 및 가스의 사용은 연료 공급 및 소비자 시스템을 더욱 복잡하게 만들고 기존 연료 시스템보다 주요 시스템 간의 상호 의존성을 더 크게 만든다.

LFSS는 가스 연료 응용 분야에 필요한 복잡하고 값비싼 시스템 중 하나일 수 있다. 연소 엔진의 수소 분사 압력, 속도, 농도 및 온도를 관리하는 것은 적절한 점화 시기와 효율성을 위해 필수적이다.

연료 전지 설치에는 배터리 에너지 저장 시스템(BESS) 및 연료 전지의 피크 부하를 줄이거나 낮은 부하에서 필요한 전력을 공급하여 연료 전지가 최적의 성능 및 연료 소비율로 작동할 수 있도록 하는 관련 전력 관리 제어가 수반된다.

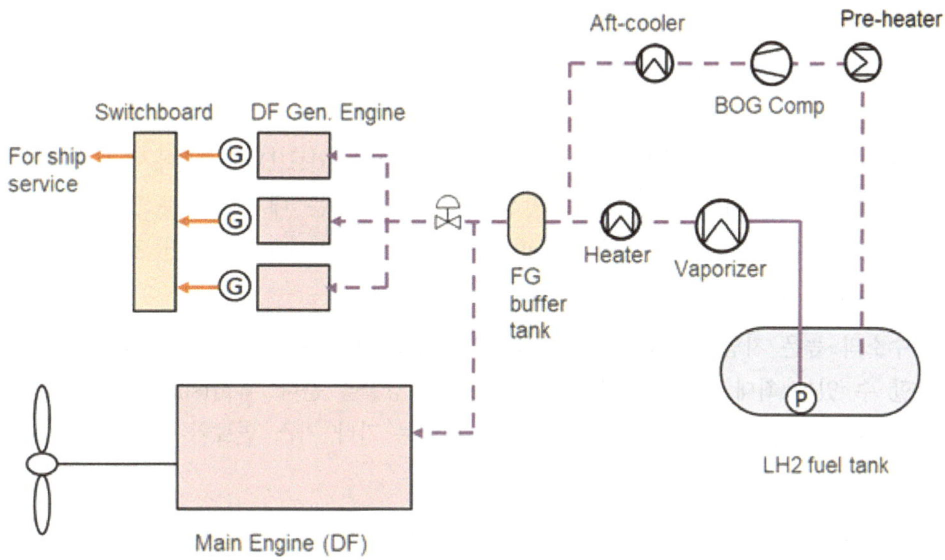

그림 3-23 수소연료공급시스템의 개략도

3.4.8 수소연소 기관

연료로서의 수소는 내연 기관, 가스터빈 및 연료 전지에서 입증되었다. 연료 전지에서 소비되면 전기 에너지, 물 및 열이 생성된다. 해양 연료 전지는 특히 모든 규모의 해양 전력 요구 사항에 대한 출력을 증가시키기 위해 직렬로 연결될 때 광범위한 가용 전력으로 사용할 수 있다.

대형 선박 전력 요구 사항의 경우 전달된 전력을 확장하기 위해 여러 개의 연료 전지가 필요하다. 또한 낮거나 높은 에너지 수요를 관리하기 위해 일반적으로 BESS가 설치되어 연료 전지가 최적의 부하에서 작동할 수 있다.

연료 전지 및 관련 하이브리드 또는 배터리 시스템의 대규모 설치는 자본 비용(CAPEX)이 높으므로 아직 대체 발전으로 경쟁력이 없다.

운영 비용(OPEX)은 연료 전지의 낮은 유지 관리 비용으로 이익을 얻을 수 있지만 단기적으로는 높은 연료 비용으로 인해 어려움을 겪을 수 있다. 이러한 이유로 연료 전지와 연소 엔진을 모두 포함하는 원동기가 가능한 한 연료 효율이 높아 선내에 저장된 연료의 사용과 OPEX의 범위를 최대화하는 것이 중요하다.

연소 엔진용 수소는 일반적으로 기존 가스 및 이중 연료(DF) 엔진에서 보충/혼합 연료 혼합물로 구현되었다. 수소는 가연성 연료로 사용하는 데 기여하는 많은 특성을 가지고 있다. 수소를 점화하는 데 필요한 에너지의 양이 MGO에 필요한 것보다 약 10배 적기 때문에 낮은 점화 에너지는 연소에서 중요하다.

수소의 높은 자동점화 온도는 엔진의 압축비를 정의하는 데 중요한 역할을 하며 전달할 수 있는 최대 출력(즉, 평균 유효 압력)에 영향을 준다. Wärtsilä 및 MAN 엔진은 일부 엔진 타입에서 수소 연소가 천연 가스 또는 기타 가스 연료와 함께 DF로 가능하다고 명시하고 있다.

엔진의 수소 연소에 대한 여러 연구에 따르면 혼합 가스 연료의 적은 비율의 수소라도 엔진 효율을 개선하고 탄소 배출량을 낮출 수 있다. 단일 연료로 사용할 때 수소 엔진은 연소 타이밍을 최적화하고 엔진 노킹을 줄이기 위해 수정이 필요하다.

일반적으로 단일 연료 수소 엔진에는 큰 실린더와 엔진이 필요하다. 그러나 공연비 및 엔진 배기가스 성능에 따라 NOx 및 미립자 물질(PM)을 관리하기 위한 대형 후처리 시스템이 필요하지 않다. 단일 연료 수소 연소 외에도 수소는 가스 또는 디젤과 같은 기타 기존 연료로 연소될 수도 있다.

DF 응용 분야에서 수소는 실린더에 주입되고 압축되며 연소를 시작하기 위해 소량의 파일럿 디젤 연료가 추가된다. 이러한 연소 시스템은 수소 연료 함량이 최대 85%인 Behydro© H_2/diesel DF 엔진에 사용된다. 블렌드의 수소 비율은 엔진의 부하 프로필 및 크기와 직접적인 관련이 있으며, 여기서 수소 비율이 높으면 더 높은 부하에 연료를 공급할 수 있다.

H_2-디젤 혼소는 연료 유연성과 효율성을 환경적 성능과 결합할 수 있다. 내연 기관 내에서 다양한 이점과 문제점을 지닌 수소 연소의 몇 가지 가능한 수단이 있다.

광범위한 가연성을 가진 수소 엔진은 34:1에서 180:1까지의 공기 대 연료 비율로 작동할 수 있다. 단일 연료 및 이중 연료 수소 엔진은 모두 희박 연소 사이클(lean-burn combustion cycle)에서 작동하고 NOx 배출을 줄일 수 있다.

그러나 달성된 공연비에 따라 선택적 촉매 환원(SCR) 또는 배기 가스 재순환(EGR) 기술과 같은 NOx 저감 기술이 필요할 수 있다.

수소 가스를 화염 전파 연소(예혼합 연소)시키는 경우 연소 속도가 빠른 것으로, 이상 연소하기 쉽고, 또한 NOx 생성이 쉽기 때문에 연소 속도를 제어 할 필요가 있다. 오토사이클(예혼합희박연소)형과 디젤사이클(직분사확산연소)형 중 어느 것이 최적인지 기술 평가가 더욱 필요하다는 점을 유의할 필요가 있다.

연료 밸브는 수소 분자가 작아 미세한 틈새에서도 누출되기 때문에 연료 밸브의 씰이 어렵고, 또한 윤활성이 작기 때문에 마모가 쉽게 일어난다. 따라서 충분한 내구성 및 신뢰성을 갖춘 연료 밸브의 개발이 필요하다.

또한 수소 가스는 가연 범위가 넓고 최소 착화에너지가 작기 때문에 만일 화재 시 배기 관내에 미연소 수소 가스가 흘러 들어 가는 경우 관내에서 연소할 수 있으므로 세심한 주의가 필요하다.

3.4.9 환기와 배출

수소가 저장되거나 사용되는 공간 및 인접 공간의 효과적인 기계적 환기는 선박의 화재 안전을 위해 필수적이다. 일반적인 환기 요구 사항에는 환기 횟수, 환기 팬 중지, 환기구 닫기, 공기 흡입구 위치 지정 및 배기 덕트 위치 지정이 포함된다.

극저온 및 액체 수소 서비스의 경우 모든 압력 완화 시스템은 매우 낮은 온도로 인한 물(또는 기타 액화 대기 가스) 형성 또는 얼음(고체) 형성으로부터 보호되어야 한다.

모든 수소 또는 수소 시스템 배출구는 위험 구역으로 간주되어야 하며, 이들은 공기 흡입구, 거주구, 서비스 및 제어 공간 개구부 또는 기타 비위험 구역 및 배기 시스템 배출구에서 승인된 거리에 위치해야 한다.

3.5 메탄올연료추진선 (Methanol Fueled Ship)

3.5.1 설계 개념

IGC 및 IGF 코드의 일반 안전 원칙은 저인화점 해양 연료 사용에 대한 가이드라인을 제공한다. 연료 탱크 보호 위치, 연료 공급 라인의 이중관, 환기 및 가스 감지, 위험 지역 분류, 폭발 완화 등과 같은 일반적인 안전 원칙은 모든 저인화점 연료에 동일하게 적용된다. 메탄올(CH_3OH)의 경우 연료 누출로 인해 특정 조치가 필요한 공기 증기보다 더 무겁고 연료가 유독하기 때문에 추가 감지기가 필요하다.

연료 특성은 위험 평가 분석 중에 메틸/에틸 알코올을 연료로 사용하는 선박의 안전을 위한 IMO 임시 지침 선박 설계 및 배치, 연료 격납 시스템, 재료, 파이프 설계, 벙커링, 연료 공급, 발전, 화재 안전, 폭발 방지, 위험 구역 분류에 대한 연료 덮개 고려 사항 , 환기, 전기 설비, 제어 시스템, 승무원 교육 및 작업 등이 고려된다.

메탄올은 상온에서 액체이다. 메탄올과 같은 액체 연료는 취급이 더 간단하고 기존 연료유 용기에 더 가깝다. 메탄올은 수년간 화학 운반선으로 운송되는 것 외에도 해양 산업을 위해 메탄올을 취급하는 OSV(Offshore Support Vessel) 및 PSV(Platform Support Vessel) 에서의 경험도 있다.

메탄올은 해양 연료 벙커링을 지원하는 데 활용할 수 있는 기존 글로벌 유통 네트워크와 함께 널리 거래되는 상품이다. 단거리 선박의 무역 및 규제 환경은 메탄올과 같은 신기술을 조기에 채택하기에 이상적이다.

메탄올과 같은 연료는 운송 시 탄소 발자국을 낮출 수 있는 강력한 잠재력을 가지고 있지만 메탄올의 문제 중 하나는 낮은 에너지 함량과 비교적 적은 양의 에너지이다.

그것은 배의 탱크에 저장할 수 있다. 즉, 다른 대체 연료에 비해 메탄올은 물리적 탱크 공간을 기반으로 하는 부피에 따른 에너지 저장에서 상대적으로 우수하다.

결과적으로, 단거리 해상 운송은 더 빈번한 벙커링이 필요한 메탄올과 같은 에너지 함량이 낮은 연료의 사용을 수용할 수 있다. 대형 선박에 저탄소 및 순 탄소 중립 연료를 채택하는 것은 소형 선박보다 더 어렵다.

메탄올과 같이 에너지 함량이 낮은 연료를 사용하려면 상당한 재설계가 필요하다. 특히 더 긴 대양 항해를 위해 충분한 에너지를 저장하기 위해 연료 탱크를 확장해야 하기 때문이다.

메탄올을 1차 연료로 사용하면 CO_2 배출량을 약 10% 줄일 수 있다. 그러나 메탄올은 바이오매스/바이오가스 또는 재생 가능한 전기를 통해 재생 가능하게 생산된다면 미래에 탄소 중립 연료가 될 가능성이 있다.

그림 3-24 메탄올연료추진선 “Stena Germanica”

[Source: Stena Line]

3.5.2 메탄올연료의 설계상 특성

(1) 주요 특성(Characteristics of Methanol)

표 3-15는 메탄올의 주요 특성을 나타낸 것이다. 메탄올은 화학식 CH_3OH이며 투명한 액체 화합물이다. 메탄올은 인화점이 낮고 특정 물질에 대한 부식성이 있다.

메탄올은 중추신경계에 유독하며 다량 섭취하면 실명, 혼수상태 및 사망에 이르게 할 수 있다. 그 증기는 공기보다 무거우므로 선내 승선원이 증기를 흡입할 위험이 높아진다.

메탄올은 유독성 물질이므로 밀폐된 공간이나 갑판에 누출될 경우 주의하여 취급해야 한다. 또한 농도가 짙은 메탄올 증기는 질식을 유발할 수 있다. 미국 국립 직업 안전 보건 연구소(United States National Institute for Occupational Safety and Health, NIOSH)의 생명 또는 건강을 위협하는 위험한 농도(Immediately Dangerous to Life or Health Concentrations, IDLH) 값은 6,000 ppm이다. 산업안전보건청(Occupational Safety and Health Administration, OSHA) 노출허용한도는 200 ppm 시간가중평균노출시간(TWA)이다.

메탄올 증기는 탱크 바닥이나 낮은 파이프 지점과 같은 낮은 지점에 축적되는 경향이 있다. 따라서 메탄올 누출이 발생할 수 있는 공간의 환기 및 감지 장치 배치에 특별한 주의를 기울여야 한다.

메탄올 화염은 연기가 없어서 낮에는 거의 보이지 않는 화염으로 낮은 온도에서 연소되기 때문에 특히 위험하다. 메탄올 화염은 인접 물질로 퍼질 때까지 감지되지 않는 경우가 많다.

메탄올 증기의 가연 범위는 6 ~ 36.5%이며 폭발성 또는 인화성 환경을 만들 수 있다. 최소 25% 메탄올이 포함된 메탄올과 물의 혼합물은 여전히 연소할 수 있으므로 내알코올성 포말 사용 등 특별한 소화 방법을 따라야 한다.

특정 물질에 대한 메탄올의 부식성에 대해서는 연료 취급 시스템 내의 탱크 코팅, 파이프 및 배관 설비에 특별한 주의를 기울여야 한다.

표 3-15 메탄올의 특성

특성	값
Energy density (MJ/l)	15.7
Heat of vaporization (MJ/kg)	1098
Autoignition temperature (℃)	450
Liquid density (kg/m^3)	798
Adiabatic flame temperature at 1bar (℃)	1980
Molecular weight (g/mol)	32.04
Melting point (℃)	-97.8
Boiling point at 1 bar (℃)	65
Flammable range in dry air (%)	6 ~ 36.5
Cetane number	〈 5
Octane number	109
Flash point (℃)	12
Heavy fuel oil(HFO) equivalent volume	2.54

(2) 독성(Toxicity)

1) 환경 영향

메탄올은 기존 탄화수소 연료에 비해 환경에 누출될 경우 그 영향이 훨씬 적다. 메탄올은 물에 쉽게 용해되며 환경에서 매우 높은 농도에서만 치명적인 조건을 생성하거나 지역 해양 생물에 영향을 미친다.

이것은 메탄올 유출이 해양 생태계로의 탄소 방출을 제외하고 환경에 피해를 초래하지 않는다는 것을 의미한다. 해양의 메탄올은 식물성 플랑크톤에 의해 자연적으로 생성되고 박테리아 미생물에 의해 쉽게 소비된다.

2) 인간에 대한 독성

화물로 운송되는 경우 IBC 코드(International Bulk Chemical Code)는 메탄올을 독성 물질로 분류하지 않는다. 그러나 선박의 시스템에서 사용되는 경우 대부분의 물질보건안전자료 MSDS(Material Safety Data sheet)는 액체 메탄올을 독성 화학물질로 분류한다.

피부의 액체 메탄올에 노출되면 자극, 건조, 갈라짐, 염증 또는 화상을 유발할 수 있다. 메탄올을 섭취 또는 피부 흡수된 경우는 산화되어 포름산과 포름알데히드를 생성한다.

사람이 섭취한 최소 10 mL의 순수한 메탄올은 위험한 수준의 포름산을 축적하고 시신경을 파괴하여 흐릿하거나 불명확한 시력, 색 지각 변화 및 궁극적인 실명을 유발할 수 있다. 다른 증상으로는 두통, 현기증, 쇠약, 메스꺼움, 구토가 있으며 과다 노출은 사망에 이르게 하며 치사량 중앙값은 약 100 mL이다.

메탄올에 대한 직업적 노출 허용 한도는 국가마다 다를 수 있다. 물질보건안전자료(MSDS)를 기반으로 널리 사용되는 값은 피부 노출에 대해 200 ppm(260 mg/m^3) TWA이다. 장기간의 낮은 노출량 대신 단기 노출 한도에 대해 더 높은 값이 설정된다.

메탄올은 높은 독성과 인체에 대한 위험으로 인해 기존의 해양 연료와 대비되므로 취급에 주의해야 한다. 승선원은 누출, 유출 또는 노출의 경우를 포함하여 메탄올의 추가 위험 및 특성에 대해 적절하게 교육을 받고 인식해야 한다.

메틸알코올 또는 에틸알코올을 연료로 사용하는 선박의 안전을 위한 임시 지침서(MSC.1/Circ.1621)은 선원 안전에 대한 지침을 제공한다.

(3) 부식(Corrosion)

메탄올은 특정 물질을 부식시키며, 메탄올을 해양 연료로 사용하려면 일부 연소 엔진 부품의 재설계가 필요할 수도 있다. 부식 방지 첨가제 또는 특수 코팅도 메탄올 부식을 줄이는 대책이 될 수 있다.

메탄올은 알루미늄 및 티타늄 합금과 같은 특정 금속 재료가 있는 경우 부식성을 증가시킨다. 이러한 물질은 일반적으로 천연 가스 및 증류 연료 시스템에 사용되지만 메탄올 연료 또는 에탄올 연료 혼합용 파이프 또는 부속품에는 사용할 수 없다.

메탄올을 저장하는 저장탱크는 적절한 등급의 스테인리스강 또는 내메탄올 코팅을 하여야 한다. 코팅을 사용하는 경우 산성 불순물이 코팅 재료를 손상시킬 수 있기 때문에 부식이 발생하기 전에 신속하게 해결되어야 한다. 연료 탱크 및 파이프에 사용되는 비금속 재료는 적절한 메탄올 호환 재료로 구성되어야 한다.

(4) 화재에 대한 안전(Fire Safety)

1) 화재 예방 및 감지

메틸/에틸알코올을 연료로 사용하는 선박의 안전을 위한 임시 지침(MSC.1/Circ.1621) 및 메탄올 연구소 안전 취급 지침은 메탄올 화재 감지 및 소방 기술에 대한 조항을 제공한다.

액체인 메탄올은 액화 가스처럼 대기 온도와 압력에서 빠르게 기화하지 않는다. 그러나 공기 중 6-36.5% 농도의 메탄올 증기는 발화원에 유입될 때 가연성이 된다. 모든 메탄올 매니폴드, 환기 또는 압력/진공 안전 밸브는 그 구역 또는 인접 구역에 발화원이 있어서는 안된다. 메탄올 가스의 자연 발화 온도는 450℃로 전기 장비에 T2 표면 온도 등급을 할당해야 하는 온도이다.

폭발로부터 메탄올 탱크를 보호하기 위해 탱크의 가스층에 불활성 가스를 사용할 수 있다. 폭발 위험 외에도 메탄올에 습기나 염분이 있으면 메탄올에 존재하는 이산화탄소는 부식 환경을 만들 수 있다.

따라서 이산화탄소가 포함된 불활성 가스를 피해야 하며 질소 가스를 사용하여 메탄올을 차단해야 한다. 메탄올은 불꽃이 밝지 않고 불꽃의 온도가 낮게 연소하는 것으로 알려져 있으므로 순수한 연소의 경우 화염 감지가 특히 어려울 수 있다. 메탄올 화재로부터 보호하기 위해 적외선 카메라, 포말소화시스템 같은 화염 감지 장비를 갖추어야 한다.

메탄올 화염은 연기나 그을음을 생성하지 않으므로 연기 감지기는 화재 감지의 효과적인 장치가 아닐 수 있다. 열 감지기 유형 화재 감지 시스템은 화염의 낮은 온도로 인해 메탄올에 대해서는 신뢰할 수 없다.

적외선 감지 기능이 있는 화염 감지기는 메탄올 화염 감지에 이상적이다. 일반적인 화재 연기의 그을음 입자는 이산화탄소로부터 전자기 복사(Electromagnetic radiation)를 흡수하는 경향이 있다. 그러나 메탄올 화염의 그을음이 없기 때문에 이산화탄소 복사가 더 중요하며 화염은 적외선 영역에서 쉽게 감지된다.

일부 화염 감지기는 자외선(UV) 및 IR 영역의 빛이 모두 감지될 때만 경보를 울리지만 메탄올 화염 감지에는 사용하지 않는다. 증기 감지는 또한 산소 및 이산화탄소 수준을 모니터링하여 누출 및 화재 감지에 동시에 사용할 수 있다.

가스 감지 경보기는 농도 수준이 독성 또는 가연성 수준에 도달하기 훨씬 전에 경보를 울릴 수 있을 만큼 충분히 민감해야 한다. 메탄올 액체 또는 증기가 축적되는 것을 방지하기 위해 코퍼댐에 대한 추가 안전 조치가 있어야 한다.

2) 소방

가연성 증기는 메탄올 풀(pool) 위에서 연소되고 액체는 열로 인해 증발하여 연소하게 된다. 따라서 메탄올 화재를 진압하는 가장 효과적인 방법은 증기를 공기와 차단하거나 가연성 물질을 가연 하한 범위 아래로 희석하는 것이다.

휴대용 건조 화학물질 또는 CO_2 소화기는 메탄올 풀 증발 위험이 적은 소규모 메탄올 화재에 사용할 수 있다. 메탄올의 양이 많을 때는 물의 양이 메탄올 풀 크기의 4배 이상인 경우 소화기를 사용할 수 있다.

3.5.3 메탄올 연료 기관

MAN ES와 Wärtsilä사는 메탄올 연소 엔진을 공급한다. 두 엔진 설계사는 메탄올을 활용하기 위해 고압 디젤 연소 공정을 채택했다. MAN 엔진은 ME-GI 엔진 개념을 기반으로 하지만 고압 가스를 분사하는 대신 전용 액체 연료 인젝터를 통해 기존 연료유 분사와 유사한 고압 액체 연료를 분사하도록 설계되었다.

이 엔진 명칭은 'ME-LGI'이며 메탄올, LPG, 디메틸에테르(DME) 및 암모니아와 같은 대기압 또는 저압 조건에서 기타 유사한 명목상 액체 연료용으로 설계되었다. 메탄올의 경우 엔진에 'ME-LGIM'이라는 명칭을 쓰고 LPG에 대해서는 'ME-LGIP'이라는 명칭을 쓴다.

이중 연료 연소 개념, 즉 오일 및 저인화점 연료 모드 모두에서 디젤 프로세스는 ME-GI 엔진과 동일하므로 MCR 및 과도 응답 성능은 기존 오일 연료 엔진 범위 및 연료 슬립 없이 작동한다.

ME-GI 개념과 마찬가지로 ME-LGI 엔진은 운전자 선호도, 연료 가용성 및 상대 연료 비용에 따라 메탄올(또는 LPG 또는 DME 또는 암모니아) 또는 연료유를 넓은 비율로 연소할 수 있다.

Wärtsilä 메탄올 연소 엔진 기술은 Stena Germanica retofit 프로젝트에서 성공적으로 입증되었다. 이 개조 프로젝트에는 메탄올 연료의 사용과 저장을 위한 일부 밸러스

트 탱크의 연료탱크 전환, 고압(600 bar) 연료 펌프실 추가, 관련 안전 시스템이 있는 이중관 연료 배관 시스템 설치 및 4행정 메탄올 연소용 중속 엔진 등이 설치되었다.

엔진 수정에는 특별히 설계된 혼합 연료유 및 메탄올 인젝터의 도입과 함께 엔진 실린더 헤드의 변경이 포함되었다. 인젝터의 작동은 전용 유압 제어 시스템을 통해 이루어지며 제어 오일도 밀봉 오일 시스템에 의해 연료 시스템에서 분리된다. 연소는 기존 연료유의 파일럿 분사로 시작된다.

작동은 디젤 모델에 비해 약간 개선된 효율성, 청정 연료에서 예상되는 SOx 및 PM 감소 및 40-50%의 NOx 감소를 나타낸다. NOx 감소는 IMO Tier III 수준에 도달할 만큼 충분히 크지 않았으므로 배기가스 후처리 또는 물과 메탄올의 혼합이 필요하다.

3.5.4 메탄올 연료 저장 탱크

보다 낮은 탄소 발자국을 달성하는 것 외에도 메탄올의 액체 상태는 저장하기 쉽고 벙커링에 쉽게 사용할 수 있다. 메탄올 유통을 위한 현재 인프라는 수십 년에 걸쳐 화학 산업에서 사용하기 위해 구축되어 적절한 가용성을 보장하지만 메탄올을 선박에 사용하려면 터미널이 더 필요할 것으로 생각된다.

선상 저장의 경우 메탄올 또는 에탄올과 같은 대기 조건에서 액체인 저인화점 연료는 기존 연료 탱크에 저장할 수 있으므로 적용이 더 간단할 수 있다.

메탄올은 종종 수선 아래 위치에 둘 것을 제안한다. 이것은 잠재적인 연료 탱크로 많은 밸러스트 탱크의 사용을 촉진할 수 있다. 그러나 이러한 탱크에는 특수 코팅(아연 등)이 필요하며 인화점이 낮기 때문에 탱크 증기층에 질소 블랭킷이 필요할 수 있다.

3.5.5 메탄올 연료 공급시스템

(1) 메탄올공급시스템 (Methanol supply system)

엔진은 고정된 공급 압력에서 온도를 조절한 메탄올을 사용하고 엔진 부하에 따라 유량이 변한다. 메탄올 연료공급시스템(FSS)은 온도, 흐름, 압력 및 성능에 대한 요구사항을 준수하면서 연료를 엔진에 공급한다.

메탄올 FSS는 일반 연료유 공급 시스템과 동일한 개념으로 설계되었다. 연료는 액체 연료가 들어 있는 서비스 탱크에서 끌어오고 저압(LP) 및 고압(HP) 펌프에 의해 공급 압력으로 가압하여 최종적으로 HP 펌프에서 약 13 bar의 압력으로 공급한다.

전달 압력은 연료가 액체 상태를 유지하고 FBIV에 분사되기 전에 연료가 노출되는 온도에서 캐비테이션이 생성되지 않도록 한다. 정확한 연료 공급 온도를 보장하기 위해 히터/쿨러가 순환 회로에 배치된다. 이를 2차 냉각 회로와 저온(LT) 냉각 시스템에 연결한다.

(2) 물주입장치(Water injection unit)

물 주입 장치는 NO_x를 감소시켜 Tier III 수준을 충족시키기 위해 메탄올과 혼합되는 데 필요한 유량으로 가압된 물을 전달하는 기능을 가진다. 주로 펌프, 필터 및 압력 트랜스미터로 구성된다. FVT를 통해 메탄올과 혼합되도록 물을 전달하므로 물 혼합은 ECS에 의해 제어된다. 물 분사 장치는 기관실과 같은 가스 안전 구역에 배치하도록 설계되었다.

(3) 메탄올 연료 서비스 탱크(Methanol fuel service tank)

메탄올은 일반적으로 갑판에 있는 메탄올 운반선을 위해 무압 탱크(pressure-less tank)에 저장된다. 메탄올 연료 서비스 탱크는 유출 격벽(spill over bulkhead) 으로 연결된 배수/퍼지 구획과 공급 구획의 두 구획으로 나뉜다.

(4) 연료 밸브 트레인(Fuel valve train)

연료 밸브 트레인은 이중 블록 및 블리드 구성으로 배열된 마스터 연료 밸브(MFV)를 통해 LFSS를 엔진과 연결한다. 퍼지 목적을 위해 밸브 트레인은 이중 블록 및 블리드 구성으로 분리된 질소에도 연결된다.

또한 이중 블록 및 블리드(double-block and bleed) 구성으로 분리된 Tier III NO_x 감소 기준을 충족하기 위해 물 공급 라인도 밸브 트레인에 연결된다.

밸브 트레인은 가스 위험 구역에 배치된다. 밸브 트레인에서 연료는 기관실을 통해 이중관 또는 환기 파이프를 통해 엔진으로 공급된다.

(5) 퍼지 리턴 시스템(Purge return system)

LGI 개념은 엔진에 메탄올 연료를 사용한다. 낮은 인화점 때문에 연료 배관을 비우고 불활성화해야 하는 여러 작동 시나리오가 있다.

ME-LGI의 경우 엔진과 기관실의 연료 배관은 액체 연료가 이를 퍼지하여 연료 서비스 탱크로 되돌릴 수 있도록 배치된다. 메탄올 연료가 서비스 탱크로 반환된 후 이중관 배관 시스템에 대해 전체 퍼지 및 불활성화가 수행된다.

(6) 액체 가스 시스템의 셧다운(Shutdown of liquid gas system)

액체 가스 시스템이 완전히 차단되면 모든 배관에서 메탄올 연료가 비워지고 LFSS와 환기가 꺼진다. 또한 FVT를 포함한 전체 ME-LGI 메탄올 연료 시스템은 시동 절차의 일부로 질소로 압력 테스트를 거친다. 이중 연료 작동이 종료되면 질소의 가압 흐름을 이용하여 연료 파이프에서 메탄올을 제거한다.

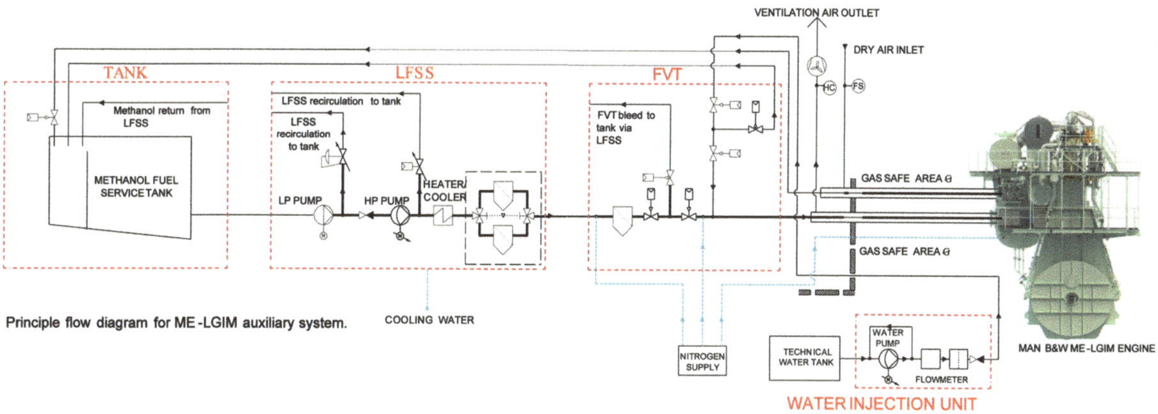

그림 3-25 메탄올 연료공급시스템 계통도

[Source: MAN ES]

제4장 저속 이중연료 엔진 (Low-speed Dual Fuel Engine)

4.1 일반사항

4.1.1 엔진개발 배경

선박용 엔진을 정의하면 통상 디젤엔진을 상기시킨다. 소형·중형·대형 선박에 사용되고 있는 추진용·발전용 동력원이 대부분 디젤엔진이기 때문이다. 이러한 디젤엔진은 1892년 Roudolf Diesel의 발명으로 액체화석연료의 연속적인 분사를 통한 안정적인 동력의 공급이 가능해졌다.

디젤엔진은 기존 Otto cycle과는 다른 운전특성을 가지며, 기존 증기기관 대비 우수한 효율로써 산업계에 빠르게 자리 잡아 나갔다. 이는 곧 육상에서 뿐만이 아닌 선박에도 적용되었으며, 특히 원양상선에서도 그림 4-1에 보는 바와 같이 대양항해에 사용되는 기록을 남겼다.

이러한 디젤엔진의 신뢰성은 더 큰 대마력 엔진의 개발을 가져왔으며, 개발 초기부터 사용 가능했던 바이오유의 경우 오늘날에도 친환경 연료유로써 역할을 하고 있다.

그림 4-1 Selandia호
[Source: https://en.wikipedia.org/wiki/MS_Selandia]

세계적으로 무역 규모가 증가하며 해운경제도 더욱 커지게 되었다. 이에 선박의 척수 증가 뿐만이 아닌 선박의 크기와 기관의 출력을 크게 키우고자 하였다. 엔진의 출력을 키우기 위해서는 엔진의 실린더 용적 증대, 연료 분사량 증가, 소기 효율 향상 방법이 있다.

그림 4-2 Double acting piston이라는 엔진이 시장에 소개되고, Turbocharger의 도입을 통해 향상된 소기효율과 더불어 엔진의 연비개선, 출력 증대를 이룰 수가 있었다. 또한 엔진의 크기는 점점 커져 오늘날에 이르러서는 추진용엔진으로써 10만 마력 엔진이 시장에 소개되고 있다.

하지만 이러한 시장의 요구와는 별개로 세계 경제위기와 국제사회의 환경규제는 엔진의 다양한 디자인 변화를 가져오게 되었다. 1973년, 1978년 두 차례의 오일쇼크와, 1998년 IMF 및 2008년 금융위기는 선박설계의 효율화 뿐만 아닌 선박엔진의 효율 극대화를 요구하게 되었다.

또한 선박으로부터 배출되는 배출가스에 대한 규제는 날로 강화되어 전자제어 엔진의 도입, 배출가스 저감 시스템의 장착, 새로운 엔진 연료의 소개를 가져왔다.

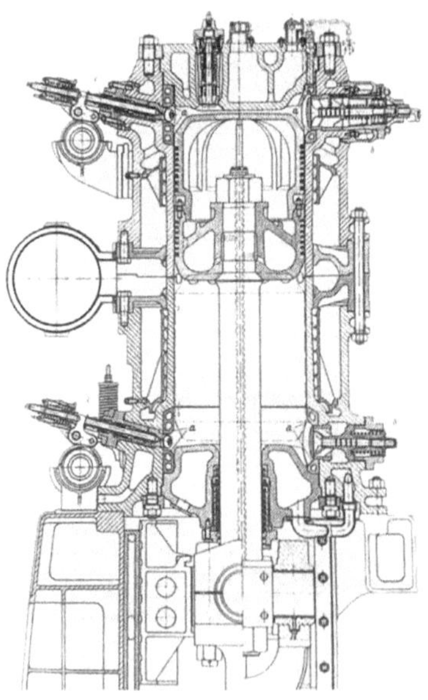

그림 4-2 Double acting piston engine

[Source: MAN Energy Solutions社]

4.1.2 친환경성

선박으로부터 배출되는 질소산화물, 황산화물, 이산화탄소에 대한 규제는 국제사회의 이행을 촉구하고 있으며 미세먼지의 경우 현재 규제에 대해 논의 중에 있다. 배출가스 종류별 제거방안을 개발하기 위하여 발생 기저에 대한 이해가 필요하다.

디젤엔진에서 질소산화물의 발생기저들 중 대부분을 차지하는 것이 Thermal NOx이다. 이는 고온·고압 압축·착화 시에 발생하게 되는 최고연소온도가 2000[K] 이상 도달 시에 소기 속의 질소가 질소산화물로 발생 되며, 압축비가 높은 Diesel cycle에서 생성량이 매우 높다.

질소산화물 규제와 관련하여 Tier I, Tier II, Tier III가 발효되고 2016년 1월 1일부터 건조되는 선박에 대하여 Tier III를 적용하고 있다. 기존 대마력 설계만을 지향해가던 선박용 엔진에 환경규제 요건을 적용함으로써 이를 제거하기 위하여 연료분사시기, 연료분사 횟수, 배기밸브 개폐시기의 조절이 가능한 전자제어엔진이 개발되었다. 이를 통해 Tier I, Tier II 엔진이 시장에 출시되었고 Tier III를 만족하기 위해서는 엔진의 파라미터 변경만으로는 불가하기에 추가적인 배출가스 저감시스템이 도입되었다.

선택적환원촉매장치 SCR(Selective Catalytic Reduction)기술을 이용하여 질소산화물을 요소수와 백금촉매 반응기를 통해 질소로 환원시키거나 배출된 배기를 수세한 뒤 일부 소기에 혼입하여 산소농도와 이산화탄소 농도를 조절하여 질소산화물 생성을 감소시키는 배기가스순환시스템 EGR(Exhaust Gas Recirculation)기술을 대표적으로 사용한다. 또한 압축비가 낮은 Otto cycle 가스엔진을 사용하거나, 연료 분사 시스템에 물을 섞어 분사하는 WIF(Water In Fuel) 기술을 적용하기 위한 연구가 활발히 수행되고 있다.

연료유에 포함된 황성분에 의해 발생되는 황산화물의 경우 2020년 1월 1일을 기준으로 원양항해의 경우 0.5%이하 황함유량 기름을, 배출가스규제지역 SECA(SOx Emission Control Area)의 경우 0.1%이하의 기름을 사용하도록 한다. 이를 만족하기 위하여 기존의 고유황유 대신 MDO(Marine Diesel Oil), MGO(Marine Gas Oil) 또는 V·ULSFO(Very·Ultra Low Sulphur Fuel Oil) 방안도 있으나 각 연료유마다 특성이 다르고 기존 고유황유 대비 가격이 높은 단점이 있다.

그림 4-3 NOx emission reduction system

[Source: MAN Energy Solutions社]

기존 고유황유를 사용하는 대신 탈황장치(SOx scrubber)를 사용하여 황성분을 제거한다. 이외에도 미국과 중동 같은 산유국을 입항하는 선박의 경우 가스연료를 저가에 수급함으로써 화물로써만이 아닌 연료로써 사용하는 그림 4-4의 저인화점연료 (LNG, LPG, Methanol, Ammonia)를 사용하는 이중가스연료엔진(Duel Fuel engine)을 도입 및 추가 개발하고 있다.

그림 4-4 Dual fuel engine

[Source: MAN Energy Solutions社]

선박의 운항비 중 가장 많은 부분을 차지하는 것이 선박의 연료유 가격이며 이에 비례한 만큼 이산화탄소는 배출되게 된다. 이를 개선하기 위하여 그림 4-5에 보는 바와 같이 선체와 프로펠러의 디자인이 개선되어왔고 선박의 운항항로 연구 등이 엔진 효율 개선과 더불어 진행되어 왔다.

국제사회는 선박으로부터 배출되는 이산화탄소 양을 의무적으로 감축하기 위하여 주기 출력제한운전(EPL, Engine Power Limitation)과 더불어 배터리 하이브리드 시스템의 도입을 적용하고 있다.

2050년 이산화탄소 배출규제 목표치를 만족하기 위하여 배터리, 연료전지를 이용한 전기추진시스템의 도입도 가능하지만 현재 개발된 제품의 가격, 용량, 무게 문제로 대마력 원양 운전의 한계가 있기에 기존의 디젤엔진 기술을 적용한 친환경연료엔진을 개발하고 있다.

즉 친환경추진시스템으로써 전기추진시스템 기술과 더불어 무탄연소연료를 사용한 Diesel cycle 암모니아 연료엔진을 2024년 개발 출시를 목표로 하고 있다. 이는 2행정 추진용 엔진과 4행정 발전용 엔진 모두에 적용을 목표로 기술개발을 하고 있다.

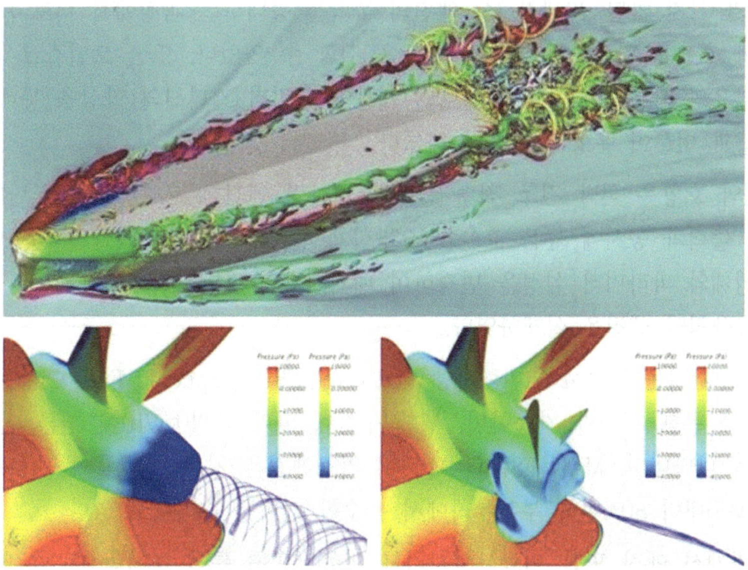

그림 4-5 이산화탄소배출 저감기술

[Source: Univ. of IOWA & PBCF, Kimura. 2018]

그을음(Soot), 질소산화물, 황산화물 등으로 이루어진 미세먼지의 경우 이에 대한 규제의 적용은 이루어지고 있지 않으나, 항만 및 연안의 선박으로부터 배출되는 가스에 대한 오염이 부각되고 저부하 운전에 따른 배출가스 문제가 이슈화 되기에 차후 규제가 발효될 것으로 보인다.

업계는 이에 대한 해결책으로는 엔진의 완전연소 및 저부하 운전의 단점을 개선하기 위한 배터리 하이브리드 시스템의 도입, Diesel cycle 대비 배출가스가 적은 Otto cycle 엔진의 적용, 스크러버 시스템을 이용한 수세 방안 등이 있으며 태양광, 배터리, 연료전지의 혼합적용이 가능한 전기추진시스템의 적용 또는 하이브리드 시스템의 도입으로 항내 Emission-Zero를 이룰 것으로 보인다.

4.1.3 경제성

엔진 개발과제는 엔진 가격은 낮추면서 환경규제를 만족하여야 하고, 비용의 측면에 있어 단순한 설비의 비용만이 아닌 운영비용 저감 또한 중요한 요소로 자리잡고 있다. 환경규제가 크지 않던 20세기 초, 엔진의 출력을 증대하는 과정에서 터보차져를 도입하여 출력과 효율을 만족하는 기술적 이득을 취할 수 있었다. 또한 오일쇼크 과정을 거치면서 저질유의 사용을 위한 연료밸브의 개발과 실린더 컨디션의 향상을 통해 엔진의 내구성 향상과 더불어 운항비를 절감 하였다.

해운업의 호황은 선박 건조 척수 증가와 대마력 엔진을 요구하기에 실린더의 크기는 커지면서 출력과 동시에 높은 효율을 요구하게 된다. 이에 최대폭발압력을 더 키우도록 기계적 설계와 파라미터 설정을 변경하여 배기밸브의 개폐시기 조정을 통한 고압축비가 적용된 효율적인 엔진을 설계하였다.

엔진의 경제성은 그림 4-6 마력시당 연료소모량(SFOC, Specific Fuel Oil Consumption [g/kWh])을 통해 검토가 가능하며, 부하 구간에 따라 출력(kWh)에 따른 연료소모량(g)이 차이를 나타내며, MAN-ES社의 ME-GI 가스엔진은 기존 기계식 엔진(MC)과 전자제어 엔진(ME)대비 80%이하 부분부하에서 우수한 연비를 나타내고 있다.

기존 기계식 엔진 또한 연료분사시기를 연료펌프를 통해 조정함으로써 최대폭발압력 변화가 가능하고 SFOC도 향상시킬 수 있지만 엔진 내구성을 고려하여 그 제한치 이내로 설정을 하여야 한다.

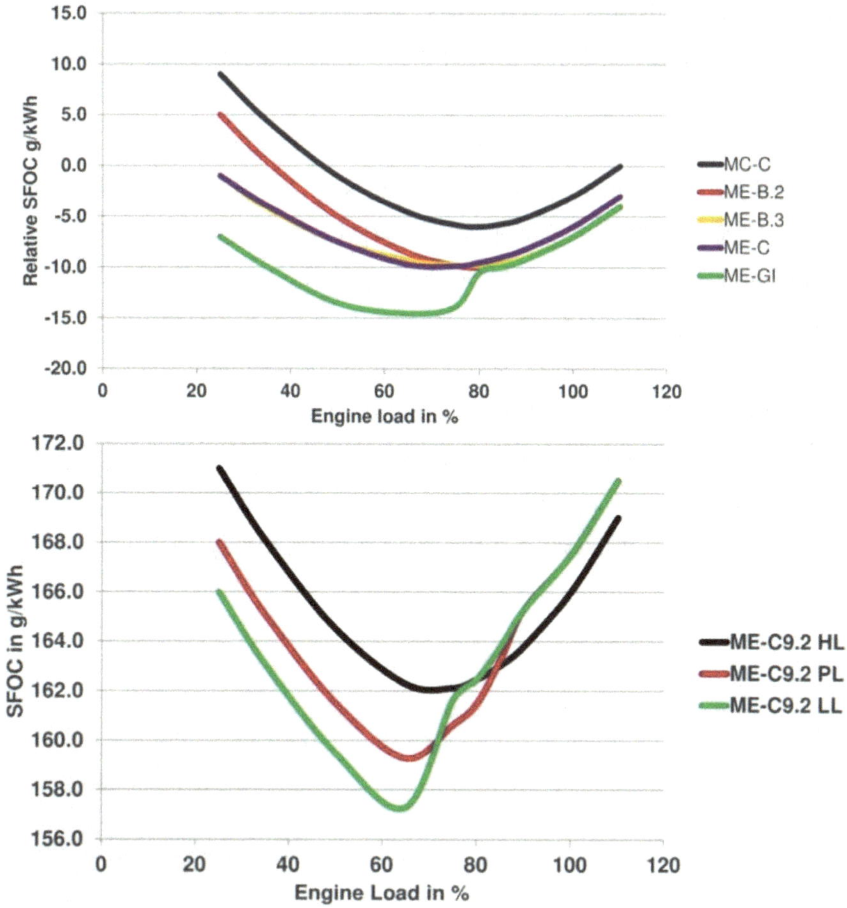

그림 4-6 SFOC curve

[Source: MAN Energy Solutions社]

최대폭발압력을 증가시킬수록 동시에 이산화탄소 배출은 저감되는 반면 최고연소온도의 상승으로 인하여 질소산화물 배출이 증대되는 NOx 딜레마에 놓이게 된다.

이러한 환경규제와 엔진 경제성을 동시에 만족하기 위하여 전자제어엔진이 소개되었다. 전자제어 신호에 의해 연료분사시기, 연료양, 배기가스 개폐시기를 조정하기에 파라미터 조정에 의한 엔진 운전 조정이 용이하고 연료펌프 및 배기밸브액츄에이터가 유압에 의해 제어를 받기에 전기전자신호와 같이 시지연(time delay)이 줄어들고 응답속도가 빨라 고부하와 저부하 영역에서도 효율적인 운전이 가능하다.

추가적으로 Miller cycle을 도입함으로써 압축행정은 줄이고 팽창행정은 길게 가져감으로써 저감된 효율을 상승시키고자 하였다. 하지만 추가적인 배출가스 저감장치인 SCR, EGR, WIF등의 시스템을 사용하게 될 경우 배출가스 흐름의 저항에 따른 시스템 효율의 저하와 연소효율저하 등의 문제로 엔진의 효율을 떨어지게 된다.

전자제어엔진의 도입 이후 가스연료의 시장확대로 가스엔진이 선박용 엔진에 사용되었다. 가스연료를 시스템에 사용하게 되면, 분사되는 가스연료의 온도가 40 ~ 45℃를 유지하기에 여기서 오는 연소실 온도 저감에 의한 질소산화물 배출물은 저감되고 이를 다시 최고폭발압력을 향상 시킬 수 있도록 도움을 주기에 SFOC개선이 된다. 하지만 앞서 언급한 배출가스 저감시스템의 도입에 따른 시스템효율 저하는 별도의 추가적인 시스템과의 연계를 통해 시스템 전체의 효율향상이 필요하다.

기존 터보차져, 배기밸브, 연료밸브, 연료펌프 등의 단품에 의한 효율향상 외에 그림 4-7 축발전기와 배터리를 이용한 배터리 하이브리드 시스템이 선정되고 있다. 하지만 이러한 시스템 또한 설비비용과 효율향상에 따른 연비 이득을 계산하여 선정을 하여야 한다.

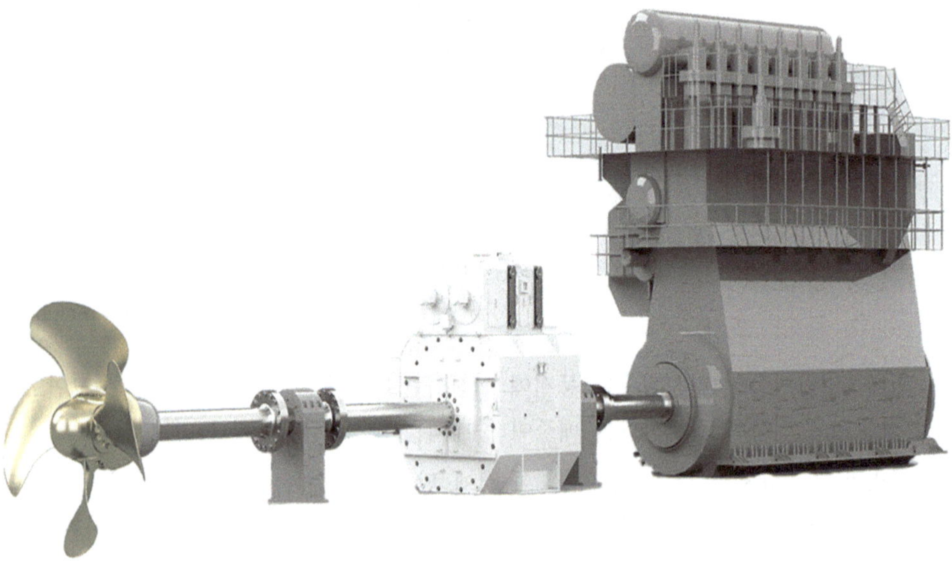

그림 4-7 배터리 하이브리드 시스템

[Source: ABB社]

4.2 선박용 엔진 종류

선박용 엔진 종류를 구분함에 있어 사용 목적에 따라 주추진기관용과 발전용으로 나눌 수가 있으며, 발전용으로 전기추진용 메인발전기, 일반적인 상선에 사용되는 보조기기로 분류되는 발전기, 비상발전기에 사용되는 원동기를 들 수 있다. 선박용 원동기는 통상적으로 디젤유를 주로 사용하며 Diesel cycle을 적용한다. 엔진 용량에 따라 대형·중형·소형으로 나뉘며 저속·중속·고속으로 운전된다. 엔진 구조적인 특성상 대형 엔진은 2행정, 중·소형엔진의 경우 4행정 방식이 적용되며 가스연료 사용에 따라 Otto cycle 적용 또는 Diesel cycle을 사용하는 Duel fuel 엔진이 도입되었다.

4.2.1 싸이클 및 연료에 의한 구분

연료유 특성에 따라 압축착화 방식을 사용하는 Diesel cycle은 디젤연료 엔진에 사용해왔고 불꽃점화방식을 사용하는 Otto cycle은 가스연료 엔진에 사용하였다. 하지만 근래에 이르러 엔진을 구분하는 기준을 연료에 따라 싸이클이 적용된다고 이야기하면 모순이 발생한다.

연료에 의한 구분으로 가스엔진 디젤엔진으로 나눌 수는 있지만 싸이클에 의한 구분으로 볼 때 Diesel cycle을 적용한 DF엔진의 경우 가스연료를 사용하지만 Diesel cycle을 사용할 수 있다. 또한 Otto cycle을 적용한 DF엔진의 경우 가스운전모드인 경우 Otto cycle이지만 디젤운전모드인 경우 Diesel cycle을 사용하게 된다.

엔진 싸이클의 특성은 연료유의 특성과 밀접한 관계가 있다. 그림 4-8에 보는 바와 같이 연료의 여러 가지 특성 중 인화점과 자기발화점이 엔진의 연소과정에 매우 큰 영향을 주게 된다. 자기발화점이 낮은 디젤유의 경우 압축·착화를 통해 연소폭발하는 방식을 사용하게 되고 인화점이 낮은 가스연료의 경우 상대적으로 높은 자기발화점을 사용하여 높은 압축비를 요구하는 대신 낮은 인화점을 이용하기 위하여 점화원을 사용한다. 기존의 가스엔진 또는 DF 엔진의 경우 앞서 언급한 Otto cycle을 적용하거나 Diesel cycle을 적용한 가스연료엔진으로의 사용이 가능하다.

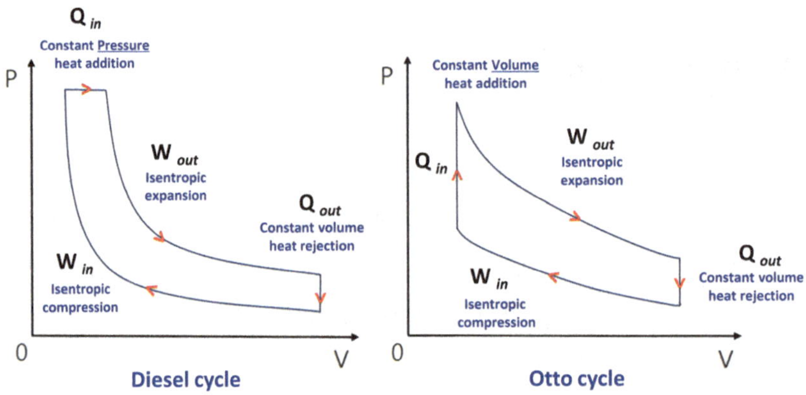

그림 4-8 열역학 싸이클

그림 4-8에 보이는 Diesel cycle은 연소특성상 고 압축비로 인해 최고폭발온도와 압력이 높아 효율적인 운전이 가능하나 질소산화물이 많이 발생하는 단점이 있다. 또한 행정당 토크가 크지만 소음과 진동이 큰 단점이 있으며 연소실 내 높은 압력에 대하여 연료를 분사하여야 하기에 고압분사장치의 요구로 설비비가 증가하게 된다.

Otto cycle의 경우 연료공급은 저압공급방식을 사용하기에 연료공급 및 분사 장치가 간소하며, 운전 중 토크맥동이 작아 소음·진동이 적으며, 질소산화물 배출이 낮은 장점이 있다. 하지만 추가적인 점화장치가 요구되며 연소효율 저하에 따른 연비 문제와 이산화탄소 배출량이 상대적으로 많다. 또한 가스연료-공기 혼합비에 따른 Knocking 문제를 고려한 제어가 필요하다.

이러한 Otto cycle을 사용하는 가스엔진의 단점을 보완하기 위하여 Diesel cycle을 사용하는 가스엔진을 도입하게 되었다. 공연비에 따른 Knocking 문제가 사라지며, 높은 효율을 보이는 가스엔진의 적용이 가능하다. 하지만 압축비를 증대하였기에 질소산화물의 배출이 증가되며 진동 소음이 증가되는 Diesel cycle의 단점을 같이 가져가게 되고 가스엔진인 경우 추가적인 점화장치를 요구하고 DF엔진 경우에도 디젤유 계통을 추가적인 점화장치 내지 이중 분사 시스템으로써 필요하다.

연료유의 특성인 인화점과 자기발화점의 특성을 이용하여 Diesel cycle과 Otto cycle 그리고 이를 혼용한 방식을 선택할 수가 있으며, 가능한 다양한 연료유를 선박용 연료유로 사용하고자 한다. 기존의 디젤유 계열인 HFO, MDO, MGO, VLSFO, ULSFO, 바이오유의 경우 Diesel cycle을 이용한 디젤엔진으로 분류가 되며, 저인화점 연료(Low flash point fuel)의 경우 엔진 개발사에 따라서 전통적인 Otto cycle 가스엔진, Otto cycle을 적용한 DF 엔진 또는 Diesel cycle을 이용한 DF 엔진으로 구분될 수 있다.

선박에 연료로 사용되는 저인화점 연료유에 관한 정의 및 규정은 그림 4-9의 IGF code를 만족하여야 한다. 일반 디젤유와는 달리 상온에서 기체로 기화하는 성질을 가지며, 액체상태로 보관하기 위하여 일정 압력 이상으로 유지를 하거나 재액화 과정이 필요하며, 저장용기의 압력을 유지하기 위해서는 BOG(Boil Off Gas) 관리가 필요하다.

대표적인 가스연료는 LNG(Methane, Ehtnae)이며 그중 Methane 가스용 4행정 엔진과 2행정 엔진이 모두 적용되고 있다. 하지만 4행정 엔진 경우 가스 엔진과 DF엔진으로 나뉘며 가스 운전 중 또는 이중연료 분사 시 모두 Otto cycle이 적용된다. 2행정 DF엔진의 경우 그림 4-10과 같이 MAN Energy Solutions社는 ME-GI 엔진이 Diesel cycle을 사용하고 있으며, MEGA 엔진(MAN-ES社)과 X-DF엔진(WIN GD社)은 Otto cycle을 사용하고 있다. 4행정 DF엔진의 경우 HiMSEN, MAN-ES, Wärtsilä社의 엔진이 주로 사용되고 있다.

이외에 저인화점연료유의 경우 연료의 특성상 공연비 제어에 따른 안정적인 연소과정을 얻기가 어렵고 Knocking에 따른 문제가 발생하므로 Diesel cycle을 적용한 DF엔진을 개발하였다. 표 4-1에 보는 바와 같이 MAN-ES社 2행정 Methanol엔진, LPG엔진 등이 대표적이며, Wärtsilä社는 Otto cycle LPG엔진을 발전용으로 개발하였다.

표 4-1 연료유 특성

Fuel	Auto-ignition temperature[℃]	Flash point[℃]
Diesel	316	62
LNG	540	-188
LPG	454 to 510	-104
Ethanol	523	17
Methanol	464	11
Gasoline	257	-45

[Source: Mr.de Jongh, Rotterdam Mainport University]

그림 4-9 IGF Code
[Source: IMO]

그림 4-10 2행정 DF엔진
[Source: MAN Energy Solutions & WIN-GD社]

표 4-2 Cycle 및 연료에 따른 선박용 엔진의 분류

구분	Diesel cycle 디젤유, 디젤엔진	Otto cycle 가스연료, 가스엔진	Otto cycle 가스연료 DF엔진	Diesel cycle 가스연료 DF엔진
2행정	ME engine (MAN-ES) X engine (WIN-GD)	N/A	X-DF (WIN-GD) MEGA (MAN-ES)	ME-GI ME-LGIM ME-LGIP (MAN-ES)
4행정	(HiMSEN) (MAN-ES) (Wärtsilä)	소형엔진	DF engine (HiMSEN) (MAN-ES) (Wärtsilä) LPG engine (Wärtsilä)	N/A

4.2.2 행정 및 속도에 의한 구분

초창기 개발된 엔진의 경우 흡·배기 개별 운전이 용이한 4행정으로 개발되었다. 현재에도 기관구역의 공간이 제한적인 중·소형 선박에서는 4행정 엔진이 많이 사용되고 있으며, 직렬형 방식과 V형 방식을 사용한다. 4행정 엔진의 특성상 부분 부하에서 효율이 좋으며, 고속운전에 적합한 장점이 있다. 하지만 대형 상선에서 대마력을 요구하는 경우 출력을 증대시키기 위하여 연료 분사량증가, 실린더 직경 확대, 실린더 행정 증가를 할 수가 있는데 실린더 행정의 증가에 따라 기존 4행정 방식을 사용하는 경우 실린더 내부 연소실의 연소효율이 저하되고 불완전 연소에 따른 기기적 손상을 가져오기에 Uni-flow방식을 착안한 2행정 엔진이 도입되게 되었다.

그림 4-11 2행정 엔진의 도입으로 실린더 행정이 긴 대마력 엔진에서도 흡배기 효율을 개선하였고 대마력 엔진의 부분 부하에서의 효율을 높이기 위하여, 보조블로워의 도입, 연료밸브 개선, 터보차저를 사용한다. 터보차저 매칭을 통해 특정 구간에서는 4행정 엔진 보다 우수한 효율을 나타낸다.

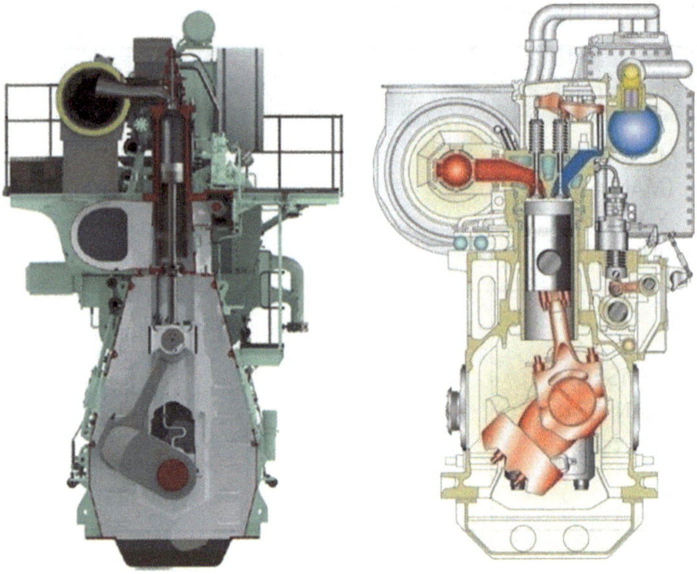

그림 4-11 2행정 엔진, 4행정 엔진

[Source: MAN Energy Solutions社]

행정의 길이가 짧은 4행정 엔진의 경우 실린더 용적의 제한으로 인하여 소형 또는 중형 엔진에 사용되며 엔진 행정의 길이에 따라 고속(1000 rpm이상), 중속(240 ~ 1000 rpm) 엔진으로 적용을 받게 된다. 2행정 엔진의 경우 중형 또는 대형 엔진으로써 저속(0 ~ 240 rpm) 엔진으로 분류된다.

4.2.3 저속 2행정 엔진의 구조

(1) 일반사항

선박에서 사용되는 추진용 엔진의 경우 저속 2행정 엔진이 주로 사용되게 된다. 일부 중소형 선박의 경우 4행정 엔진이 추진용으로 사용되기도 하지만 엔진의 효율을 고려할 시 2행정 저속 엔진의 우수한 성능으로 선택한다.

선박 엔진을 선정함에 있어 가장 중요한 점은 선박의 운항 목적이다. 화물과 기항지 그리고 선주 및 화주가 요구하는 선박 서비스 속력 요건에 따라 추진에 요구되는 마력은 결정되게 된다. 추진에 요구되는 마력은 선체 선형과 그림 4-12 프로펠러 직경, 프로펠러 피치, 직경과 피치비에 따라서 요구되는 엔진의 출력과 rpm이 결정되고 여기에 Sea margin과 Engine margin이 고려된 값을 그림 4-13 Engine layout diagram에서 결정하여 엔진을 선정하게 된다.

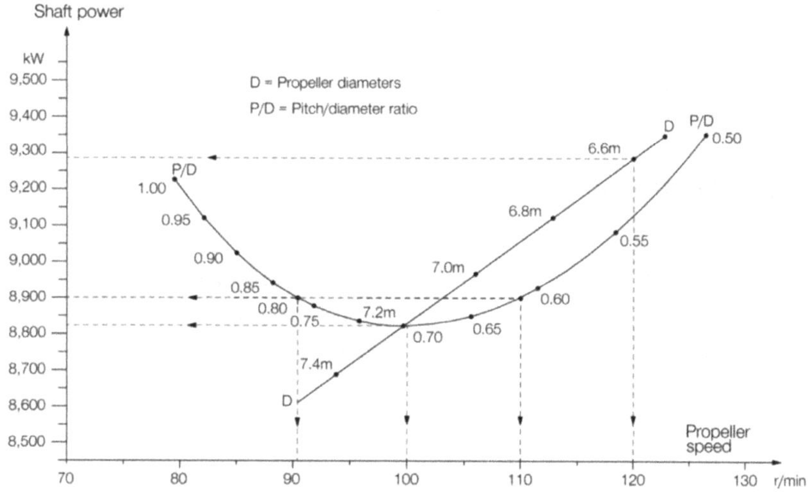

그림 4-12 프로펠러 특성

[Source: MAN Energy Solutions社]

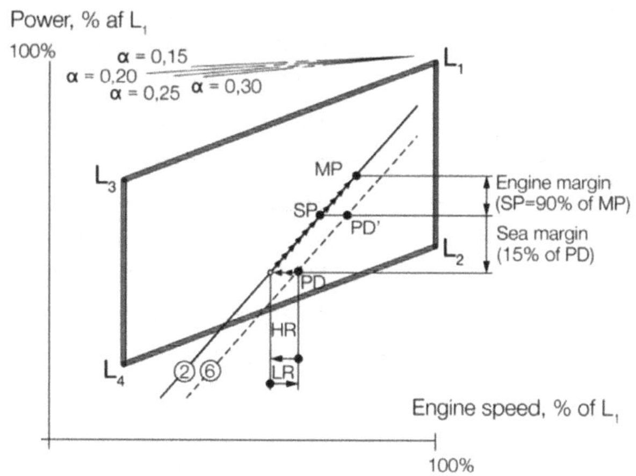

그림 4-13 Layout diagram

[Source: MAN Energy Solutions社]

단일 엔진에 대하여 정의 내리는 이름에 있어서 MAN-ES社 엔진을 예로 들면 그림 4-14와 같이 나타낼 수 있다. 첫 번째 숫자는 실린더의 갯수, 그다음 G(Green), S(Super Long), L(Long), K(Kört)의 경우 직경과 지름의 비율을 나타내며, 두 자리 숫자의 경우 엔진의 직경을 [cm] 단위로 나타내고 있다. 그리고 M의 경우 Engine program의 의미를 나타내며, MC(Camshaft controlled engine), ME(Electronically controlled engine)의 의미를 가진다. MC-C/ME-C의 경우 Compact 엔진을 나타내며 GI(Gas Injection)는 가스엔진을 표기한다. 숫자의 경우 평균유효압력이 상승된 엔진 사양을 나타낸다.

Engine type designation

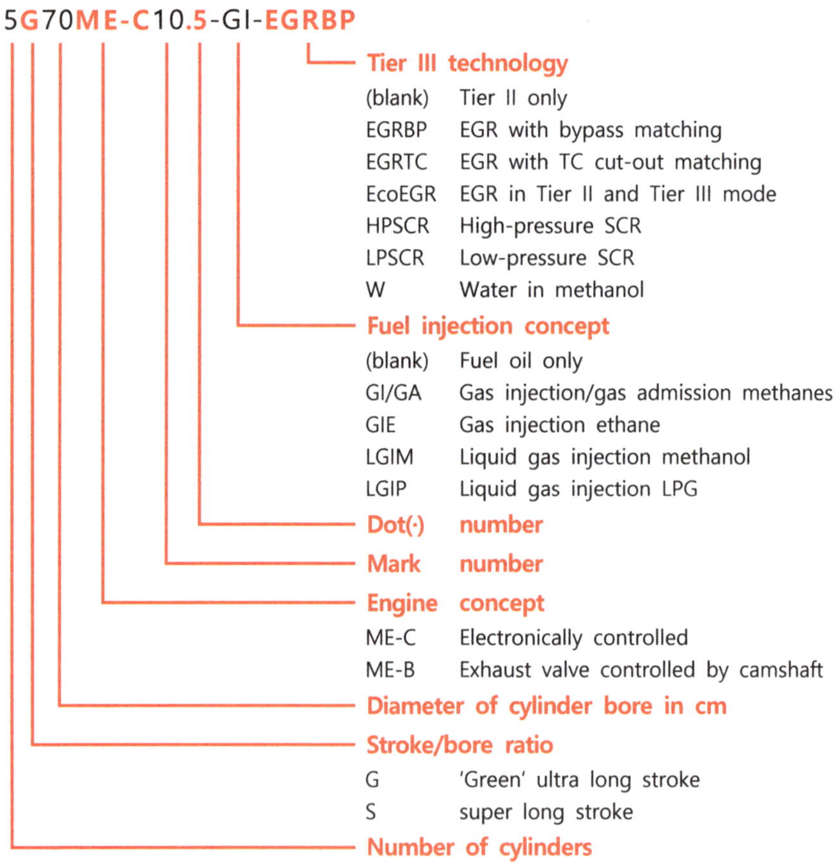

그림 4-14 엔진 모델 의미 설명

[Source: MAN Energy Solutions社]

4.3 기계식엔진

엔진 구조는 그림 4-15와 같이 크게 Bed plate, Frame box, Cylinder frame으로 나눌수가 있다. 이는 현존하는 기계식엔진과 전자제어엔진, 가스엔진 모두 동일한 구조를 가지고 있으며, 엔진의 기본적인 작동원리와 운전 및 정비에 있어서도 동일한 지식을 요구한다.

저속 2행정 엔진의 중요한 기능은 선박의 추진력을 확보하는 것으로써 프로펠러와 연결된 축을 지속적으로 회전할 수 있도록 하여야 한다. 선미축(Tail shaft), 중간축(Intermediate shaft), 크랭크축(Crank shaft)로 연결되어 엔진은 연소과정을 통해 크랭크 축을 회전시킨다.

그림 4-15 엔진 구조

[Source: MAN Energy Solutions社]

크랭크 축이 회전하기 위해서 이를 지지하고 윤활하는 구조물이 필요한데 이것이 Bed plate이다. Bed plate는 선체와 Holding down bolt에 의해 체결되어 있다. Bed plate의 Bearing saddle과 크랭크 축 사이에는 Main bearing이 삽입되며, 지속적인 윤활유 공급을 통해 회전운동을 유지시키고 윤활유는 Main L.O. sump tank로 모이고 다시 Main L.O. pump를 통해 엔진에 공급된다.

크랭크 축은 Crank throw, crank journal, crank pin으로 구성되며 일체형으로 제작을 하거나 부품별 조립을 하게 된다. 크랭크 축의 체인휠은 캠축과 연결되어 연료분사와 배기밸브를 타이밍에 맞게 제어하게 된다. 또한 추진동 댐퍼가 설계되어 엔진의 진동을 잡아주며 Thrust bearing을 통해 추진력을 전달한다.

크랭크 축과 베어링간에 엔진 운전 시 간극이 존재하게 되는데 이는 전위차를 발생시켜 베어링측에 손상을 발생시키므로 이를 제거하기 위하여 Shaft earthing device를 사용한다.

피스톤 왕복운동을 회전운동으로 바꾸어 주기 위해 크로스헤드와 연접봉(Connecting rod)이 필요하게 되고 이러한 부품이 있는 부위가 Frame box이다. 피스톤의 수직운동을 유지하고 회전운동으로 변환하는 중간매개체 역할을 하는 크로스헤드는 가이드레일을 따라 가이드슈에 의해 수직왕복운동을 하게 된다. 또한 크로스헤드에 연결된 연접봉이 크랭크축을 회전함으로써 왕복운동을 하게 한다.

Bed plate와 Frame box에 존재하는 베어링인 Main bearing, Con rod bearing(Crank pin bearing, CP bearing), Cross hear bearing(X-head bearing)의 경우 지속적인 윤활이 필요하며, Crank case내인 L.O. Chamer내에 있게 된다. 이러한 베어링의 조립이 불량한 경우 Oil mist가 발생하게 되고 이에 따른 연소실 폭발은 기관의 큰 손상을 초래하게 된다.

Oil mist detector가 미리 유증기를 감지하고 엔진 경고를 발생시키고 유증기 폭발시 Relief valve를 통해 압력을 분출하고 Flame arrestor를 통해 화염의 전달은 막아준다. Main bearing과 실린더오일 주유를 제외한 윤활 및 냉각용 윤활유의 경우 Telescopic pipe에 의해 엔진 내부로 공급된다.

엔진의 연속적인 동력을 공급하기 위하여 연소과정이 발생하는 부분이 Cylinder frame이다. 실린더 라이너 내부에 피스톤이 지속적으로 운전을 할 수 있도록 연료분사밸브를 통해 연료를 분사하고 배기밸브의 작동을 통해 압축과 배기 행정을 반복하게 된다.

고온·고압의 열에 노출된 곳이기에 냉각수와 실린더오일이 공급된다. Cylinder cover

에 연료분사밸브, 배기밸브, 시동공기밸브가 모두 설치된다. 연료분사펌프와 배기밸브 액츄에이터는 캠축에 연동하여 연료유와 유압을 공급한다.

Bed plate, Frame box, Cylinder frame을 연결해주는 볼트가 Stay bolt이며 Frame box와 Cylinder frame의 윤활유 구역과 소기 구역을 차단하는 것이 Stuffing box이다.

이외에도 소기를 공급하기 위하여 배기가스를 이용한 터보차져 시스템, 연료유 공급시스템, 냉각수 시스템, 윤활유공급시스템, 시동공기 제어시스템이 필요하다.

4.4 전자제어엔진

유류비 상승에 따른 선박 운항 경제성 확보와 국제사회 환경규제를 만족하기 위하여 2000년대 초 전자제어엔진이 도입되었다. 기존의 크랭크 축과 캠축에 의해 정형화된 배기밸브제어와 연료분사시기 및 연료 양 제어는 정지 중 조정은 가능하나 운전 중 변경하는 것이 불가능한 기계식 엔진의 단점을 보강한 것이 전자제어엔진이다.

전자제어엔진 변화의 가장 큰 두 가지 요소는 전자제어신호와 유압시스템이다. 앞서 언급한 배기밸브제어와 연료분사제어를 위해 전지전자제어 신호를 사용하고 액츄에이터 작동을 위한 정압을 공급할 수 있는 유압시스템의 도입으로 시지연이 발생하지 않고 전부하 구간에서도 일정한 성능을 가지는 엔진운전 성능을 보이게 되었다.

기존 기계식 시스템 엔진 구성요소를 적용하며 우수한 디젤엔진의 신뢰성을 유지함과 동시에 BMS(Bridge Manoeuvring System)의 일부 기능을 가져오고, ECS(Engine Control System)의 도입으로 엔진 자체의 제어능력을 향상시켰다. AMS(Alarm Monitoring System)과 SAS(Safety Alarm System)을 통해 기존의 Alarm, Slowdown, Shutdown 기능을 사용한다.

전자제어를 하기 위해 가장 중요한 요소는 엔진의 위치를 읽어 들이는 것이다. 기존의 기계식 엔진은 크랭크축과 캠축을 이용하여 각 실린더의 상사점(TDC, Top Dead Center)를 인지하였으나, 전자제어엔진의 경우 그림 4-16의 Crank Angle Encoder를 이용한 Tacho system을 통해 각 실린더별 각도 정보를 받고, 엔진의 위치, rpm, 회전 방향 또한 계산한다.

이 신호가 ECS로 전달되고 ECS는 BMS의 Telegraph order와 Actual rpm의 신호 차이에 의해 엔진의 속도와 출력을 제어하게 된다. 이러한 전기전자제어 신호는 엔진측으로 전달이 되고 전자밸브에 의해 대기하고 있던 유압이 공급·차단됨으로써 연료의 분사시기 및 양이 결정되고 배기밸브의 개폐시기가 정해진다. 이러한 유압은 그림 4-17의 Hydraulic Power Supply System으로부터 공급되고 되고 HPS system은 엔진에 체인 휠 또는 기어 휠에 의해 구동이 된다.

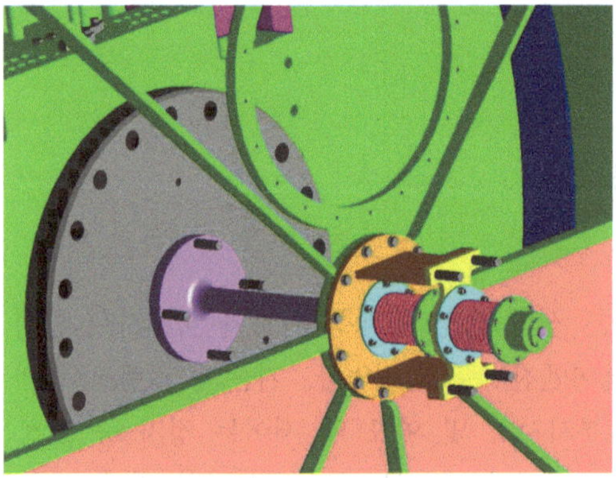

그림 4-16 Tacho system

[Source: MAN Energy Solutions社]

그림 4-17 Hydraulic Power Supply System

[Source: MAN Energy Solutions社]

그림 4-18 Hydraulic Cylinder Unit

[Source: MAN Energy Solutions社]

전자제어엔진 개발 과정 중 실린더 주유시스템이 전자제어식으로 변화하게 되었고 Emergency control stand에서 Local operating panel 개념으로 디자인이 바뀌었으며 기존별도의 Govenor기능이 ECS내부로 들어가게 되었다. 또한 각종 시동공기제어 시스템이 단순화되면서 전자제어밸브에 의해 제어된다.

기존 연료 펌프와 배기밸브액츄에이터는 그림 4-18과 같이 유압과 전자제어밸브를 사용하는 시스템으로 변화되었다.

그림 4-19 ECS는 외부의 시스템과 교신을 주고받는 EICU(Engine Interface Control Unit), 엔진의 Governor 역할과 하위 Unit을 제어하며 LOP와 연동하는 ECU(Engine Control Unit) HPS, Aux. Blower를 관장하는 ACU(Auxiliaries Control Unit), 각 실린더별 연료분사, 배기밸브제어, 실린더오일 주유제어, 시동공기제어를 관장하는 CCU(Cylinder Control Unit)로 나뉜다. 전체적인 시스템은 이중화 기능을 가지며, EICU와 ECU 그리고 네트워크 통신은 이중시스템으로 되어있다.

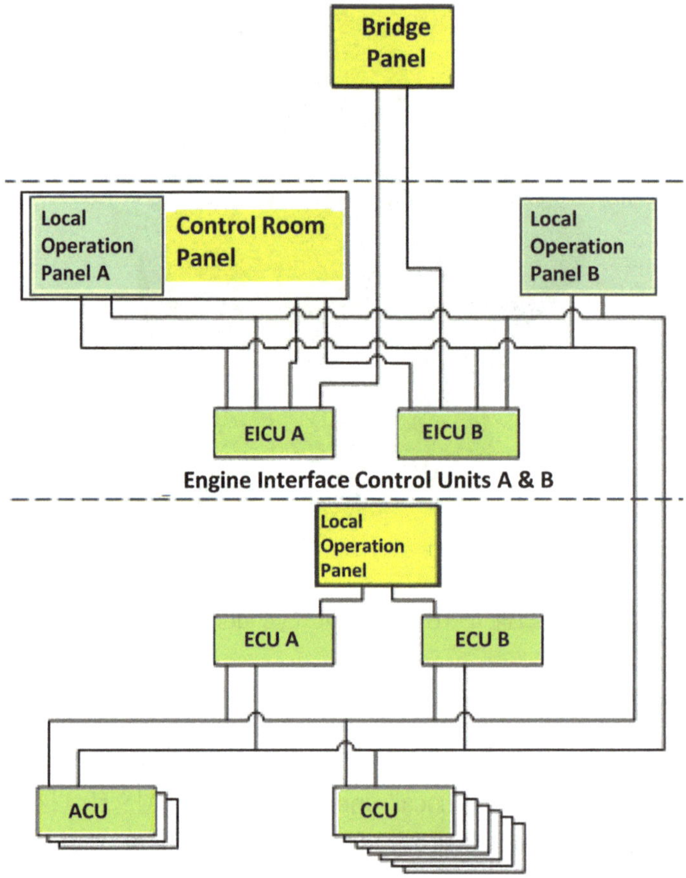

그림 4-19 Engine Control System

[Source: MAN Energy Solutions社]

시스템 전체의 운전을 사용자가 조작 감시 감독하기 위하여 MOP(Main Operating Panel)을 사용하며, 추가적인 배출가스저감시스템이 있을 경우 추가적인 기능이 포함된다. 또한 엔진의 성능을 촬취하고 센서를 보정하기 위한 PMI(Pressure Mean Indicator) 시스템, 엔진의 모든 처리되는 정보를 기록하는 CoCos-EDS(Computer Controlled Surveillance Engine Diagnostic System) 시스템을 추가로 가진다.

4.5 가스연료엔진

저유황유 사용을 강화하는 환경규제가 부각되고 쉐일가스의 혁명과 더불어 가스운반선 시장의 확대와 함께 가스연료엔진의 수요가 급증하게 되었다. 기본 LNG선의 경우 보일러를 이용한 이중연료시스템으로 천연가스를 사용하였으나, 낮은 효율로 인하여 DFDE(Dual Fuel Electric Propulsion) System이 도입 되었지만 4행정 가스연료엔진은 2행정 엔진에 비해 낮은 효율로 2행정 가스엔진의 개발을 촉발시켰다.

MAN-ES社는 Diesel cycle 2행정 DF엔진을 개발하고 WIN-GD社는 Otto cycle 2행정 DF엔진을 출시하였다. 두 엔진 모두 이중연료 엔진으로 가스시스템 고장 시 가스 운전을 중지함과 동시에 디젤모드로 운전되는 Fail Safe 시스템을 구현하고 있다.

2행정 가스엔진의 개발로 효율은 향상되고 2020년 1월 1일부터 발효된 대양항해 0.5% 이하 황함유량과 SECA(SOx Emission Control Area) 이내 0.1% 이하 황함유량을 동시에 만족할 수가 있으며, Diesel cycle을 사용하는 2행정 가스엔진의 경우 40~45℃ 가스공급에 따른 연소실 내 온도 하강은 질소산화물생성을 저감시켜 NOx 튜닝을 통한 최고폭발압력의 증대로 연비를 저감할 수 있는 장점이 있다. 또한 산유국에서 값싼 가스연료를 사용함으로써 매우 경제적이다.

그림 4-20에 보는 바와 같이 가스연료엔진은 LNG선이 아닌 컨테이너선박에 최초 투입되어 현재 운항 중에 있으며, 그 외에도 기존 전자제어엔진을 가스엔진으로 개조하는 프로젝트와 LNG선에 도입하는 사례가 증가하고 있다.

이러한 가스엔진의 구조와 시스템은 기존의 기계식엔진, 전자제어엔진과 전체적인 구조물과 작동원리가 동일하며 전자제어엔진 시스템 대비 DF-ECS의 추가를 통한 가스제어 및 가스안전 시스템이 도입되고 가스 관련한 구성품외 가스저장 및 공급시스템, 이중관 및 가스배출시스템, 불활성가스 공급시스템이 추가되었다.

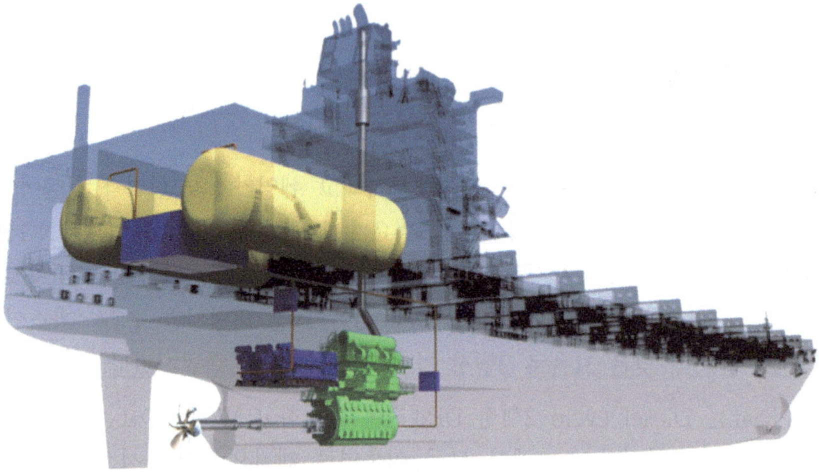

그림 4-20 TOTE : 8L70ME-C 8.2 GI 3100TEU

[Source: MAN Energy Solutions社]

4.6 저속 2행정 전자제어엔진과 가스연료엔진의 시스템 비교

4.6.1 일반사항

가스엔진 또는 DF엔진의 경우 가스연료를 점화하기 위한 점화원을 사용한다. 소형 가스엔진의 경우 불꽃점화원을 사용하고 중·대형 엔진의 경우 디젤유를 이용한 Pilot 점화원을 사용하며 Pilot 점화원의 경우 가스시스템 고장 시 디젤모드로 운전되게하는 연료밸브와 동일한 밸브를 사용할지 별도의 밸브를 사용할지는 엔진社 별로 차이를 나타낸다.

그림 4-21과 같이 가스 밸브를 제어하는 전자제어밸브와 가스공급 및 차단에 필요한 안전밸브 그리고 가스를 공급하는 이중관 시스템과 가스배출시스템, 연료 저장시스템과 제어 및 안전 시스템이 기존 전자제어엔진 대비 달라지는 차이점이다.

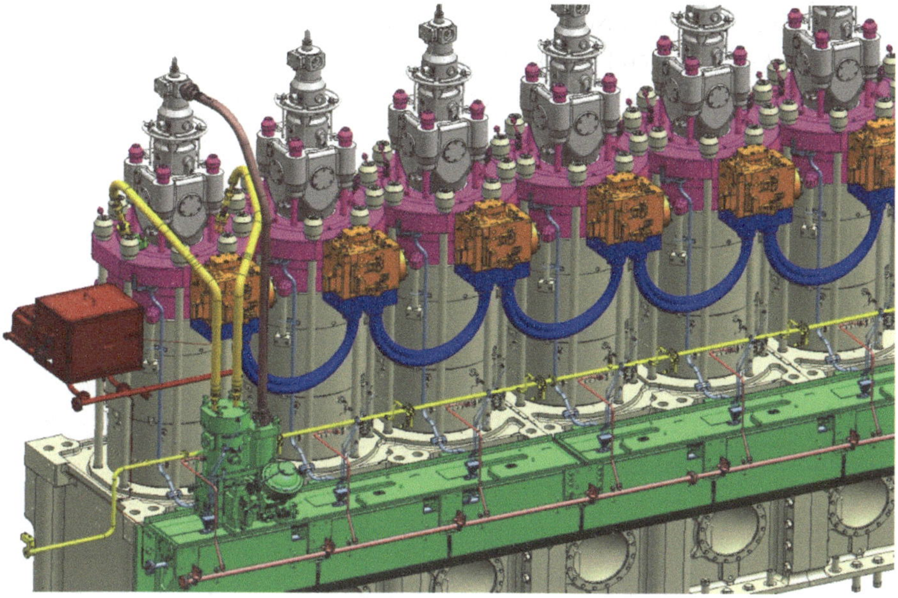

그림 4-21 DF 엔진

[Source: MAN Energy Solutions社]

기존 전자제어엔진이나 기계식 엔진을 DF엔진으로 개조하는 경우 Diesel cycle DF 엔진로 변경하는 경우 설비와 시스템의 추가만으로 가능하지만 Otto cycle DF엔진으로 개조하는 경우 Knocking문제를 해결하기 위해 출력감소(Derating)가 요구되기에 엔진의 출력감소에 따른 속도저하로 인한 선속저하의 단점이 발생한다. 엔진의 개조는 최소한의 비용으로 동일한 출력을 내는 것이 목표가 된다.

4.6.2 시스템

DF엔진을 운용하기 위하여 여러 가지 보조 시스템이 필요하다. 가스의 공급과 차단을 제어하기 위한 제어시스템과 안전시스템, 전자제어밸브에 유압을 공급하기 위한 기존 전자제어엔진의 유압시스템, 가스누설을 방지하기 위한 실링오일 시스템, 가스 누설 감지를 위하여 이중관내에 공기 순환을 통해 LEL(Low Explosive Level)을 감지하고, 파이프 손상을 확인하는 이중관 시스템과 불활성가스를 공급하는 불활성가스공급시스템 그리고 가스를 저장 및 공급하는 FGSS(Fuel Gas Supply System)이 있다.

기관구역은 비방폭구역(Non ATEx zone)으로 가스누설을 허용하지 않기에 이중관, 가스배출시스템을 사용한다. 또한 가스저장 탱크 및 관류의 경우 LNG의 온도제어 실패 시 극저온 가스가 관내에 유입될 수 있는 상황을 고려하기에 스테인레스 스틸 파이프를 사용한다. 또한 엔진의 안정적이고 연속적인 운전을 위해서 40 ~ 45℃로 가스를 공급하고 일정한 압력을 유지한다. 가스 시스템 내에 어느 한 부분의 고장 및 누설로 인해 시스템이 알람설정치 이내 값을 벗어나는 순간 즉시 가스운전을 종결하고 디젤모드에 의한 출력을 보상하게 한다.

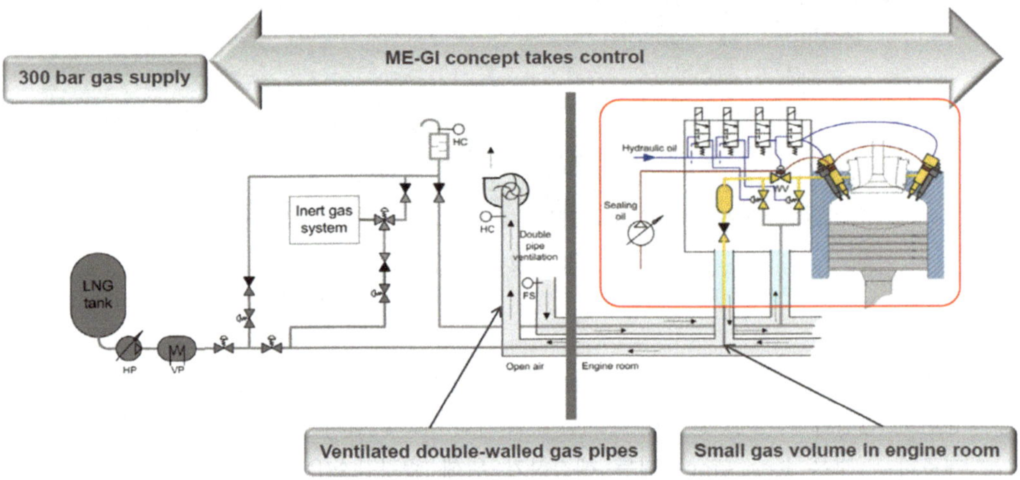

그림 4-22 DF엔진 시스템

[Source: MAN Energy Solutions社]

4.6.3 Engine Control System

가스엔진의 제어 및 안전시스템은 그림 4-23과 같이 기존의 ECS에 가스 관련 기능을 추가한 DF-ECS구조를 가지게 된다. Second Fuel과 관련된 기능을 전체시스템(Plant)와 연계하느냐 개별유닛(Cylinder)이나 보조시스템(Auxiliary)을 관장 하느냐에 따라 기능이 차이나게 된다. 또한 안전 기능인 경우 SU(Safety Unit), 제어기능인 경우 CU(Control Unit)로 기능을 달리한다.

제어시스템은 DF 모드 운전시 가스밸브의 제어, 가스 배출 및 차단 또는 불활성 가스 공급시 Blow off valve, Purge vale의 작동, 실링오일시스템 제어, FGSS와의 연계 기능 등을 담당한다. 안전시스템은 시스템 내에 설치된 모든 센서들의 정보를 인식하고 실린더내 압력변화, 가스압력 변화, 가스누설징후, 그 외 가스운전에 영향을 주는 현상 발생 시 가스운전을 즉각 중지한다.

각 실린더에 개별 설치된 센서류를 제외하고 대부분의 센서는 이중화 되어있고 이는 각각 별개의 CU와 SU로 연결된다. 하나의 단일 고장이 가스시스템 중지를 실행하기 위해서이다.

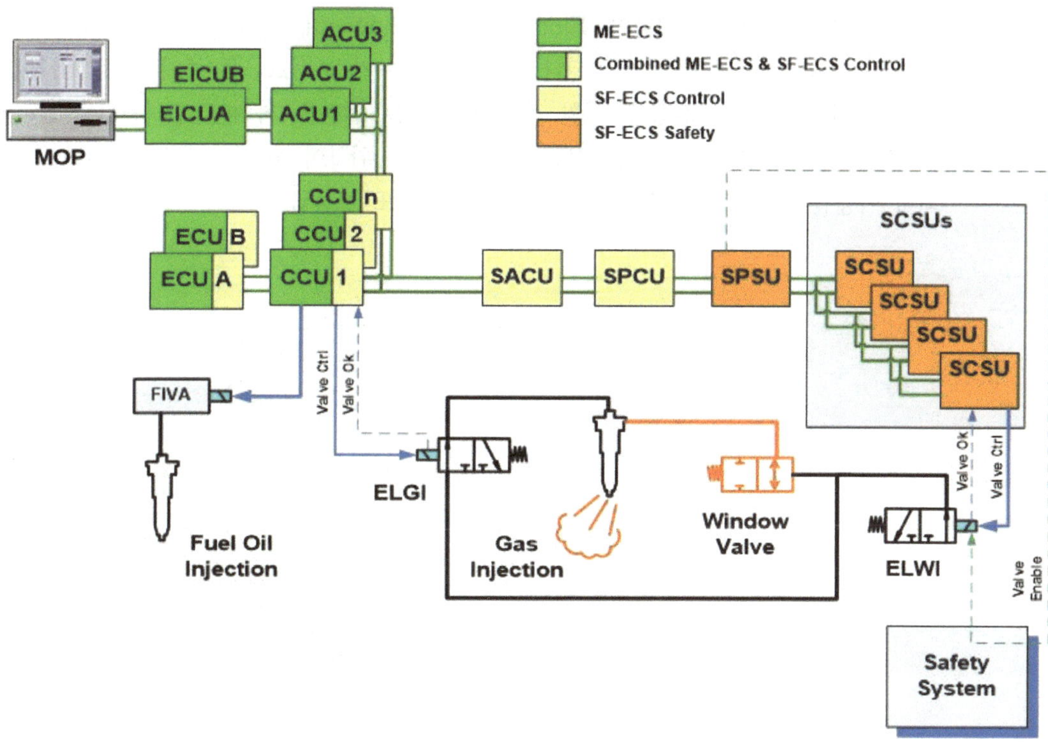

그림 4-23 DF-ECS

[Source: MAN Energy Solutions社]

4.6.4 Components

가스 관련 부품은 가스 누설을 방지하기 위한 실링이 잘 되어야 한다. 또한 제어시스템에 의한 동작과 차단이 명확하게 일어나야 한다. 가스밸브를 장착하기 위하여 그림 4-24와 같이 기존엔진 대비 실린더 커버는 디자인 변경이 일어났으며 가스밸브를 제어하기위한 관장치류가 추가되었다.

가스밸브 디자인을 보면 기존의 연료밸브와 유사해 보이나 그 작동방식이 다름을 확인할 수 있다. 가스는 기체 상태이기에 가스분사밸브에서 가압을 하는 것이 아닌 시스템에서 가압된 가스를 보내게 된다. 또한 엔진 제조사에 따라서 저압식과 고압식 가스밸브는 차이를 나타낸다.

가스시스템의 안전을 위하여 Window valve, Blow off valve, Purge valve 등이 하나의 Gas control block에 설치된다. 이러한 각종 가스 밸브들은 주기적으로 취외·분해점검을 실시하고 가스실링을 신환 후 가스 누설 점검을 하여야 한다. Gas control block은 정비의 용이성과 다른 실린더와의 연결을 위하여 Adaptor block 위에 설치가 되며 이중관을 통해 가스가 공급되고 불황성기체 또한 공급된다.

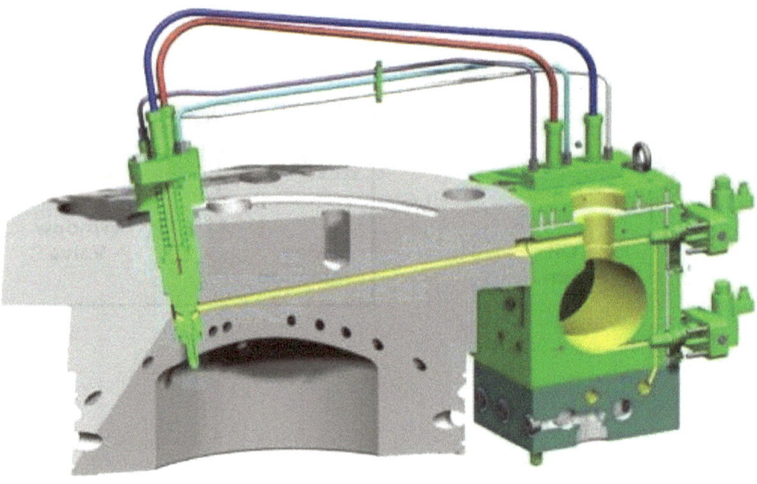

그림 4-24 Gas components

[Source: MAN Energy Solutions社]

가스시스템 안전을 위한 센서의 경우 실린더 압력센서, 가스압력센서(개별 실린더 또는 파이프라인), HC(Hydro Carbon)센서, Flow sensor, 유압압력 센서들이 설치된다.

FGSS은 조선소 공급사양으로 주로 설치가 되며 엔지니어링 회사에 따라서 각기 다른 설비와 시스템이 설치된다.

4.6.5 Operation

DF엔진의 운전을 위해서는 먼저 FGSS가 준비가 되어야 한다. 가스를 사용하기 위하여 각종 Cryogenic pump, Vaporizer, Gas Compressor, Cryogenic Valves, Sensor, 제어 및 안전시스템이 준비가 되고 Line Cool down이 완료가 되어 엔진측에 FGSS ready신호가 들어와야 한다.

이후 일반적인 엔진과 동일하게 디젤유를 사용하기 위한 시스템이 정상작동 하여야 한다. DF엔진의 초기기동은 디젤유에 의해 기동이 이루어지고 엔진 부하 10 ~ 15% 이상이 되어야만 안정적인 가스운전을 할 수가 있다. 가스운전에 필요한 시스템이 단 하나라도 정상작동하지 않거나 센서에 이상이 있을 경우 시스템은 이를 감지하고 가스 운전을 허락하지 않는다.

모든 불완전요소가 해제가 된 경우에 한해 사용자는 그림 4-25 상단의 MOP에서 가스 운전 버튼을 누를 수가 있다. 그럼 미리 정해진 절차에 의해 Gas Control State Machine을 작동을 하게 되고 그림 4-25 하단 화면에서 사용자는 확인이 가능하다. 만약 DF 모드로 절환시에 문제가 발생하게 되면 알람과 동시에 가스를 방출하게 되고 불황성가스를 공급하여 화재 및 폭발의 위험으로부터 이를 방지하며 디젤유에 의한 출력을 유지하게 된다.

정상적으로 가스운전이 시작되면 그림 4-25와 같이 Governor Index상에 가스연료양과 디젤유 연료양이 표시된다. 사용자는 가스 운전 중 모니터링 시스템의 관찰 외에도 현장순찰을 통해 이상유무를 사전에 감지하여야 한다.

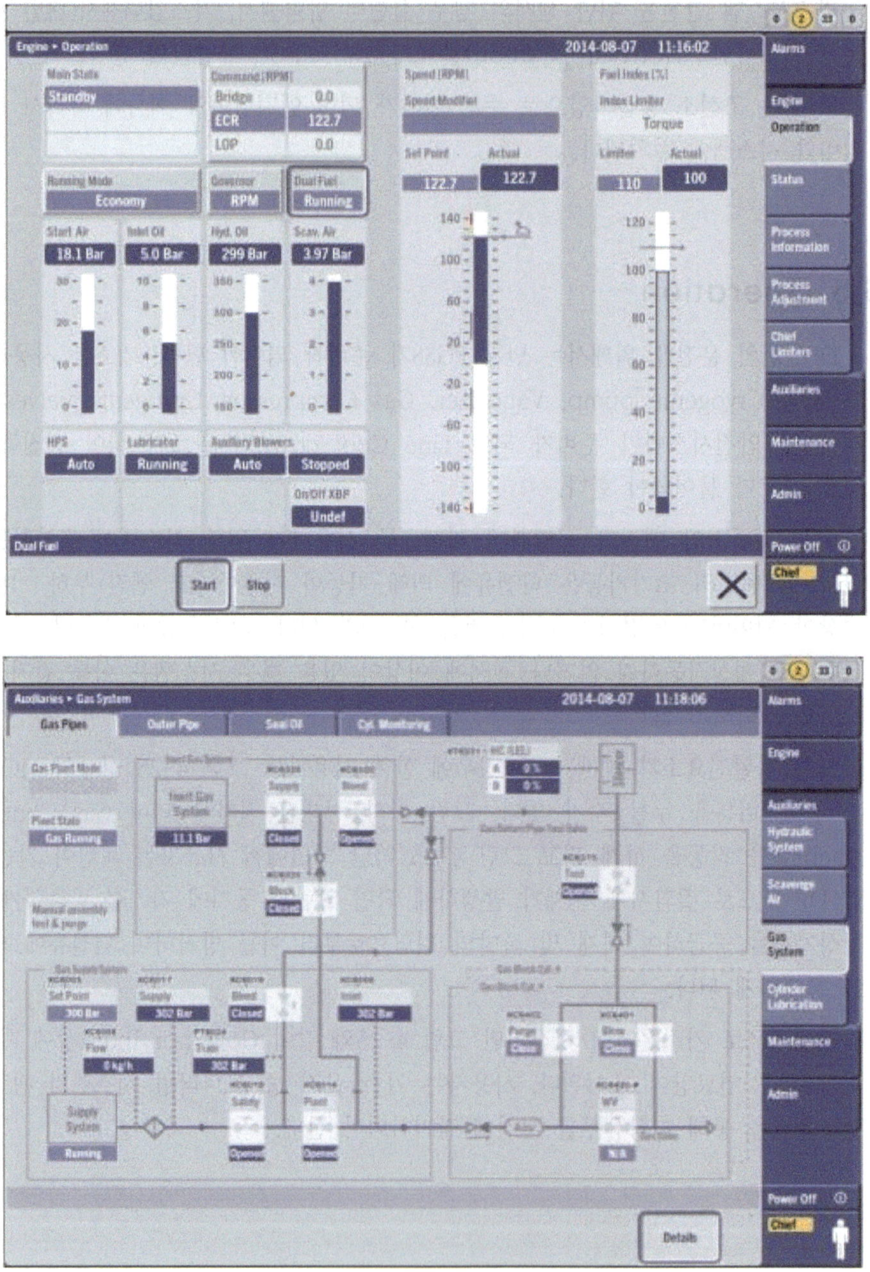

그림 4-25 MOP, Engine-Operation

[Source: MAN Energy Solutions社]

4.6.6 Maintenance

가스 누설이 발생한 경우 가스는 배출되고 질소로 관내는 퍼징이 이루어진다. 이 때 누설부위를 찾기 위하여 시스템 내에 300 Bar의 고압질소가스를 공급하고 그림 4-27의 각 실린더별 누설점검 홀을 이용해서 누설 실린더를 찾게 된다.

누설 실린더를 찾은 후 개별 Component별 누설유무를 확인하기 위하여 Instruction manual의 절차대로 사용자는 점검 후 해당 부품을 취외하고 Gas Valve Test Kit을 이용하여 누설 부위의 실링과 시트(Seat)면을 점검 교환한다.

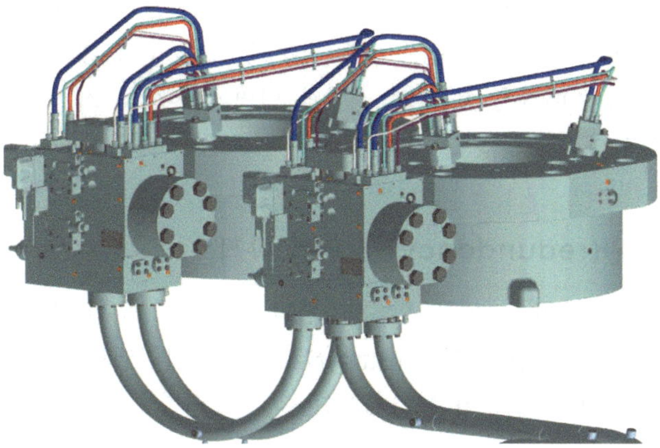

그림 4-26 Gas leakage test
[Source: MAN Energy Solutions社]

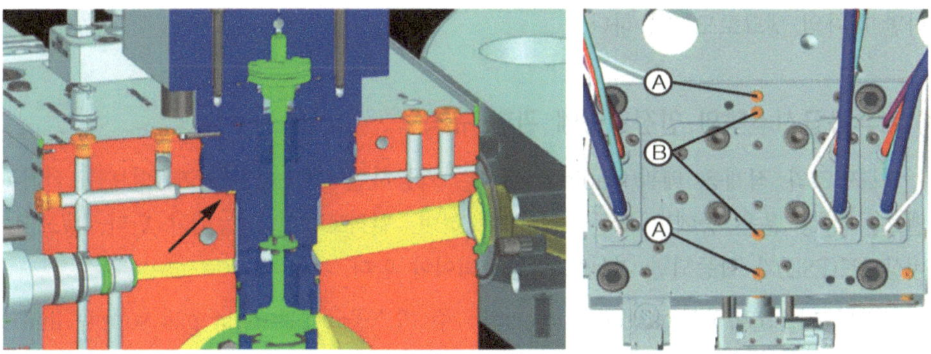

그림 4-27 Gas leakage test on Components
[Source: MAN Energy Solutions社]

4.7 LNG연료공급시스템 (Fuel Gas Supply System, FGSS)

4.7.1 적용 규칙

(1) LNG연료 공급 시스템이 갖추어야 할 법적 요건

LNG연료 공급시스템은 연료의 누출이 최소화 되도록 배치하여야 하며, 운용과 검사를 위해 안전하게 접근이 가능해야 한다. 연료이송을 위한 배관시스템은 가스 또는 액이 누출하여도 선박이나 주위 환경, 인체 등에 위험을 주지 않도록 설계하여야 한다. 기관실 외부의 연료용 배관은 누출 시 선박과 인명에 손상을 최소화할 수 있도록 설치되고 보호되어야 한다.

(2) 연료공급의 보완(redundancy)에 관한 규칙

하나의 연료만을 사용하는 경우 한 시스템의 이상으로 인한 작동 중지를 일으키지 않도록 연료탱크로부터 관련 장치(consumer)로 가는 모든 관로는 분리되어야 하며, 완전한 대체수단(redundancy)을 가지고 배치되어야 한다.

하나의 연료만(single fuel)을 사용할 경우 연료저장용 탱크는 두 개 또는 그 이상으로 분리하여야 하고, 그 탱크는 독립된 구역에 설치하여야 한다.

Type C tank는 한 탱크에 tank connection space를 완전히 두 개로 분리하여 설치하면 하나의 탱크로도 가능하다.

(3) 가스공급시스템의 안전기능에 관한 규칙

연료탱크의 적재용 배관(loading line)은 가능하면 탱크에 가깝게 밸브를 설치한다. 밸브는 정상 운용 중에도 작동 가능해야 하며, 원격조종이 가능해야 한다. 탱크밸브는 비상모드(ESD)가 작동되면 자동으로 동작되어야 한다.

각각의 가스소비장치(gas consumer)의 주 가스공급배관(main gas supply line)에는 수동정지밸브와 자동으로 작동하는 'fuel gas master valve'를 설치한다. 그 밸브는 기관실의 외부 배관의 한 부분에 설치하고, 가능하면 가스 가열용 장치에 가깝게 설치한다. fuel gas master valve는 ESD가 작동되면 자동으로 가스공급을 정지한다.

수동작동정지밸브(manually operated stop valve) 또는 수동/자동 작동밸브(combined manually and automatically operated valve)는 운용자가 쉽게 접근할 수 있도록 설치한다. 저압용 가스공급장치(low pressure gas supply system)일 때는 아래의 경우, 이들 밸브는 TCS(Tank connection space) 내부에 설치할 수도 있다.

- Airlock이 설치되어 있는 출입문을 통해 TCS로 출입이 가능할 때
- TCS 외부로부터 수동으로 밸브를 잠글 수 있을 때
- Master gas fuel valve가 가스 가열용 장치의 downstream에 위치할 때

Automatic master gas fuel valve는 기관실 내부, 엔진제어실, 기관실의 외부의 탈출구의 안전 위치, 그리고 항해 갑판에서 작동 가능해야 한다. 각 가스 소비장치(gas consumer)에는 'double block and bleed valve'를 배치한다.

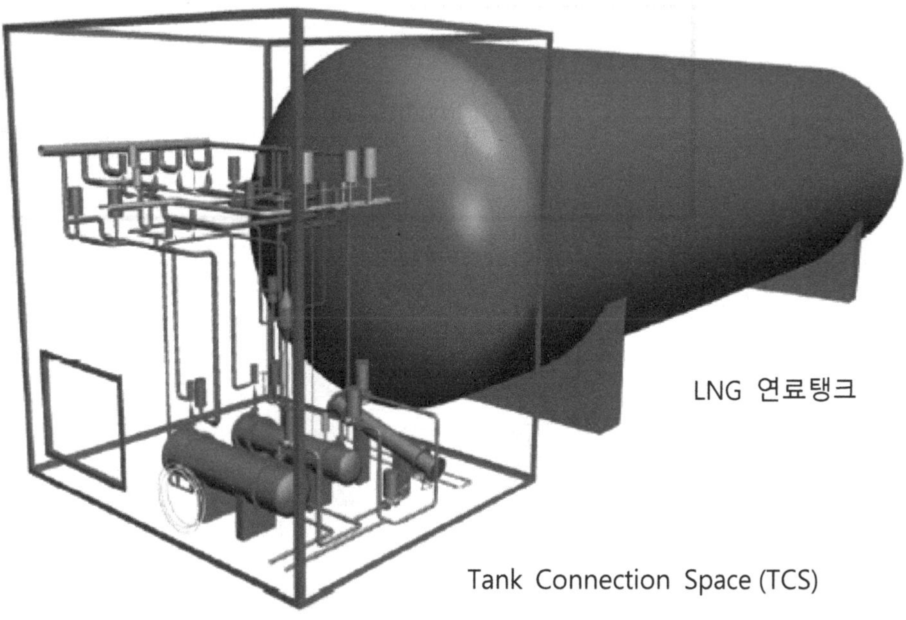

그림 4-28 Tank Connection Space(TCS)의 예

[Source : JUME]

(4) 기관실 구역 외부의 연료 분배를 위한 규칙

선박의 폐위구역을 연료관이 통과할 때 그 관은 이중관(이차방벽)으로 보호 되어야 한다. 이 관은 배출 가능한 덕트(duct)나 이중관(double wall pipe)을 사용할 수 있다. 이 덕트나 이중관 시스템은 시간당 30번의 환기(30 air change)가 가능하고 가스검지기도 설치한다.

그림 4-29와 4-30은 기관실 연료공급 체계화 이중연료관의 단면을 나타낸 것이다.

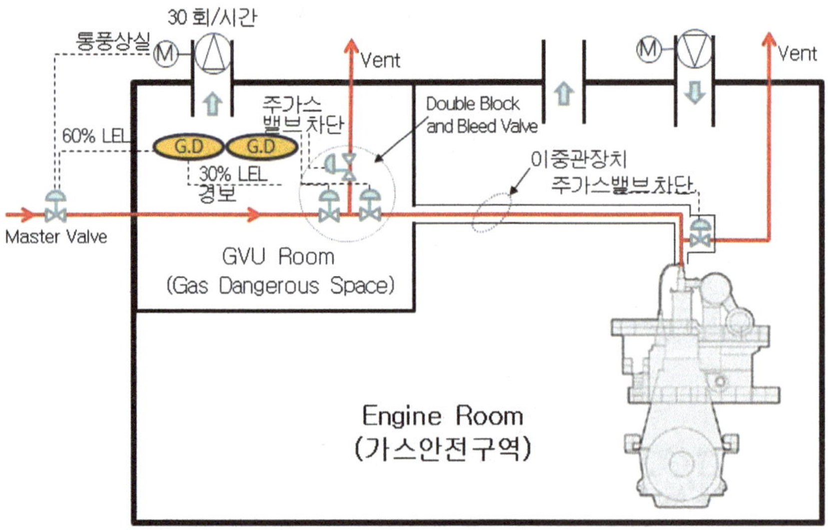

그림 4-29 기관실 연료공급

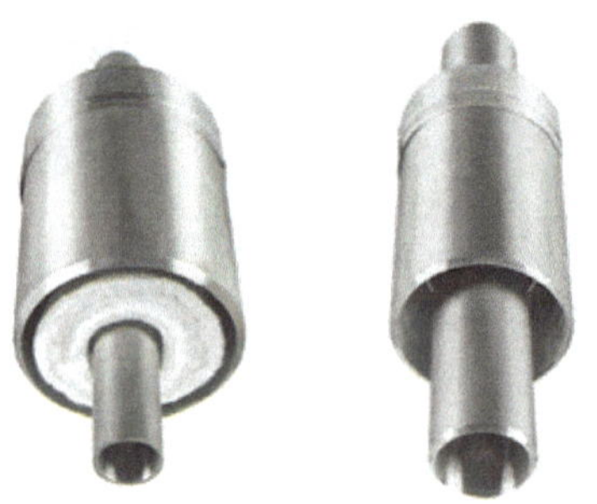

그림 4-30 이중관(double wall pipe)

(5) 가스안전 기관구역에 LNG연료 공급 시 규칙

가스안전기관구역의 연료 배관은 아래 조건을 만족하는 이중관 또는 덕트로 완전히 에워싸야 한다.

- 가스 배관은 내부 배관에 가스연료가 통과하는 이중연료관을 사용한다. 이 이중관 사이의 공간은 불활성가스를 채워 가스연료 압력보다 높은 압력으로 가압한다.
- 내부 파이프가 고압의 가스를 담고 있으면 시스템은 master gas valve가 차단되면 master gas valve와 엔진사이의 관내에는 자동적으로 불활성 가스로 purge 한다.
- 덕트의 배출구는 개방갑판 상에 설치한다.

(6) ESD로 보호된 기관구역으로 가스연료공급 시 규칙

가스연료공급시스템 내부의 압력은 1.0 MPa(10 barG)보다 낮아야 하며, 가스연료공급라인은 1.0 MPa 보다 높아야 된다.

(7) Compressor와 Pump에 관한 규칙

Compressors 또는 pump가 갑판 또는 격벽을 통과하는 축에 의해 구동되는 경우에 격벽의 개구는 가스밀(gas tight)로 막아야 한다.

Compressors 또는 pump는 그 목적에 적합해야 하며, 모든 장비와 기관은 적절하게 테스트되고 선박에 적합한 것이어야 한다.

(8) Pressure Built-Up heat exchanger를 위한 규칙

Type C tank가 PBU형 열교환기(heat exchanger)에 의해 압력을 받고 있을 때 단일 탱크는 적어도 독립된 두 개의 열교환기를 설치한다. 단일 탱크 이외에는 하나의 열교환기를 설치한다. 열교환기의 총 용량은 탱크 내의 필요한 압력을 유지하기에 충분한 것이어야 한다.

4.7.2 저압용 가스공급시스템(Low Pressure Fuel Gas Supply System)

천연가스연료를 공급하는 가스연료엔진의 가스 공급압력은 일반적으로 4행정기관의 경우 0.5~0.6 MPa(5 ~ 6 barG)정도의 비교적 낮은 압력으로 공급하나, 2행정기관의 경우는 30 MPa(300 barG)정도의 고압이 필요하고 그 시스템이 매우 복잡하다. 그림 4-31은 연료 공급 시스템의 개념도이다.

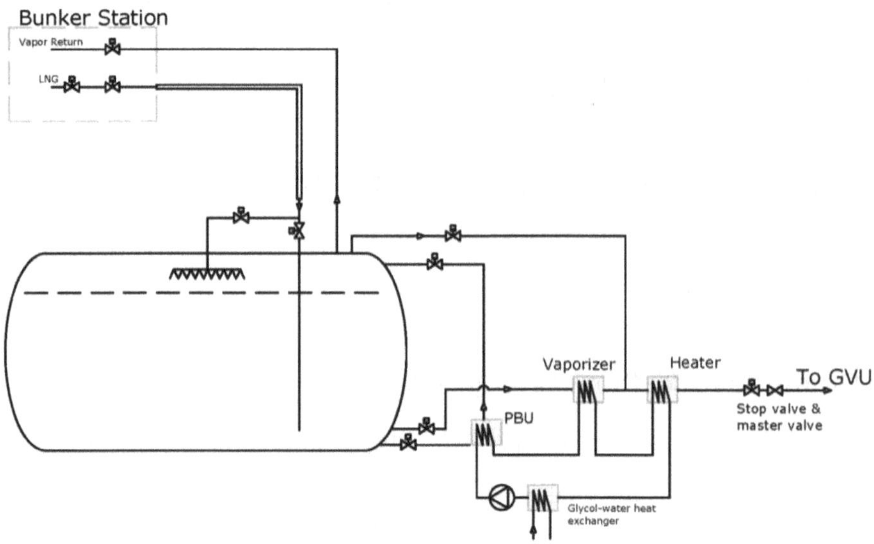

그림 4-31 LNG연료공급시스템 개념도

(1) LNG가압증발기

이중진공단열방식의 압력식 LNG연료탱크는 탱크 내의 압력을 이용하여 LNG를 압축하고, LNG의 소모에 따라 연료탱크 내의 액면이 낮아지고 탱크 내 압력이 서서히 낮아지게 된다. 가압증발기는 탱크 내 압력을 일정하게 유지하기 위하여 설치된다.

연료탱크 하부에서 뽑아 낸 LNG에 열원을 이용하여 기화하고 가스를 연료탱크의 상부로 보내서 탱크 압력을 일정하게 유지한다. 고저 차이에 의한 LNG의 배출이기 때문에 연료탱크 내의 액위보다 낮게 가압증발기를 설치한다. 연료탱크 내의 압력에 위해 압출된 LNG는 주기화기를 통해 기화된 후에 가스 엔진으로 가스를 공급한다.

그림 4-32 저압용 LNG연료공급시스템

[source: Wärtsilä]

육상 천연가스설비의 가압증발기에서 LNG 처리 능력은 주기화기의 1/20정도인 경우가 많다. 선박용으로 사용할 경우 용량의 여유가 있는 것을 선정할 필요가 있다. 여기에 가스전용기관의 경우는 LNG 주기화기가 작동 불가 시 가압증발기로 기화한 가스로 운전하는 것도 검토되고 있다. 그림 4-33과 4-34는 단열방법에 따른 연료탱크의 계통도를 보여주고 있다.

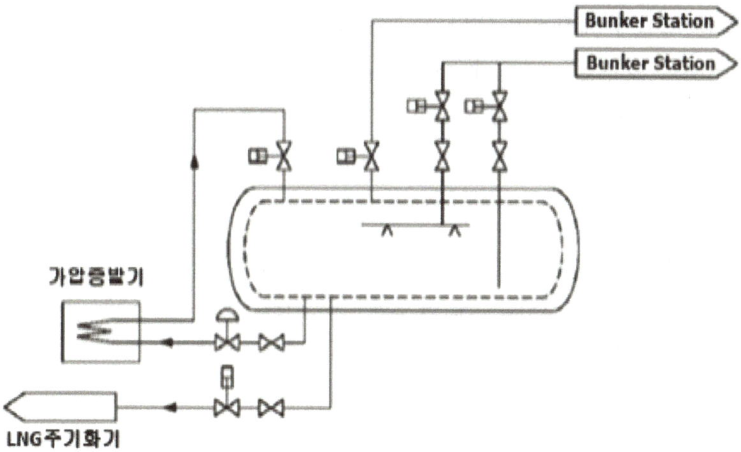

그림 4-33 진공단열식탱크 연료공급 계통도

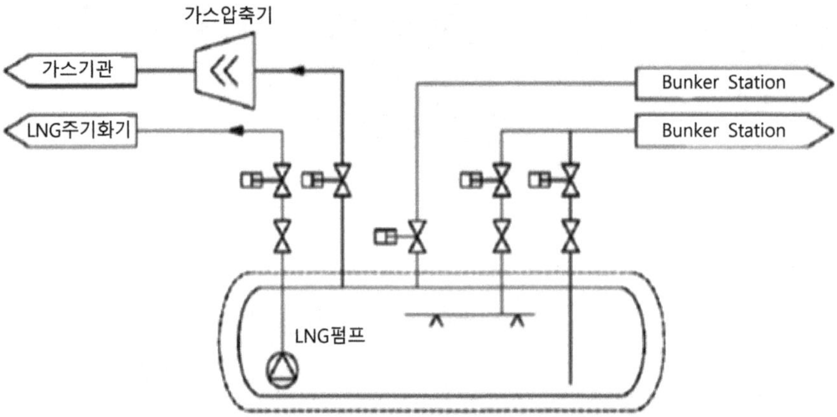

그림 4-34 외부단열식탱크 연료공급 계통도

[Source : JUME]

(2) LNG 주기화기 (Main vaporizer)

연료탱크로부터 압출된 LNG를 기화하여 가스기관에서 소비하는 연료를 공급하는 장치이다. 기화기의 종류에는 open rack식, 중간열매체식, submerged combustion식, 공기식 그리고 온수식 등이 있다.

선박의 가스연료시스템용으로는 에너지절약형이며 유지 보수가 쉬운 온수식이 많이 사용 된다. 구조적으로는 shell & tube 방식이 있고, 원통용기의 중간에 스테인리스강제의 전열관 코일이 배치되어 있다.

원통용기에는 온수를, 튜브 내에는 LNG를 흘러 보내 열교환기를 통해 LNG를 기화하기 때문에 원통형온수식 기화기라고 부른다. 가압증발기도 LNG주기화기와 동일한 구조로 하여 가압증발기와 LNG주기화기용의 전열관 코일을 동일한 원통 내에 배치한 복합형 기화기도 있다.

LNG 인수기 같은 데는 직립형 기화기를 일반적으로 설치하나 가스연료선박에는 횡치방식의 기화기를 설치한다. 그림 4-35와 4-36와 같이 선박에는 설치 공간이나 수리 등을 고려해서 횡치형 또는 직립형을 선택하는 것이 좋다.

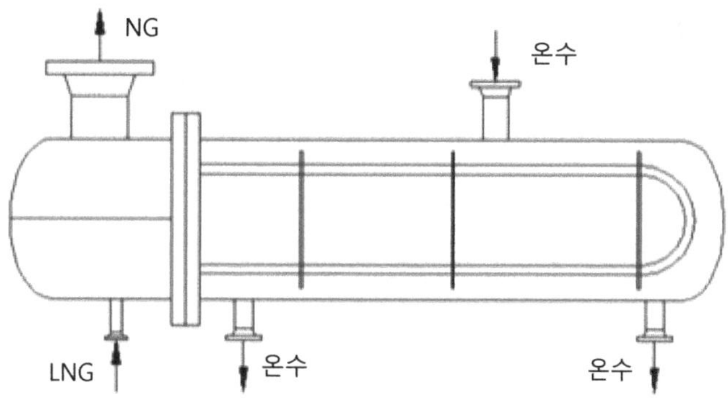

그림 4-35 횡치형 LNG기화기

[Source : JUME]

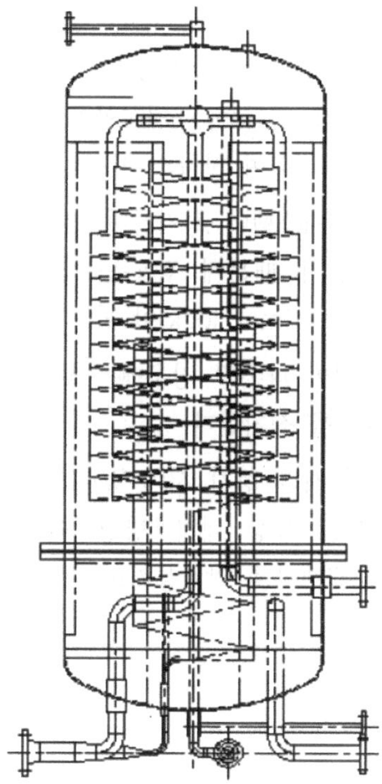

그림 4-36 직립형 LNG기화기

[Source : JUME]

(3) Gas Heater

진공단열방식의 경우에는 가스히터를 설치하는 수도 있다. LNG기화기의 가스 출구는 설계온도가 상온으로 설정되어 있는 경우에는 가스히터는 필요 없다.

외부단열탱크에는 탱크 내에서 자연 발생한 BOG를 가스압축기에서 가압하여 가스기관으로 보내기 때문에 가압되어 온도가 올라간 가스를 냉각할 목적으로 가스히터가 사용된다.

(4) Water/Glycol system

가압증발기, LNG주기화기 및 가스히터의 열원으로 되는 온수(Water/glycol, 이하 W/G)의 온도를 제어하는 시스템이다.

주 구성품은 W/G heater, W/G pump, W/G tank, Temperature control valve 등이다. W/G에는 에틸렌글리콜 수용액이 사용 되고, LNG주기화기 등에 열을 배출한 W/G는 W/G heater에서 엔진 냉각수와 열교환이 이루어지며, 30~40℃로 가열된다. W/G 펌프는 redundancy를 고려하여 하나의 시스템에 2개씩 설치한다.

가스기관을 운전 중에 W/G시스템이 정지하면 기화기 중에서 W/G가 결빙하고 일정 온도의 가스를 공급할 수 없기 때문에 W/G펌프의 운전신호와 W/G온도저하 신호, LNG압출밸브 자동정지의 인터록(inter lock)이 필요하다.

또한 기화기 등의 전열코일이 파손된 경우에는 W/G에 가스가 혼입할 수 있기 때문에 W/G 탱크에는 가스검지기를 설치한다.

W/G탱크는 시스템의 운전 시와 정지 시에 W/G의 체적변화를 흡수할 수 있도록 팽창탱크의 기능으로 설치되므로 통상 대기개방형이다. W/G탱크의 설치장소는 W/G에 가스가 혼입되지 않도록 W/G탱크를 압력용기로 해서 질소가스로 승압하여 항상 가스 압력보다 높게 유지한다.

4.7.3 고압용 가스공급시스템(High Pressure Fuel Gas Supply System)

(1) ME-GI 엔진의 연료가스 공급 조건

표 4-3은 ME-GI엔진의 100% 부하 시 연료공급 조건을 표시하고 있다. 천연가스는 45℃, 300 bar G 사양이다. 또한 에탄은 셰일가스 생산 시 함께 생산되며 미국에서는 저가 연료로 주목을 받고 있다. 에탄의 연소에는 400 barG의 압력이 요구된다.

표 4-3 ME-GI와 ME-LGI엔진의 연료공급 조건

	ME-GI		ME-LGI			
연료 종류	LNG	Ethane	Methanol	Ethanol	LPG	DME
공급 압력	300 bar G	400 bar G	8 bar G	8 bar G	40 bar G	30 bar G
연료 상태	Gas		Liquid			
공급 온도	45 ∓ 10℃		2 ~ 60℃			

(2) LNG고압펌프시스템

그림 4-37은 고압펌프를 사용한 연료공급시스템이다. -162℃의 LNG를 고압펌프를 이용하여 액상태로 승압한 후에 기화기에 의하여 가스화하여 ME-GI 엔진으로 공급한다. 그림 4-38은 일본의 Mitsui조선에서 개발한 고압펌프의 외관이다. LNG고압펌프는 여러 공급업체가 있으며 기본적으로 크랭크식 수평왕복동식 펌프를 채용한다. LNG를 승압하는 실린더의 cold end부는 외부로부터 열 침투를 차단하기 위하여 진공자켓을 외부에 가지고 있는 타입이다.

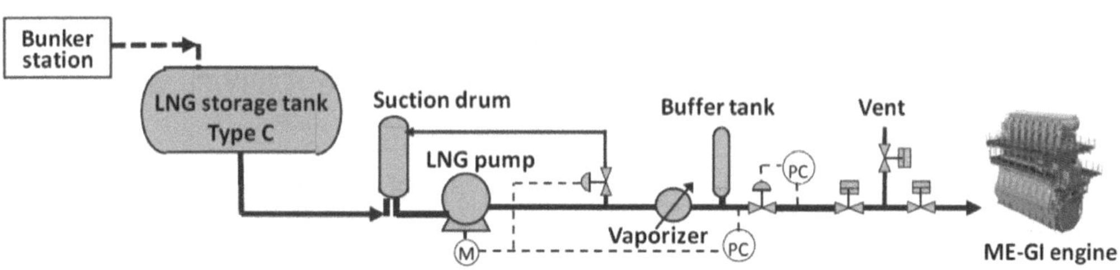

그림 4-37 LNG고압펌프 방식 예

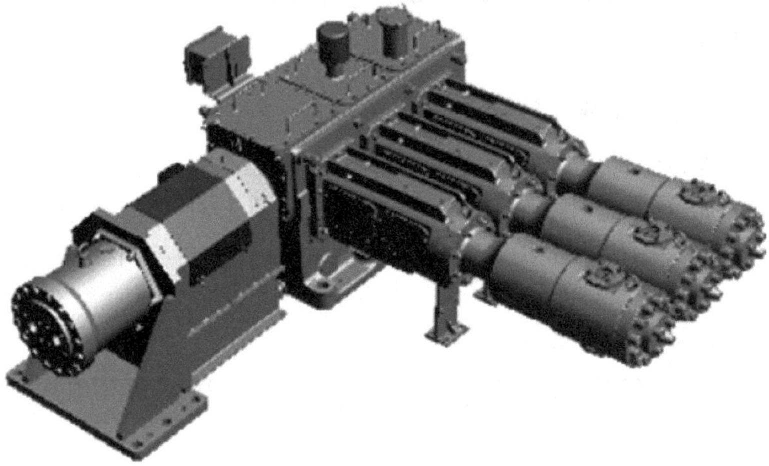

그림 4-38 LNG고압펌프(유압모터 구동방식)

[Source : Mitsui조선]

펌프는 엔진의 필요 압력에 따라 구동모터의 회전수로 토출유량을 조절한다. 모터는 전동모터 또는 유압모터를 사용한다. 그러나 USCG(U.S. Coast Guard)가 요구하는 천연가스연료시스템의 설계기준에 따르면 연료공급시스템이 설치되어 있는 천연가스 펌프실 또는 압축기실은 위험구역(Hazardous area zone 0)으로 구분되어 방폭모터도 포함하여 일체의 전동기를 설치할 수 없다. 이 경우에는 유압모터를 이용하거나 격벽봉인(bulkhead seal)을 이용하여 펌프와 전동모터를 격리해야한다. 펌프의 LNG토출온도는 -140℃ 정도이기 때문에 기화기의 고열원측의 유체에는 동결을 방지하기 위해서 G/W를 사용하는 것이 일반적이다.

IGF Code에는 연료공급시스템의 안전기능으로 엔진의 통상 정지 시 및 긴급 시 연료master valve와 직열로 배치한 2개의 차단밸브 닫고 동시에 이 사이의 가스를 배출하는 breed valve를 배치하는 double block & breed valve (DBBV)의 설치가 의무화되어 있다.

펌프방식은 고압가스압축기를 사용하는 경우에 비하면 소요동력이 적게 드는 것이 유리하다.

(3) 펌프와 기화기로 구성된 LNG연료공급시스템

ME-GI 엔진용의 LNG연료공급시스템은 펌프와 기화기로 고압의 가스연료를 주엔진인 ME-GI 엔진으로 공급하고, BOG compressor 또는 LNG 공급펌프와 기화기로 저압의 가스연료를 DF발전기엔진으로 공급하거나 또는 선박의 종류, 항해의 형태 그리고 선박의 배치 등에 따라 이러한 시스템들의 조합으로 구성하기도 한다.

그림 4-39의 흐름과 같이 LNG연료탱크 속에는 여러 가지 기능을 가지고 있는 LNG펌프가 있다. 이 펌프는 LNG spray system의 일부로 6 barG의 cold LNG를 PVU(Pressure Valve Unit)내 설치된 HP pump로 보낸다.

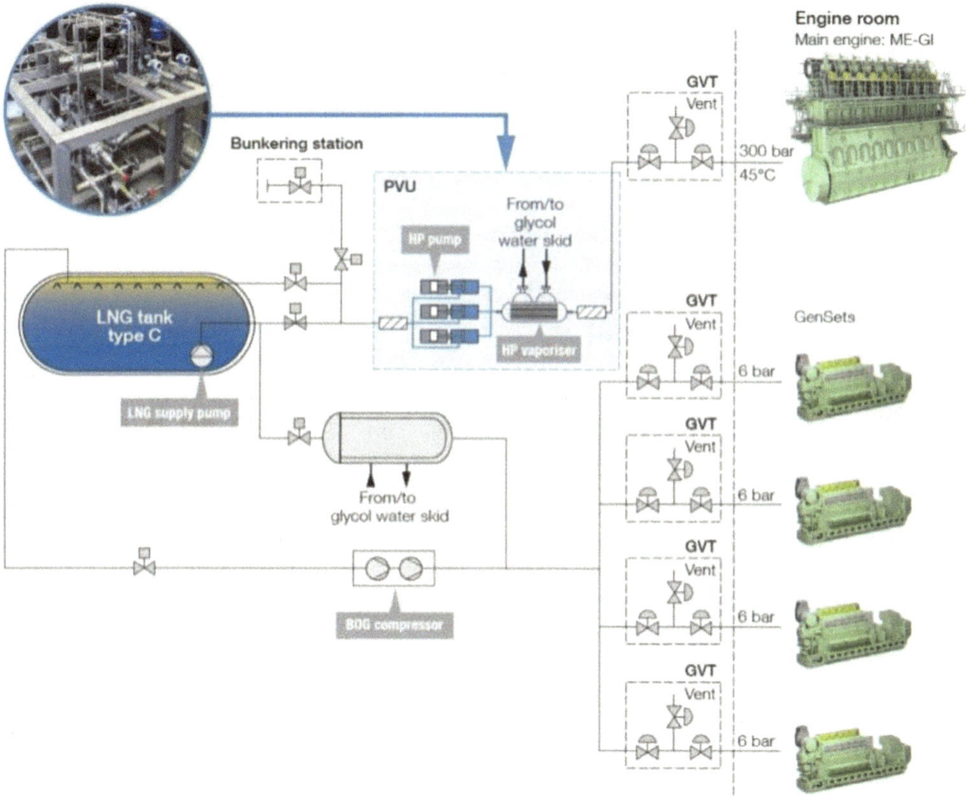

그림 4-39 고압펌프와 기화기로 구성된 LNG연료공급시스템 예
[Source: MAN Diesel & Turbo]

LNG를 기화하는 데 필요한 열은 주기관의 고온 cooling water system으로부터 이용할 수 있다. 그리고 주기관의 jacket water는 glycol water를 가열하고 이 glycol water는 기화기로 보내 cold LNG를 가열할 수 있다. 이 때 LNG 온도는 -162℃에서 45℃까지 상승한다.

그림 4-40에서 보는 바와 같이 LNG 가스연료는 PUV와 소형의 고압 compressor를 거쳐 ME-GI엔진으로 보내진다.

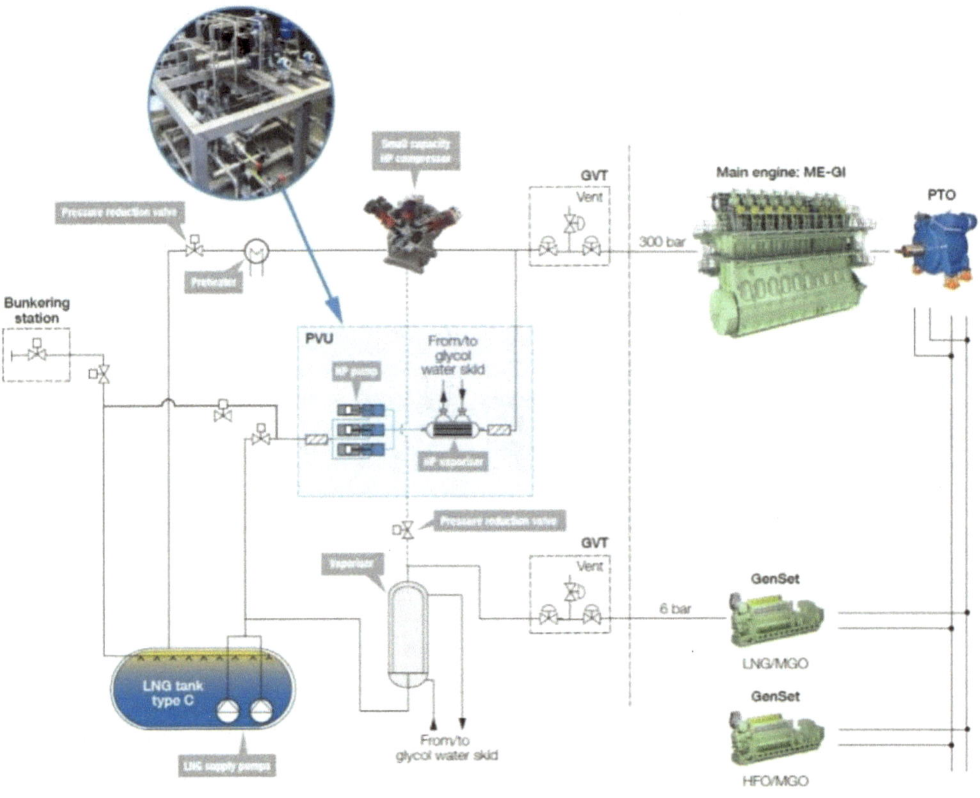

그림 4-40 소형 Compressor로 구성된 LNG연료공급시스템 예

[Source: MAN Diesel & Turbo]

4.7.4 LNG연료탱크의 부속설비

(1) 안전밸브 (Safety Valve)

진공단열방식 탱크에는 conventional type이 사용되고, 외부단열식 탱크의 경우는 conventional type 또는 pilot type 안전밸브를 설치한다. 진공단열방식 탱크의 진공부에도 연료가 유입할 때를 대비해서 vent장치에 연결된 안전밸브를 설치한다.

LNG탱크에는 적어도 2대의 안전밸브를 설치한다. 안전밸브가 고장 시에는 물리적인 인터록에 의해 한 대 만의 안전밸브를 분리하는 것이 IGF Code의 요구사항이다.

즉, 하나의 안전밸브를 분리하여 수리할 수 있도록 하고 있다.

(2) 액면계측장치(Level gauging system)

진공단열방식탱크는 탱크 상부와 하부의 압력 차이를 계측하여 LNG밀도로 액면 높이를 환산하는 간접 방식이 일반적으로 사용된다. LNG 밀도는 온도의 상승과 연료 소비에 따라 변하므로 정확한 값을 파악하기는 어렵기 때문에 액위(liquid level)를 정밀하게 계측하기는 어렵다. 비교적 용량이 큰 진공단열방식탱크의 경우에는 레이더식 액면계를 설치하는 경우도 있다.

외부단열 탱크의 경우에는 LNG운반선의 화물탱크에 사용되는 플로트식과 레이더식의 액면계를 사용하며 항해 중에 플로트를 끌어 올려야 하는 타입은 적합하지 않다.

(3) 과충전 제어(Overflow control)

연료의 과충전 제어는 액면경보장치와 과충전 방지장치가 필요하다. 액면경보장치는 다른 액면지시장치와는 별도로 작동하도록 설치하는 것이 IGF Code의 요건이다.

외부단열방식 탱크의 경우에는 LNG운송선의 화물탱크에 사용하는 플로트식 액면경보장치를 사용한다.

(4) 압력계측장치

현장지시용으로 플로트관식 압력계를, 원격지시용으로 전기식 압력발신기가 사용된다. 압력의 감시 장소에는 연료탱크의 고압경보, 필요에 따라서는 저압경보의 것도 설치가 필요하다.

(5) 온도계측장치

연료탱크에는 온도 계측장치를 설치한다. 육상의 위성터미널의 진공단열식 탱크에는 통상 온도계측장치가 설치되어 있지 않다. 외부단열방식의 탱크에는 공급된 LNG양을 정확히 파악하기 위해서도 온도계측장비가 필요하다.

4.7.5 가스연료공급시스템 배치

(1) 진공단열탱크

그림 4-41과 같이 방식의 탱크는 TCS라고 부르는 스테인리스강제의 상자를 탱크의 외벽에 용접하여 붙인 것이 일반적으로 이용된다. TCS 내에는 탱크 밸브, 가압증발기, LNG주기화기, 가스 heater등이 설치된다.

배관 등의 접속부로부터 누출된 LNG를 TCS 내에 가두어 두기 위하여 이 구획을 구성하는 탱크, 즉 TCS의 구조 재질은 연료탱크와 동일한 재질의 것으로 한다.

연료탱크가 갑판 하부에 설치된 경우는 TCS는 기밀구조(gas tight)로 하여야 한다. TCS로 출입을 개방갑판에서 직접하는 경우에는 탱크와 TCS가 설치된 구획을 비위험장소(non dangerous zone)로 할 수 있다. 단, 비위험장소 내를 통과하는 LNG 또는 가스의 배관은 이중관 구조로 하여야 한다.

그림 4-41 LNG연료탱크와 TCS

[Source : Wärtsilä]

TCS로의 출입을 개방갑판으로부터 직접하지 않는 경우는 볼트 체결 해치(hatch)를 TCS에 설치해야 한다. 이 구획은 위험구역(dangerous zone)로 된다.

연료탱크가 개방갑판상에 설치된 경우에는 TCS의 기밀성은 요구되지 않는다. 다만, LNG누출로부터 선체구조를 보호하기 위하여 drip tray를 설치한다. 그리고 연료탱크에는 물분사 장치(water spray system)를 설치한다.

TCS 내부 bilge well에는 고액면경보, 온도저하경보, 가스검지경보 그리고 화재검지경보 등의 감시시스템이 필요하다. 경보의 종류에 따라서는 탱크 밸브나 가스공급밸브의 자동차단을 시행한다.

Type C bi-lobe LNG 연료 탱크장착 크루즈(Royal Caribbean Int.)

Type B LNG 연료 탱크 장착 컨테이너(TENERE, CMA CGM)

그림 4-42 LNG연료탱크의 갑판하부에 설치 예

[Source : Wärtsilä]

(2) 외부단열탱크

외부단열방식의 LNG연료탱크는 탱크 돔(dome)을 통하여 탱크의 내 외로 배관이 관통하고 이음부로부터 LNG누출 관점에서 탱크본체와 탱크 돔은 다른 구획에 설치한다.

그림 4-43의 모식도와 같이 갑판하부에 설치한 경우에는 연료탱크를 탱크 hold space에 배치하고 탱크 돔은 탱크 hold space의 직상부에 설치된 가스연료 control room으로 연결된다. 가스 control room으로 들어가는 탱크 돔의 관통부는 금속 bellows 등으로 기밀성을 유지한다. 탱크 hold space는 건조공기(dry air)에 의하여 구획 내를 건조(drying) 상태로 유지하여 tank saddle support에는 결빙을 방지한다. 이 구획은 위험구역으로 된다.

가스연료 control room에는 가스압축기, LNG주기화기, 가스히터, W/G펌프, W/G히터, W/G 탱크 등을 설치한다. 이 가스연료 control room은 시간당 30회 이상의 환기를 할 수 있는 배기식 통풍장치를 설치한다.

연료탱크를 갑판 상에 설치하는 경우에도 탱크의 단열재를 보호할 목적으로 밀폐구획에 배치하여 건조공기에 의한 환경제어를 할 필요가 있다. 탱크 돔은 LNG운반선의 화물탱크와 같이 폭로부(weather deck)에 돌출시켜 배치하고 LNG의 누출에 의한 선체의 보호를 위하여 drip tray를 설치한다.

가스연료를 공급하기 위한 가스압축기, LNG주기화기 등은 별도의 장소에 설치하는 가스연료 control room 내에 설치한다.

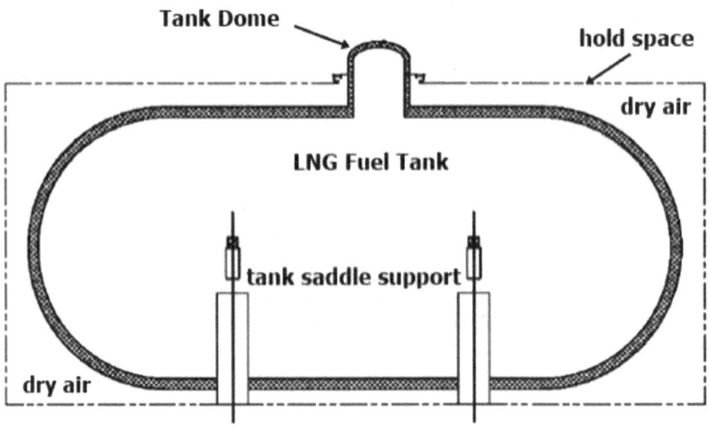

그림 4-43 외부단열방식 탱크 설치 예

4.7.6 벙커링 스테이션(Bunkering Station)

벙커링 스테이션은 외부로부터 LNG연료를 받는 장소이며, 벙커링의 방법에 따라 한 쪽 현 또는 양현에 설치한다. 탱크의 설계압력이 높게 설정되어 있는 경우는 연료탱크 내부의 스프레이관으로 LNG를 살포하여 LNG연료 보급 시 탱크 내의 압력 상승을 억제할 수 있기 때문에 liquid line만 설치해도 된다. 그러나 연료탱크의 설정압력이 낮은 경우는 연료탱크 내의 가스를 연료공급 측에 반송하는 gas return line을 설치해야 한다.

벙커링 작업의 전 후에는 연료공급관의 air purge 또는 gas free를 시행하기 때문에, 이 때 필요한 질소가스는 선박 내 또는 선외 설비로부터 공급된다. 벙커링작업은 안전한 장소에서 원격조작에 의해 제어 가능하며, 그 장소에서 탱크의 압력이나 탱크의 액위 등을 감시한다.

벙커링 스테이션에서부터 연료탱크까지 배관은 거주구나 업무구역을 통과해서는 안된다. 그 외의 안전구역을 통과하는 경우에는 이중관이나 가스밀(gas tight)의 덕트 내에 배치한다. 그러나 LNG 배관은 단열이 필요하며, 단열재의 바깥쪽에 외부관 또는 덕트를 설치한 경우에는 단열재의 점검이나 보수가 어렵게 된다. LNG 배관을 진공단열 이중관으로 하면 좋으나 가격이 비싸고 직경이 커지게 되어 적용하기 어렵다.

이러한 이유로 외관과 내관 사이에 질소가스를 충전하고 외관의 외측에 단열을 시공한 LNG 연료관을 사용한 사례가 있다.

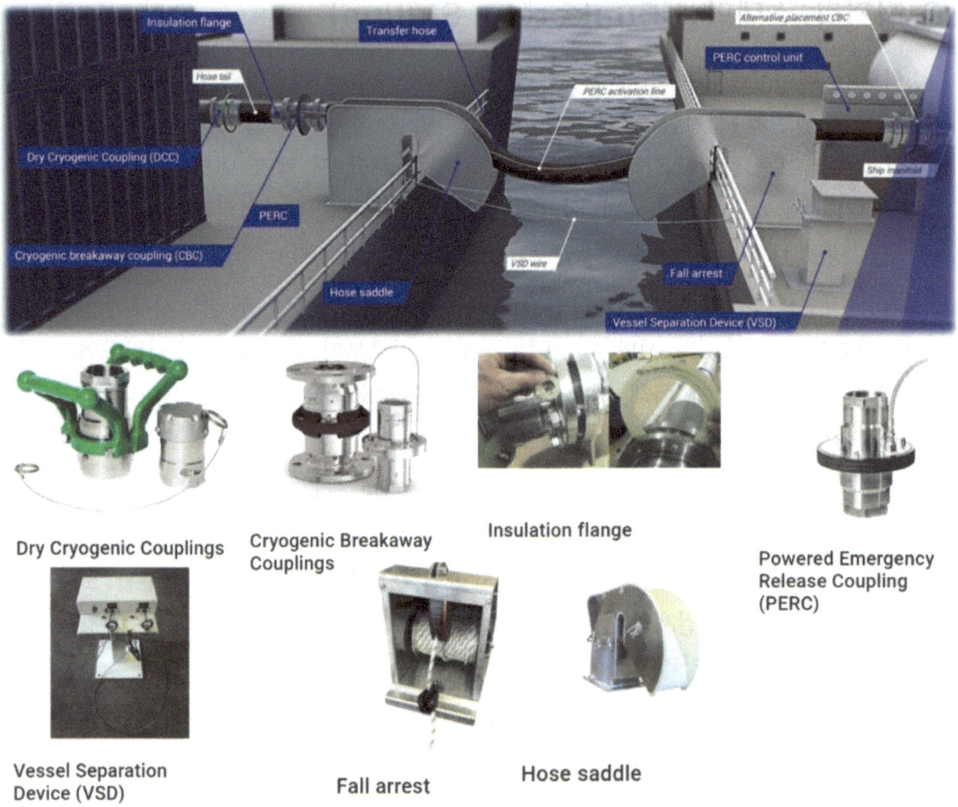

그림 4-44 LNG벙커링 스테이션과 그 설비

[Source: MANTEK]

제 5 장

벙커링
(Bunkering)

선박 연료 탱크에 연료를 적재하는 것은 연료별 특성에 따라 다르며, 특히 저인화점 연료로 구분되어지는 친환경 대체연료는 몇 가지 고유한 차이로 인해 기존 연료유(HFO)를 적재하는 프로세스와 다르다.

첫 번째 차이점은 저인화점 연료 중 하나인 LNG가 증발하는 액체(boiling liquid)로 운반된다는 것인데, 이는 온도와 압력이 액체의 거동에 영향을 미친다는 것을 의미한다.

두 번째 차이점은 LNG는 약 -162℃(-259℉)의 온도에서 극저온의 액체이며, 결과적으로 접촉하는 사람, 일반 철 구조물 또는 배관에 위험하다.

세 번째 차이점은 일반적인 유류 벙커링의 증기는 인화점이 60℃(140℉) 이상이고 배출구를 통해 대기로 단순히 배출되기 때문에 위험구역을 생성하는 것으로 간주되지 않는다는 것이다.

반면에, LNG 증발가스는 제한된 공간에서 폭발성 구름을 형성할 수 있으며 이것은 매우 위험한 것으로 간주된다. 이러한 이유로 벙커링을 할 때 증발가스를 특별히 취급해야 한다.

가스연료 또는 기타 저인화점 연료를 사용하는 선박에 대한 국제 안전 코드(IGF 코드)는 LNG 벙커링 중에 가스가 대기로 배출되지 않도록 규정하고 있다.

벙커링에 사용되는 배관과 밸브는 벙커링 완료 시 남아 있는 LNG를 배출하고 나머지 가스는 질소를 사용하여 제거해야 한다.

닫힌 밸브 사이에 갇혀 파이프에 남아 있는 모든 액체는 비등하고 팽창하여 사용 가능한 공간을 채우게 된다. 그 공간이 작으면 팽창하는 증기로 인해 발생하는 압력이 위험한 수준으로 증가하여 파이프가 파열되거나 밸브가 손상될 수 있다.

LNG 저장 탱크 및 배관 시스템과 같이 천연가스 압력이 상승할 위험이 있는 경우 최종 안전 조치로 초과 압력이 안전하게 해제될 수 있도록 릴리프 밸브(relief valve)가 필요하다. 릴리프 밸브는 증기 방출로 인해 생성된 위험구역이 선박의 작업 영역 근처에 있지 않도록 적절하게 조치해야 한다.

일반적으로 릴리프 밸브(relief vale)는 가스를 모든 중요 영역에서 멀리 보내는 벤트 마스트에 연결해야 한다. 압력 릴리프 밸브의 출구는 일반적으로 가장 가까운 공기 흡입구, 공기 출구 또는 개구에서 거주, 서비스 및 제어 구역 또는 기타 비위험구역 및 기계 설비의 배기 출구로부터 최소 10 m의 거리에 떨어져 위치해야 한다.

LNG는 극저온에서 벙커링이 되므로 특별한 장비와 절차가 필요하다. 사람이 연료와 접촉하면 심각한 동상이 발생할 수 있다. 소량의 LNG가 누출되더라도 보호되지 않은 일반 구조용 강철이 차가운 액체에 의해 취화되어 파손될 수 있으므로 구조적 문제가 발생할 수 있다.

스테인리스강 재질의 드립 트레이, 건식 분리형 커플링 및 분리하기 전에 밀봉하는 특수 호스 연결은 종종 유출을 방지하는 데 사용된다.

ISO 21593:2019, Ships and marine technology에는 액화 천연가스 벙커링용 건식 분리/연결 커플링, 설계, 최소 안전, 기능 및 표시 요구 사항은 물론 인터페이스 유형, 치수 및 테스트 절차, LNG 벙커링 선박, 탱크 트럭 및 해안 기반 시설 및 기타 벙커링 기반 시설에 사용하기 위한 LNG 호스, 벙커링 시스템용 건식 분리/연결 커플링용에 대한 기술 요구 사항을 명시하고 있다.

연료추진선박(receiving vessel)과 벙커링 시설 간의 통신은 항상 중요하지만 LNG를 취급할 때는 더욱 중요하다. LNG 벙커링과 관련된 위험한 상황의 가능성이 더 크기 때문에 IGF 코드에서 요구하는 연료 취급 매뉴얼을 포함한 서면 운영 절차를 벙커링 시설의 책임자와 연료추진선박 간에 준수하고 이해해야 한다.

벙커링 작업장 주변에 보안 및 안전 구역을 설정하여 LNG 위험으로 인한 재산 및 인명 피해 위험을 줄이고 LNG 벙커링 작업에 대한 외부 간섭 위험을 줄이며 LNG 또는 천연가스 방출 가능성을 제한해야 한다.

LNG연료는 저인화점 연료 중 가장 먼저 규칙화(IGF Code)가 되어 있어 관련 실적과 인프라 구축이 잘 되어 있다. 대기압에서 극저온 가스 연료인 LNG는 향후 논의될 친환경 대체연료 특성을 대표한다.

현재 LPG, 암모니아, 메탄올, 수소 등 대체연료에 대한 벙커링 실적은 활성화 되지 못하거나 관련 기술 개발이 아주 미미한 수준이라. 특히 수소 등은 LNG 보다 더 낮은 온도에서 운용되기 때문에 관련 기술 개발이 필요하다.

LNG벙커링에 대한 이해를 통해 대체연료의 벙커링시스템과 안전 기술에 대한 이해도를 높일 수 있어 이번 장에서는 Ship-to-ship LNG 벙커링에 대한 설명을 한다.

5.1 벙커링 시작

벙커링 첫 단계는 연료추진선박의 안전관리 구역(Safety zone)의 활성화 여부의 확인이다. 두 번째 단계는 양 선박 소방장비 점검과 사용 준비가 완료되었는지 확인해야 된다. 세 번째는 벙커링 선박과 연료추진선박 작업자의 보호장비 점검과 사용준비가 완료되었는지 확인이다. 마지막으로 벙커링 준비단계의 목적은 연료추진선박과 공급선박/설비간의 이송시스템의 안전한 연결과 그 확인이다.

두 선박 모두 벙커링 전에 연료 탱크 온도와 압력을 확인해야 하며 이를 벙커 체크리스트에 기록해야 한다. 연료추진 선박 탱크 온도가 벙커링 선박 탱크보다 훨씬 높으면 LNG 등 극저온 연료 이송을 시작할 때 초기 기화가 발생한다. 이렇게 하면 탱크 압력이 증가하고 압력이 설정 한계를 초과하면 압력 릴리프 밸브가 열릴 수 있다.

높은 연료추진 탱크 온도의 경우 벙커링 전에 두 탱크 압력을 줄여야 한다. 벙커링 작업 책임자는 이송을 시작하기 전 두 선박의 온도와 압력 범위가 안전 한계 내에 있는지 확인해야 합니다.

계류삭, 방충재, 윈치 및 기타 계류 장비의 마모 또는 손상 여부를 육안으로 확인한다. 장비 품질과 안전이 의심되는 경우 장비를 교체하거나 계류를 중단해야 한다.

벙커 호스 마모 또는 손상 여부와 호스 표시가 실제 이송 작업에 대해 올바른지 육안으로 점검한다. 장비 품질과 안전에 대해 의심이 가는 경우 벙커호스를 교체해야 한다.

벙커링 대상구역에 대한 기상상황과 교통상황을 두 선박의 승조원은 상시 확인할 수 있도록 통신을 확보해야 한다.

연료추진선박은 페어리드, 계류용 비트 배치도, 수량 정보와 벙커 스테이션까지의 상대적 거리에 대한 정보가 포함된 계류정보를 제공할 수 있어야 하며, 사전에 계류삭과 펜더 수량과 위치 등이 정확하게 표시된 합의된 계류 계획(mooring plan)을 세워두어야 한다.

벙커링 선박과 연료추진선박은 접안 허가를 받은 후 접근 기동을 시작한다. 기상 조건, 파도 높이, 조수 조건, 주변 교통 위치 및 양 선박의 움직임과 관련된 정보는 접근 중에 지속적으로 모니터링 되어야 한다.

조류 등 기상 조건을 고려하여 벙커링 선박은 안전한 방법으로 연료추진선박과 나란히 기동해야 한다. 모든 계류삭이 계류 계획에 따라 연결되고 벙커링 선박이 연료추진선박에 안전하게 고정되도록 하면 계류가 완료된다. 계류삭은 선급 승인을 받은 폐쇄형 페어리드를 통해서만 연결되어야 한다.

벙커링 선박과 연료추진선박 외부 평행면(Parallel body)에 2개 이상 방충재를 설치해야 하며, 안전 조치를 위해 보조방충재(Baby fender)를 추가로 설치할 수 있다. 필요한 경우 계류 안전성 확보를 위해 추가 계류삭을 사용할 준비가 되어 있어야 한다.

계류작업은 벙커링 선박과 연료추진선박에서 급격한 수직이동을 유발할 수 있는 작업으로 인한 안전사고를 엄격히 관리해야 되기 때문에 감독을 받으며 진행되어야 한다.

일반적으로 벙커링 선박에서 연료추진선박으로 벙커 호스를 전달하기 위해 호스 크레인을 사용한다. 호스는 작업이 시작되기 전에 연료추진선박에서 훈련된 인원에 의해 매니폴드에 연결되어야 한다. 각 매니폴드는 전기적 절연을 위해 접지되어야 하며, 연료추진선박은 정전기 축적으로 인한 발화원을 방지하기 위해 커플링 근처에 절연 플랜지(isolation flange)를 장착해야 한다. 커플링이 있는 호스는 전기 아크를 방지하기 위해 연결하기 전에 접지되지 않은 부품에 닿지 않아야 한다.

하나 또는 두 개 플렉시블 호스를 두 선박 사이를 연결한다. 필요한 경우 하나의 액체 충전 호스와 하나의 증기 회수 호스로 구성된다.

LNG 벙커링 호스는 육안으로 건전성을 확인한다. 벙커호스와 그 접속시스템은 찢어지거나 마모 등을 육안으로 검사한다. 결함이 발견되면 벙커링 작업은 취소되고, 호스를 교체한다. 호스는 이송 중 과도한 응력이나 마찰을 방지하도록 지지되어야 한다.(saddle, devit 등)

5.2 벙커링 진행

연료 이송 전 벙커 체크리스트를 작성하고 연료추진선박 책임 운영자가 서명한 후 이송을 시작하기 전에 벙커링 선박으로 반환해야 한다. 서명된 체크리스트는 벙커선에서 3개월간 보관해야 한다. 이 체크리스트에 서명하고 벙커링 선박으로 반환할 때까지 벙커 작업은 시작되지 않는다.

이송 연료 양, 이송 속도, 매니폴드 압력 등이 명시된 문서는 양 선박 책임 사관이 작성하고 서명한다. 이 문서는 위에서 언급한 이전 전 체크리스트와 같이 작성될 수 있다. 서명된 문서는 벙커선박에서 3개월간 보관한다.

문서 확인 후 두 선박 모두 VHF 또는 추가로 확보된 통신망을 통해 준비 신호를 보내 벙커링을 시작할 준비가 되었음을 확인한다.

준비 신호가 주어지고 인가되지 않은 인원이 벙커 구역 밖으로 나오면 사전 합의된 시작 이송 속도에 도달할 때까지 화물 펌프를 작동하고 제어하여 순차적으로 이송량을 증가시킨다.

이때 호스 누출 가능성, 이송 장비 동작과 안전 시스템 기능에 대해 두 선박에서 면밀히 모니터링 해야 한다. 문제 또는 문제가 의심되는 경우 이송작업을 즉시 중단하고 원인 확인과 조치가 수행될 때까지 이송작업을 수행하지 않는다.

초기 이송 속도는 합의된 시간 동안 유지되어야 하며 전송 전 모니터링과 시스템 냉각(cooldown 등 수소, LNG 등 극저온 연료에만 해당)을 위한 시간적 여유를 제공한다. 이러한 절차는 연료 유형에 관계없이 채워지는 각 탱크에 대해 수행되어야 한다.

펌프 시동 순서가 언급 없이 완료되면 화물 펌프는 장비와 시스템에 대한 지속적인 감독과 모니터링 하에 합의된 속도에 도달할 때까지 통제된 방식으로 계속 증가할 수 있다. 이송은 시스템 압력, 탱크 부피 및 장비 거동과 관련하여 양 선박에서 모니터링 되어야 한다. 이 절차는 연료 유형에 관계없이 각 탱크에 대해 수행해야 한다.

화물 이송 펌프는 사전에 합의된 이송량에 도달했을 때 합의된 비율로 감속해야 한다. 탱크를 채우기 위한 최대 수위는 선급과 관련 규칙에 따라 규정되어(LNG는 총 부피의 98%)이지만 일반적으로 시스템 설계상 이유로 더 낮게 설정되어 있다. 연료추진선박 운영자는 필요한 연료량에 도달했을 때 VHF 또는 확보된 통신망을 통해 벙커링 선박에 종료신호를 보내고 신호를 받은 벙커링 선박은 화물 펌프를 정지시킨다.

5.3 벙커링 종료

펌프가 멈춘 후 벙커 호스에 남아 있는 액체는 호스와 매니폴드가 분리되기 전에 배수(drain)해야 한다. LNG의 경우 벙커링 선박에서 나오는 가열된 천연가스 증기를 호스에 고압으로 불어넣어 남아 있는 LNG를 퍼지(purge)한다. 양 선박 매니폴드 연결부에 가장 가까운 밸브는 퍼지가 완료되면 폐쇄한다.

두 매니폴드의 밸브는 호스를 퍼지할 때 닫아야 한다. 먼저 원격 제어 밸브를 닫은 다음 수동 밸브를 닫는다.

연료추진선박 벙커 라인과 증기 회수(vapour line)는 배관에서 액체를 제거하고 밸브를 닫은 후에 분리할 수 있다. 보호 장비(장갑 및 보호복)를 사용하여 연료가 뚝뚝 떨어질 수 있으므로 신속접속해제커플링(QCDC) 커플링을 사용해 분리해야 한다.

호스는 벙커링 선박 호스 크레인에 연결된 후 연료추진선박 매니폴드에서 해체되어야 한다. 크레인은 호스를 벙커링 선박으로 회수하여 지정된 장소에 보관한다.(호스 취급 영역에 날카로운 모서리가 없어야 한다)

SSL(Ship-Shore-Link)과 같은 통신 링크가 있는 경우 연결을 끊고 벙커링 선박으로 반환해야 한다.

벙커링 선박은 책임 사관이 서명한 이송된 연료량과 품질을 명시한 문서 2부를 연료추진선박으로 전달해야 하며, 두 사본 모두 연료추진 선박 직원이 서명해야 한다. 서명된 문서 1개는 벙커링 선박 본선에 보관하고 다른 문서는 연료추진선박에 3개월간 보관한다.

문서 전달을 완료한 후 계류 해제를 시작할 수 있다. 계류삭은 바람과 현지 조건을 고려하면서 책임 있는 사관 감독 하에 해제되고 회수되어 보관된다. 방충재는 벙커링 선박이 연료추진선박에서 안전하게 회수하여 보관한다.

벙커링 선박은 계류 해제 및 이탈 중에 주변 교통상황을 지속적으로 모니터링해야 한다.

연료추진선박은 출발 전 벙커 라인을 불활성화해야 한다. 즉, 불활성화 절차는 호스가 매니폴드에서 분리되는 즉시 시작되어 배관에 가스가 없을 때까지 실행되어야 한다.

불활성화 프로세스는 연료추진선박에서 출항한 후에 수행할 수 있다. 벙커호스를 불활성화시키는 것을 잊는 위험을 피하기 위해 출발 후 10분 이내에 점검해야 하는 항목이 체크리스트에 '불활성화 섹션'이 있어야 하며 불활성화 밸브가 1시간 내에 활성화되지 않은 경우 주 배전반에 경보 신호가 있어야 한다.(권고사항)

벙커링 선박과 연료추진선박은 벙커링 절차가 완료된 후 각 선박에 대해 작성되고 문서화된 단계가 포함된 체크리스트를 가지고 있어야 한다.

5.4 벙커링 종류

여기서는 4가지 전형적인 LNG연료공급 방식에 대해 알아보고자 한다. 벙커링에 걸리는 시간은 벙커링 설비로부터 이송되는 이송률(transfer rate)에 따라 달라진다. 여러가지 펌프 사이즈, 공급 압력 등은 벙커링 환경과 필요에 따라 결정될 것이다. 테스트 절차, 증발가스(BOG 또는 플래시가스) 처리방식, 퍼징(pursing)과 드레인(drain) 방법, 벙커링 전, 후 절차 등과 같은 변수들의 영향이 크다. 표 5-1는 LNG 연료공급방식별 장단점을 비교한 것이다.

표 5-1 LNG연료공급방식별 장단점 비교

방법	장점	단점
Truck-to-Ship(TTS) LNG 탱크로리가 유연한 벙커링 호스를 부두 쪽에서 선박에 연결	• 운영 유연성 • 다른 벙커링 방법에 비해 낮은 인프라 요구 사항 • 다양한 고객 요구에 따라 배달량(트럭 대수) 조정 가능 • 다양한 안전 요구 사항에 대한 적응 가능 • 다양한 LNG 사용자들에 대한 유연한 공급이 가능	• 한정된 용량(약 40~80 m^3)은 여러 대의 탱크로리를 사용한 벙커링 • 제한된 유량(900~1200 l/hr) • 승객 및 화물과 관련된 작업 안전에 중대한 영향 • 벙커링 작업을 수행하는 탱크로리가 있는 부두 쪽에 안전상 제한이 많음 • 벙커링 작업 수행 중인 도로변에 대한 제한(district) (허용, 물리적 제한, 교통 관련 등

방법	장점	단점
Ship-to-Ship(STS) LNG 벙커는 안벽 반대편에 나란히 계류된 다른 선박, 보트 또는 바지선을 통해 연료추진선박으로 인도된다. LNG 공급 호스는 벙커링 선박에서 처리(operation) 한다.	• 일반적으로 화물/여객 취급 작업을 방해하지 않으며 벙커링과 동시 작업(SIMOPS) 수행이 선호됨 • LNG 벙커링, 특히 컨테이너 같이 항만 처리 시간이 짧은 선박에 가장 적합한 옵션 • TTS 방식보다 더 큰 LNG 배송 용량과 더 높은 요금 • 유연한 운영 - 벙커링 선박은 연료추진선박이 계류된 상태에서 벙커링 스테이션과 나란히 할 수 있다.	• LNG 연료 선박/바지선 설계, 조달, 건설 및 운영과 관련된 높은 초기 투자비용 • 특정 LNG 벙커 사업 수명 주기 비용에 상당한 영향 • 항구 제한에 따라 벙커링 선박 크기 제한 • "위험 화물"을 운송하는 것으로 간주되는 LNG 벙커선은 항만 내 내에서 운항하려면 특별 허가가 필요
Shore-to-Ship LNG는 소형 저장 장치(LNG 탱크), 소형 스테이션 또는 수출입 터미널에서 직접 벙커링 한다. 터미널에서 부두 쪽 벙커 스테이션까지 파이프라인은 LNG를 이송 한다. "Pipeline-to-Ship (PTS)"라고도 함	• 대량 LNG를 더 높은 속도로 벙커링 가능 • 안정적이고 장기적인 벙커링 수요가 있는 항구에 적합한 옵션	• 운영 관점에서 LNG 연료 연료추진선박을 터미널까지 인도하는 것은 어려울 수 있음 • 대형 LNG 터미널에 대한 접근성이 어려움 • 소형 저장 탱크에서 배송 가능한 LNG를 계산하는 것은 사전에 체결된 계약이 없는 한 어려울 수 있음
ISO Container-to-Ship ISO 컨테이너형 LNG 탱크를 연료추진선박에 전달해 LNG를 인도할 수 있도록 한다. 연료추진선박에 LNG 연결부가 미리 장착되어 있으면 즉시 LNG 연료를 사용 가능	• 벙커링 작업 중 연결 작업이 간결함 • 호스 핸들링과 기타 연결 등의 작업이 없고 단순화됨 • 잠재적 이점으로 복합운송 가능성 • 복합운송 활용	• 선박 내 연결은 엄격한 안전규정 준수가 필요 • 20~40 m^3 컨테이너는 제한된 양의 LNG • 특수 장치가 설치된 제한된 유형의 선박에만 가능 • LNG 연료 적용을 위한 사전 설치 작업 필요

5.5 Ship-to-Ship 벙커링

많은 양 LNG를 공급할 때 일반적으로 사용하는 방법이다. 현재 건조 중이거나 계획되고 있는 LNG벙커링 전용선박 용량은 약 3,000 ~ 7,500 m^3정도이다. LNG벙커링선은 중소형전용 LNG터미널, 중소형LNG선의 접안이 가능한 국제표준 LNG터미널 그리고 대형LNG선으로부터 Ship-to-Ship에 의한 방식 등으로 LNG를 공급받고 있다.

LNG연료탱크는 탱크의 상부 또는 하부에 LNG주입관을 설치하거나 두 개를 동시에 설치한다. 이 배관을 통해 탱크의 상부(스프레이 노즐) 또는 하부에 직접 LNG를 주입한다. 상부 배관을 통해 LNG를 분무하여 탱크 내 증발가스를 냉각시켜 압력과 온도를 낮추는 역할을 한다.

상부 스프레이관은 초기 연료탱크 냉각(cooldown)용으로도 이용된다. 상부와 하부에 주입관을 설치하면 연료탱크 내에 남은 LNG와 주입되는 LNG를 적절히 섞어 주는 장점도 있다.

LNG는 증발하는 액체이므로 연료탱크 압력은 정박, 운항 또는 벙커링작업 중에도 연료탱크 설계압력을 초과하지 않도록 지속적으로 제어되어야 한다. 압력을 감시하기 위해서 연료탱크 내 가스층에 압력계를 설치한다. 또한 탱크 내에 두 개 안전밸브(pressure relief valve)를 설치하여 비상 시 벤트마스트(vent mast)로 배출한다.

LNG연료탱크 내 온도는 벙커링 중에 변한다. LNG연료탱크에 단열이 되어 있지만 탱크 표면을 통해 지속적인 열 침투가 이루어진다. 특정 연료공급시스템에서는 압력을 가하여 직접 엔진으로 가스를 보내기도 하는데 이때 요구되는 압력을 위하여 LNG 탱크 내에 히팅 코일을 설치하기 때문에 가열할 때 탱크 내부 온도가 상승한다.

가열과 반대현상으로 LNG증발의 냉각효과(cooling effect)도 발생한다. 가스는 탱크 내 가스나 LNG 부피가 줄어들면 그것을 채우기 위해 LNG액체와 증기가 더 낮은 포화온도와 포화압력에서 평행상태를 유지하면서 LNG가 증발한다.

따라서 탱크로부터 LNG가 아주 천천히 소모되거나 소모되지 않으면 탱크 내로 열전달로 인하여 탱크의 온도와 가스의 압력이 증가한다. 반면에 증발가스가 빠른 속도로 소모되면 LNG탱크 온도는 낮아지게 된다. 이러한 현상은 증기 제어 프로세서에 지대한 영향을 미치므로 소모되는 LNG온도와 LNG탱크 내 온도 차이를 아는 것이 매우 중요하다.

연료로 소모되는 LNG와 저장탱크 내 LNG의 서로 다른 특성 때문에 가스 제어는 매우 신중하게 해야 한다. 대부분의 경우 벙커링 시 상대적으로 LNG연료탱크 내의 LNG 온도 보다 더 낮은 LNG를 공급받게 된다. 두 LNG액체의 온도 차가 크게 되면 그것의 포화증기압도 달라질 것이다.

온도가 낮은 공급 측의 LNG탱크와 온도가 상대적으로 높은 연료추진선박 측 LNG탱크의 가스층 공간을 LNG이송 전에 직접 서로 연결하게 되면 연료추진선박 측 탱크는 가스의 응축으로 인해 급격히 압력이 떨어지게 된다.

유사하게 상대적으로 낮은 온도의 LNG(cold LNG)가 온도가 높은 탱크(warm tank)로 이송될 때 LNG가 데워지므로 많은 양의 플래시가스(flash gas)가 발생하기도 한다. 벙커링 시 가스의 제어는 엄중하므로 공급과 연료추진선박 측 시스템의 능력과 LNG탱크 내 환경에 따라 여러 가지 방법으로 처리될 수 있을 것이다.

그림 5-1은 전형적인 LNG벙커링 방법을 나타낸다.

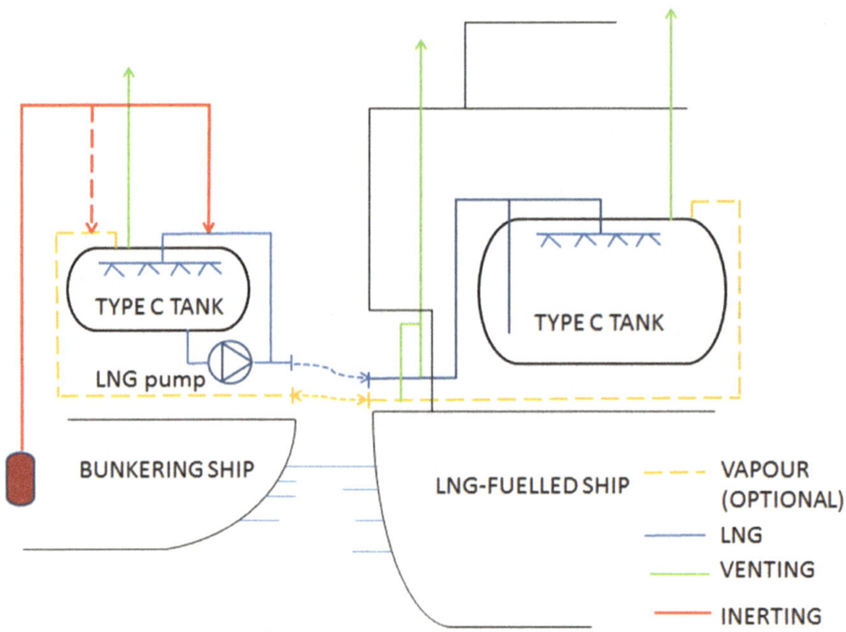

그림 5-1 Type C 압력탱크 간 LNG이송

[Source: Rec. 142-IACS LNG Bunkering Guidelines]

5.5.1 두 탱크가 유사한 온도에서 LNG이송

두 탱크 사이의 LNG온도가 유사하다면 벙커링에 이용할 수 있는 몇 가지 옵션이 있다. 연료추진선박의 LNG탱크가 LNG로 채워지면 LNG는 같은 부피의 가스를 배출하게 된다. 가스는 과도한 압력을 방지하기 위하여 액체로 응축되거나 연료추진선박 탱크로부터 배출될 필요가 있다. 동일하게 LNG벙커링 선박 측 탱크로부터 LNG가 이송되므로 배출된 LNG공간은 부압(vacuum)이 되지 않도록 동일한 부피의 가스로 치환된다.

두 탱크 내부 가스는 가스 회수관(vapour return line)으로 연료추진선박 탱크의 가스를 벙커링 선박 탱크로 회수하므로써 제어할 수 있다.

이것은 두 탱크가 동일한 압력을 가지고 있을 때 또는 압력을 제어할 방법이 있을 때 가능하다. 또 하나의 옵션은 연료추진선박 탱크의 tank top에서 LNG를 스프레이(top spray)하는 방법과 배출되는 가스를 재액화하거나 연료로 소비하여 벙커링 선박 측 탱크압력을 유지하기 위하여(부압방지를 위하여) LNG를 별도로 증발(vaporizing)시키는 것이다.

벙커링 선박 측 탱크내의 LNG온도가 연료추진선박 측 탱크 내 남아 있는 LNG온도보다 낮을 때 두 탱크는 서로 다른 압력을 가질 것이고 가스회수관에 가스제어가 되지 않는다면 가스회수관을 사용하는 것은 일반적으로 피해야 한다.

대안으로 tank top 스프레이 방법으로 연료추진선박 측 탱크에 채워 가스를 냉각하고 응축시켜 압력을 제어하는 것이다.

Bottom fill line은 너무 많은 가스가 응축되는 것을 방지하기 위하여 필요 시 사용할 수 있다. 벙커링 되는 LNG의 양에 따라 그리고 탱크 내 환경에 따라 연료추진선박 탱크 내부 압력을 제어하기 위하여 상기 방법에 더하여 일부 가스를 소비하거나 재액화하기도 한다. 마찬가지로 어떤 경우는 LNG벙커링 선박 탱크 내의 압력을 유지하기 위하여 LNG를 증발시킬 필요도 있다.

벙커링 선박 측 탱크의 LNG가 연료추진선박 측 탱크에 남아 있는 LNG보다 온도가 높을 때, 높은 온도 LNG가 탱크 내에서 급격한 증발을 일으킬 수 있고, 그 결과 탱크 내 압력이 높아질 수 있다. 연료추진선박 측 탱크에 이 압력을 처리하지 않거나 어떤 방법으로 급격히 증가하는 가스를 처리하지 않으면 온도가 높은 LNG를 받을 수 없게 된다. 이것은 벙커링 선박 측의 탱크와 연료추진선박 측 탱크의 환경과 공급시스템과 연료추진시스템의 능력, 벙커링되는 LNG의 양에 따라 달라진다.

이 경우, 압축기는 옵션이다. 벙커링 선박 측에 저압력으로 대기식 탱크(atmospheric tank) 또는 압력식 탱크를 사용하면 일반적으로 압축기가 필요하지 않다(배출펌프를 사용한다). 벙커링 중 많은 양의 플래시가스가 발생하거나 벙커링 선박 탱크와 연료추진선박 탱크 간의 압력차가 가스의 free flow를 허용하지 않는 경우에는 압축기를 사용한다.

5.6 탱크로리와 선박 간의 벙커링 (Truck to Ship LNG bunkering : TTS)

LNG벙커링 작업은 표준 LNG탱크로리로부터 이루어진다.(일반적으로 40 m^3 용량의 것을 사용) 요구되는 벙커용량에 따라 선박당 한 대 이상의 탱크로리가 필요할 수도 있다.

LNG벙커링에 걸리는 시간은 트럭의 이송 능력에 달려 있지만 이송 능력은 상대적으로 매우 작은 편이다. 공용 매니폴더(common manifold) 또는 부두 안벽 쪽에 영구적으로 설치한 버퍼스테이션(buffer station)을 사용하여 여러 대 탱크로리를 동시에 배치하여 벙커링 능력을 증가시킬 수도 있다.

탱크로리를 활용하는 LNG벙커링 방법은 여러 가지 타입 선박과 다양한 지역에서 벙커링 할 수 있는 매우 융통성이 있는 방법이다. 항만 배치 상황에 따라 탱크로리를 LNG연료추진선박에 가까이 주차할 수 있어 이송배관 길이가 짧아지며, 이것은 배관을 통해 LNG로 전달되는 열전달을 최소화할 수 있다. 또한 배관의 압력 저하(pressure drop)와 배관의 손상에 의한 LNG의 잠재적 누출을 최소화할 수 있다.

그림 5-2 탱크로리를 사용한 LNG 벙커링

이 방법으로 이송할 수 있는 가장 적절한 양은 약 200 m^3이하로 인식되고 있으며, 상업용으로 사용할 때 시간이 매우 오래 걸리는 단점이 있다. 때로는 Ro-Ro페리선의 경우 LNG탱크로리를 선박의 주 화물 갑판에서 직접 벙커링을 할 수 있다. 이 벙커링 방법은 기존의 Ro-Ro페리선의 연료유 벙커링에서 나온 것이다.

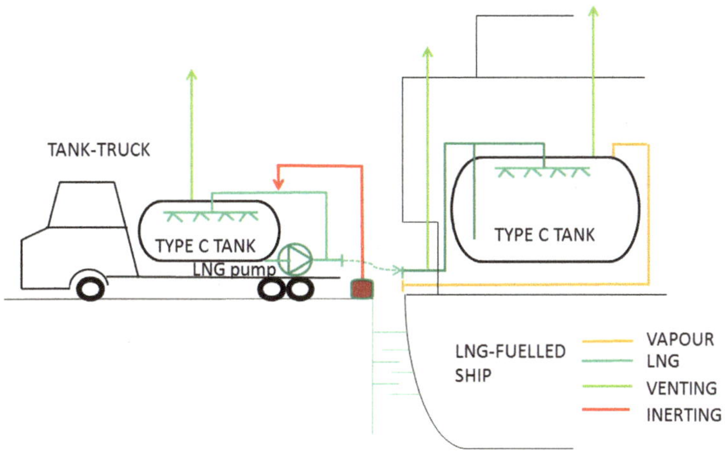

그림 5-3 LNG탱크로리와 선박 간의 LNG이송

[Source : Rec. 142-IACS LNG Bunkering Guidelines]

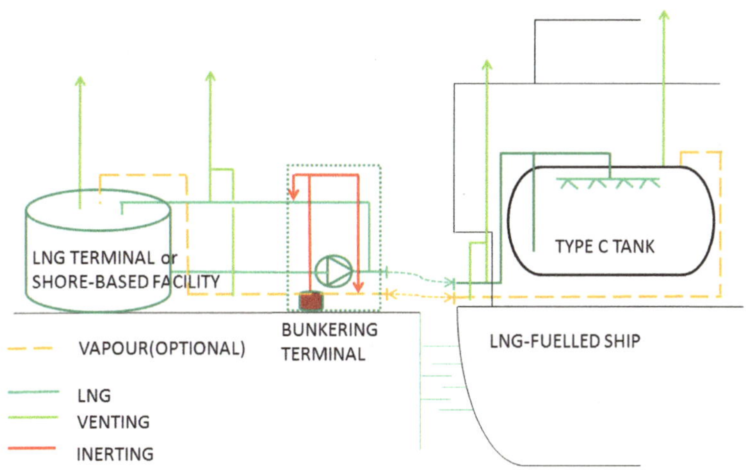

그림 5-4 LNG터미널과 선박 간 LNG이송

[Source : Rec. 142-IACS LNG Bunkering Guidelines]

5.7 LNG터미널과 선박의 벙커링 (Terminal to Ship LNG bunkering)

근거리용 페리나 Ro-Ro페리선 OSV(Offshore service Vessel) 등은 육상에 설치된 벙커링 설비가 사용될 수도 있다. 이 경우 LNG 벙커링은 배관 그리드나 플렉시블 호스, 로딩암 등을 통해서 선박으로 이송한다. 이 경우 LNG 저장탱크는 가능한 한 벙커링 터미널에 가까운 것이 좋다. 또한 비상시 LNG이송을 중단하거나 ESD를 수동으로 작동시킬 수 있도록 사람을 배치해야 한다.

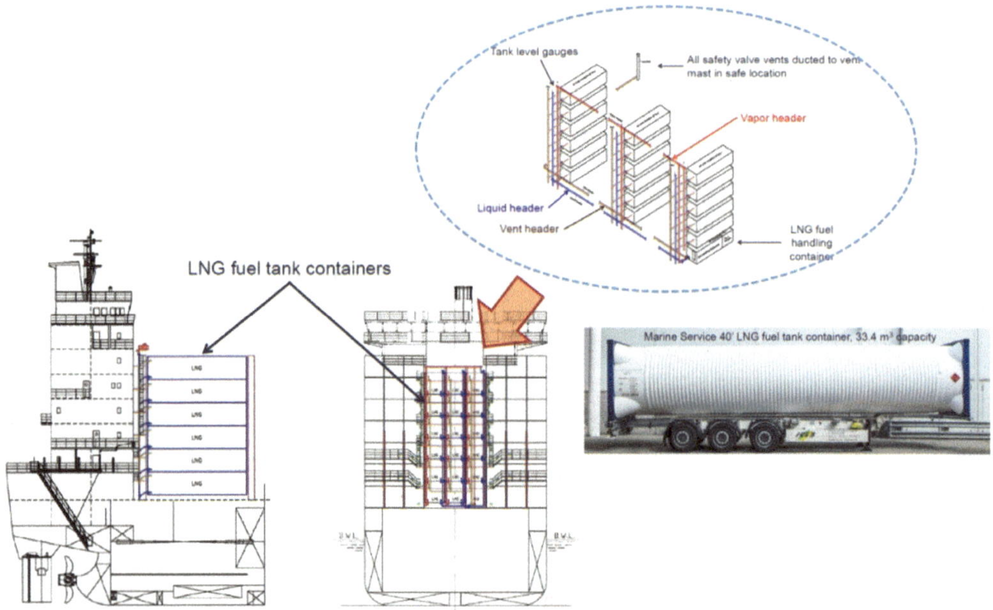

그림 5-5 LNG ISO Tank 장착 선박

[Source : LNG Intermodal Meeting 26. June 2013, Marine Service GMBH]

5.8 컨테이너식 LNG 탱크

이동식 탱크에 의한 벙커링 방법도 사용 가능하다.(IGF Code 18.4.6.3과 18.4.6.4. 참조) 연료추진선박 탱크 내로 LNG이송 대신 연료용 LNG컨테이너를 선박에 적재하여 연료공급을 한다. 각 컨테이너는 엔진에 공급되는 배관, 안전밸브용 벤트마스트로 연결되고 또한 불활성가스공급시스템(inert gas system)으로 연결된다.

Feeder container선박으로 운송되는 ISO LNG컨테이너 탱크의 경우 표준 컨테이너 사이즈는 type C LNG탱크로 이루어져 있다. 연결시스템도 LNG탱크에 부착되어 있다.

페리선 같은 곳에 사용하는 탱크로리는 선박의 갑판 상 특정한 위치, 즉 일반적으로 IMDG[5](국제해상 위험물 운송 규칙에서 규정하는 고정식 가스소화장치 또는 압력 물분사장치가 설치된 화물구역)구역에 고박되고 LNG연료공급시스템에 적절한 호스로 연결된다. 이러한 이동용 LNG연료탱크로 사용되는 특수한 탱크로리와 그 연결시스템은 IGF Code, 국내 관련법 그리고 국제표준에 따라 승인을 받아야 한다.

5.9 LNG 벙커링 시스템

LNG벙커링시스템은 선박에 연료를 공급하기 위하여 벙커링선박, LNG터미널, LNG탱크로리 같은 연료 공급원과 연료추진선박 내 연료탱크를 연결해 주는 장치이다. 벙커링이 끝나면 선박 내 벙커링시스템은 불활성가스로 치환하여 퍼징(purging)하고 운항 중에는 벙커링 장치가 가스프리(gas free) 상태가 유지되도록 한다.

벙커링시스템에서 발생할 수 있는 위험은 벙커링 시에 극대화되며, 이에 따른 안전조치는 연료공급원과 연계되어 조치되어야 한다. 연료공급은 육상 터미널, 육상 탱크로리 또는 벙커링 선박으로부터 이루어진다.

5) The International Maritime Dangerous Goods (국제해상위험물 운송 규칙)

LNG벙커링시스템은 전통적인 연료와 비교할 때 다음과 같은 특성을 가진다.

- LNG벙커링 작업 중에는 연료탱크 내부엔 외부 열 침입으로 인해 대량의 증발가스(BOG)가 발생하게 되고 이러한 BOG 발생은 탱크 내부 압력을 상승시키는 요인이다. 따라서 LNG 벙커링 설비는 LNG연료추진선박 내 BOG를 처리할 수 있는 수단이 없는 경우, 벙커링 중에 발생하는 BOG를 연료공급원으로 보내기 위한 증기 회수관(vapour return line)이 추가로 설치된다.
- 연료 이송장치는 극저온 LNG를 다루게 되므로 기존 Oil 연료에 사용되는 고무 재질 일반 호스는 사용할 수 없다. 극저온에 적합한 재질의 이송관이 설치된 로딩암을 사용하거나, 금속 또는 복합 소재로 제작된 호스를 사용한다.
- 벙커링 시 발생할 수 있는 LNG 누설은 전통적인 액체연료 누설에 비해 누설 경우의 수가 다양하고 안전에 대해 심각한 위험성을 가진다.
- 전통적인 기름과 같은 경질 액체연료 누설의 위험성은 확산에 의한 해양오염에 한정되지만, LNG연료 누설은 작업자 상해(저온화상), 인화성 분위기 조성, 대기오염, 선박구조손상(저온취성파괴) 위험을 야기한다. 따라서, 전통적 액체연료에 비해 LNG연료 공급 장치는 추가적인 안전조치(가스탐지, ESD, ERS 등)가 요구된다.

표 5-2 LNG 벙커링 시스템과 HFO 벙커링 시스템 차이

항목	HFO벙커링 시스템	LNG벙커링 시스템
증기연결구	불필요	필요
누출 위험성	해양오염, 인화점(60℃이상) 이하에서는 발화하지 않음	대기오염, 저인화점연료, 대기온도에서 발화가능
벙커링 중 탱크 압력제어	-	압력도출밸브 증기회수와 처리
연결방식	플랜지	건식 분리 형식의 QCDC(신속접속해제커플링) 또는 플랜지
비상분리	불필요	비상분리장치 필요

5.9.1 시스템 구성

연료이송장치는 LNG연료 공급원으로부터 LNG연료추진선박의 연료 탱크까지 모든 연료이송 장치에 해당되며 일반적인 연료이송장치는 그림 5-6과 같이 구성된다.

플렉시블 호스 또는 로딩암과 같은 LNG 이송장치는 연료공급원에 설치되어 LNG연료추진선박에 연결된다. 따라서 LNG연료 추진선박의 벙커링 장치는 그림 5-6 점선으로 표시한 바와 같이 LNG라인, 증기라인, 그리고 탱크 밸브에서 벙커링 매니폴드 연결부까지이다.

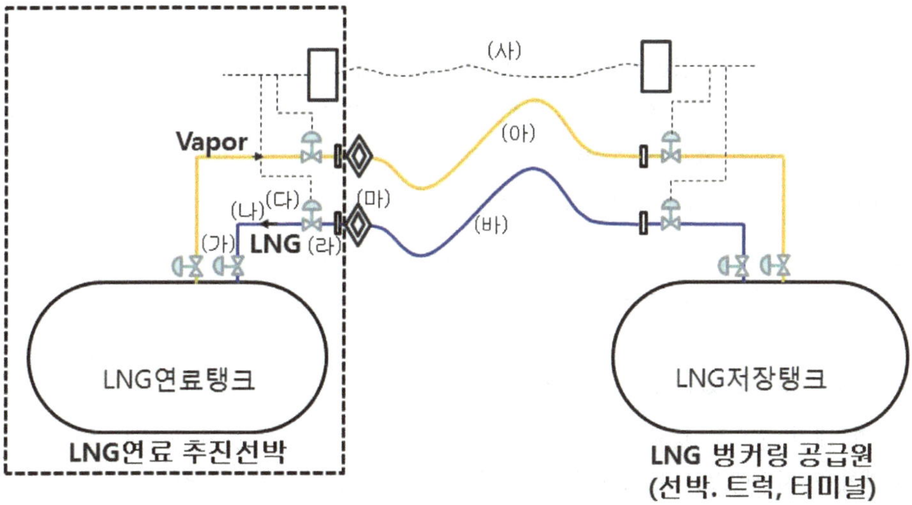

그림 5-6 LNG 벙커링 장치 구성

(1) 연료이송장치(Bunkering equipment) 구성

LNG이송시스템(LNG transfer system)은 LNG연료추진선박 매니폴더와 LNG벙커링선박 매니폴드 사이 LNG이송과 증발가스 처리에 사용되는 모든 장치를 말하며, 다음과 같은 것들이 있다.

증발가스용 압축기나 블로어(blower)는 이송시스템의 설계에 따라 포함될 수도 있으며, LNG벙커링선 압력조절을 위해 사용하는 재액화장치는 LNG이송시스템으로 간주하지 않는다.

- 로딩암과 그 지지구조
- 호스, 스위블(swivel), 밸브, 커플링
- 비상풀림커플링(ERC)
- 절연 플랜지 Insulation Flanges(& electrically discontinuous hoses)
- 신속접속해제커플링(QC/DC)
- LNG 및 가스처리시스템과 그 제어 및 감시시스템
- 통신시스템
- ESD시스템(선박간 또는 선박-육상설비간 링크)

일반적인 연료공급설비(bunkering facility)는 연료 저장설비와 연료 이송설비로 구성되며, LNG연료는 공급 설비에 추가적으로 회수 증발가스(return BOG)를 처리할 수 있는 가스 회수관을 설치할 수 있다.

연결설비는 연료 이송장치를 LNG연료추진선박 벙커링 매니폴드에 연결하기 위한 연결구(connection)를 말한다. 플랜지 또는 QCDC로 구성되며, 어느 방식이든지 분리될 때 LNG가 누설되지 않는 건식(dry type) 구조이다.

건 분리(dry disconnect)는 두 선박간 연결 또는 선박과 육상설비간 LNG 이송시스템 분리 작업 시 적용되는 설비이다. 주 목적은 배관 분리 작업 중 LNG 등의 가연성 가스가 대기 중으로 방출되는 것을 막는다. 건 분리는 분리 동작 전 배관과 시스템 내부 액체를 저장탱크로 보내고 불활성 가스로 관 내부를 채운 후(inerting), 시스템을 분리하거나 연결한다.

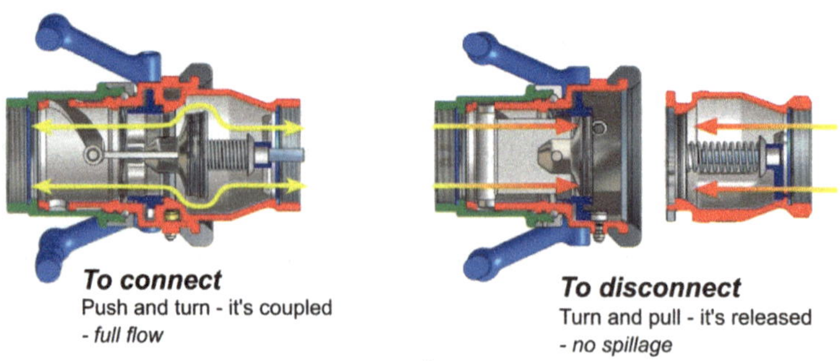

그림 5-7 Dry Disconnect Coupling(DDC)

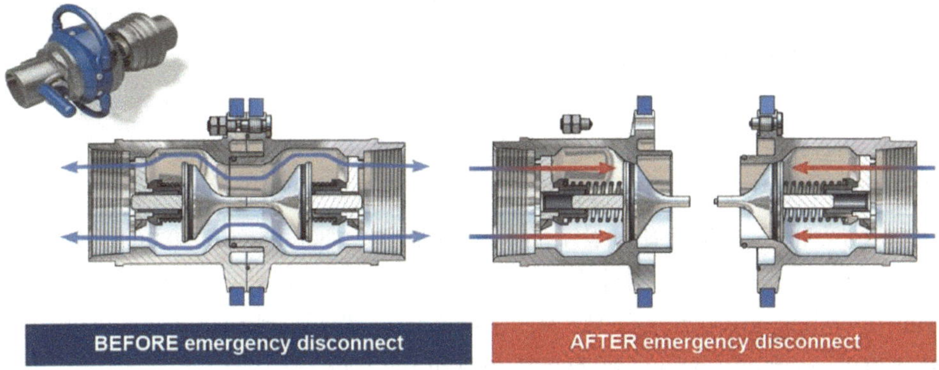

그림 5-8 Breakaway Coupling

[Source: DIXON VALVE]

그림 5-9 Hydraulic Emergency Release Coupling

[Source : KLAW LNG]

선박이탈커플링(Breakaway Couplings : BRC)는 LNG이송설비 끝단에 장착되는 안전커플링이다. 설정 하중 또는 거리를 벗어나면 자동적으로 먼저 차단밸브가 닫히고 선박과 연결된 이송관이 분리된다. 축력와 전단력 값을 확인해야 한다.

비상풀림커플링(emergency release coupling: ERC)는 매니폴드와 이송장치 보호를 목적으로 설정 이상 하중이 작용하면 자동으로 이탈되는 커플링이다. ERC는 일반적으로 ESD-stage 2 시스템과 연결되고, 미리 설정된 힘보다 과도한 힘이 걸리거나 비상시 수동 또는 자동제어에 의해 작동된다.

로딩암과 호스에는 비상연결해제 시 LNG의 누출을 최소화되도록 ERC가 설계되고 설치되어야 한다. ERC는 수동 또는 자동 작동이 가능하고 이송시스템의 작동 범위를 넘어서면 자동 분리되어야 한다.

ERC 커플링은 조류, 파고 그리고 풍속 등이 가장 수용할 수 있는 나쁜 환경을 기초로 설계되고 설치되어야 한다. ERC 시스템은 최대허용작업범위를 초과하면 ERC 시스템이 작동한다. 호스의 연결부 끝에 건식 분리형(Dry disconnecting type) 커플링이 설치되면 ERC 작동 이후에 벙커시스템의 서지압력을 피하기 위한 수단이 있어야 한다. 'Full operating instructions', 테스트, 검사 스케줄, 필요한 레코드 그리고 제한조건 등이 선박의 operating manual에 상세히 기재되어야 한다.

수동 작동방식 ERC가 설치되면 ERC 원격제어 수단이 연료추진선박과 공급설비 양측의 육안으로 모니터링 할 수 있는 적절한 보호구역 내에 위치하여야 한다.

호스와 그 지지구조가 결합된 시스템은 ERC의 분리 후에 이송용 호스를 제어하고 처리할 수 있는 능력을 가지고 있어야 한다. 더불어 ERC의 해제로 인한 충격을 흡수할 수 있어야 한다. 이 시스템은 가능한 한 호스, 호스지지구조, 커플링 등이 선박의 선체나 벙커링 설비 금속구조와 접촉하지 않도록 하여야 하고, 접촉 부위에서 스파크 위험, 인명이나 기계 손상이 없어야 한다.

가스 회수관(vapour return line)은 벙커링 시에 발생하는 대량 증기는 탱크 압력을 상승시키므로 저장탱크 형식과 선내 BOG처리 장치 유무에 따라 증기를 회수하는 장치가 필요할 수도 있다. 통상 플렉시블 호스 또는 로딩암이 사용된다.

가스 회수관은 LNG연료추진선박과 LNG벙커링설비를 연결하는 배관설비로 벙커링 작업 중 과도하게 발생한 증발가스를 LNG벙커링선박 화물탱크로 회수하거나 태우기 위해 소각기(GCU)로 보내는 배관설비를 말하며, LNG연료탱크 압력조절에도 사용된다.

대기압 탱크(atmospheric tanks)는 LNG 저장압력이 대기압(1atm)인 저장 탱크로 IGC code 또는 IGF code에 명시된 type A, type B 그리고 멤브레인 탱크이다.

비상풀림시스템(emergency release system : ERS)는 그림 5-10과 같이 LNG공급 작업 중 신속한 분리를 통해 두 선박을 안전하게 분리할 수 있도록 한다.

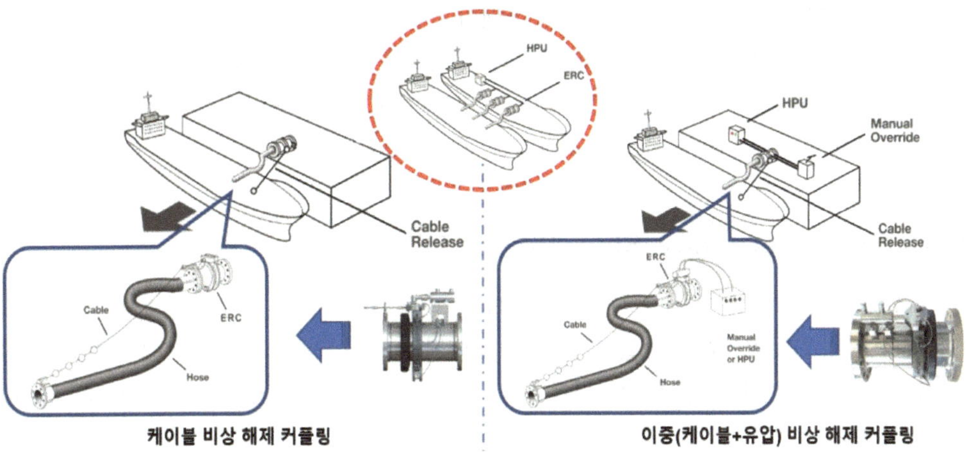

그림 5-10 Emergency Release System

[Source : KLAW LNG]

선박분리 감지설비(vessel separation detector :VSD)는 LNG누출로 인한 인명과 선박 손상 최소화를 위해 비상분리 커플링(Emergency Release Coupling :ERC)이 벙커링 매니폴드 끝단에 설치되어 있다. 이 ERC는 선박분리 감지설비(VSD)와 본선에 설치된 manual push button에 의해 작동한다. 선박분리 감지설비는 그림 5-11과 같이 벙커링 동안 벙커링 선박과 연료추진선박의 불안정한 흔들림(drift)을 감시하는 장치로써 VSD가 벙커링 선박 벙커링 매니폴드 설치부 측면 선수와 선미부에 각각 1개씩 설치된다.

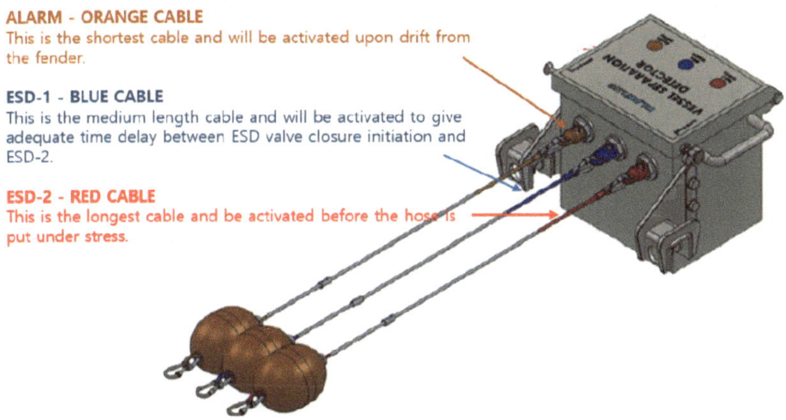

그림 5-11 선박 분리 감지 설비

과도한 선박 드리프트(drift)로 인해 오렌지 케이블이 빠지면 전체 벙커링 시스템에 알람이 울리고 청색 케이블이 빠질 정도의 드리프트 발생 시 LNG 이송작업이 중단되는 ESD-1이 진행된다. 마지막으로 선박 거리가 벙커링 케이블과 작업에 위해를 가할 정도가 되어 붉은색 케이블이 빠지면 ESD-2가 진행되어 비상분리 절차가 진행 된다.

(2) 비상차단(Emergency Shut-Down: ESD)

"비상차단(Emergency Shut Down system)" 주요 목적은 벙커링 과정에서 가스 누출이 발생할 경우 폭발 위험을 줄이기 위해 점화원을 차단하는 것이다. 이 프로세스가 작동되면 연료추진선박 사용자 매뉴얼에 따라 연료추진선박에 대한 벙커링 프로세스는 종료된 것으로 여겨진다.

연료추진선박에 탑재된 가스 시스템은 가스 연료 선박용으로 제공되는 것이다. 이것은 선박 및 가스 시스템이 가스 감지, 화재 감지, 환기, 이중 배관 등과 같은 모든 측면에서 가스연료추진선박에 적합함을 의미한다. 선박 전원 관리, 이중화 및 제어 시스템은 기존 선급 요구 사항에 완전히 포함되어 안전하게 건조되고 운영된다.

벙커링 선박은 gas carrier이다. 전용 가스 시스템은 오늘날 가스 연료 선박과 LNG 운반선용으로 인도되는 가스 시스템이 포함되는 것으로 판단 할 수 있다. 가스 시스템은 가스 감지, 화재 감지, 환기, 이중 배관, 트렁크 등 모든 측면에서 액화 가스 운반선에 대한 선급 규칙을 준수하고 있다.

위험한 상황에서 관련 시스템은 "ESD" 비상종료 시스템"에 의해 종료된다. 시스템 목표는 벙커링 과정에서 가스 누출 시 폭발 위험을 줄이기 위해 점화원을 제거하는 것이다. 제어되지 않은 저온 LNG 누출은 인명과 구조적 손상을 유발할 수 있다. 가스 탐지기와 환기 장치가 있는 가스 위험구역을 가지고 있는 연료추진선박과 벙커링 선박 모두가 비상종료에 대한 계획을 가지고 있다. 다음은 ESD 작동(벙커링 프로세스 종료)을 시작 요건이다.

- 압력
- 흐름
- 온도
- 계기 압력 손실

- 전기 손실(black out)
- 펌프 고장
- 가스 감지
- 화재 감지
- 환기
- 제어 범위를 벗어난 연료추진선과 벙커링 선박의 표류
- 인위적인 중단(manually activated/initiated shutdown)

가스 시스템은 선박 통합자동화 시스템 IAS(Integrated Automation Systems) 시스템에 의해 제어 및 모니터링 된다. 이러한 시스템은 일반적으로 조타실 및 엔진 제어실에서 독립적으로 모니터링 및 제어할 수 있다(독립적인 ESD 패널도 있다) 연료추진선박의 벙커 스테이션에는 비상정지 버튼이 있다. 연료추진선박과 벙커링 선박은 전송 인터페이스에 의해 시작되는 것 외에 ESD 종료를 시작하는 독립적인 ESD 자체 작동 프로세스를 가지고 있다.

ESD는 ESD-stage 1과 ESD-stage 2 이렇게 두 단계로 진행된다.

ESD-stage 1 (LNG 이송 작업 중단)의 경우, LNG탱크 압력(고압/저압) 경보, LNG연료추진선박과 LNG벙커링 설비와 두 선박 간 과도한 이격을 감지하도록 설계된 케이블 또는 다른 수단들로부터 신호가 있을 때, 다른 운용 시스템으로부터 경보가 있을 때 LNG이송 작업을 중단시키는 것이다.

ESD-stage 2 (연결 장비 분리)의 경우, 이송시스템을 분리(de-coupling)하는 것으로 LNG연료추진선박과 LNG벙커링 설비와 두 선박을 분리시킬 때 작동하는 것이다. 분리(de-coupling) 메커니즘은 LNG이송관 내 LNG를 수용할 수 있도록 고안된 신속차단밸브(quick closing valve)가 장착된다.

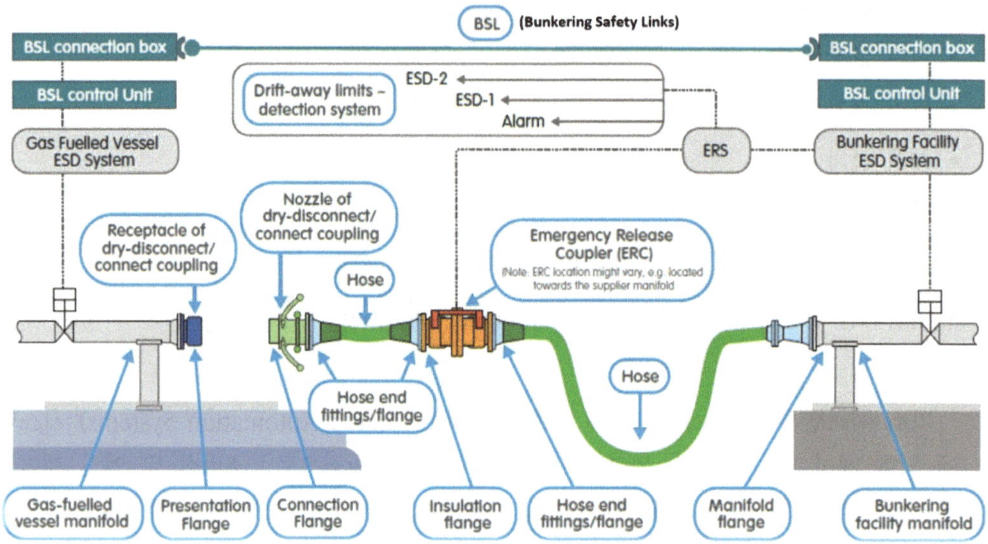

그림 5-12 LNG transfer system

[Source : SGMF]

(3) 기타 LNG벙커링 관련

- IAPH(international association of port and harbours)

  국제항만협회

- IGC Code(international code for the construction and equipment of ships carrying liquefied gases in bulk)

  산적 형태의 액화가스를 운송하는 선박의 구조와 장비에 관한 국제코드, 적용대상은 총톤수 500톤 미만의 선박을 포함하여 선박의 크기에 관계없이 섭씨 37.8도의 온도에서 증기압력이 절대압력 2.8 bar를 넘는 액화가스와 Code 제19장에서 정의하는 기타 제품을 산적으로 운송하는 선박에 적용된다. 주요 내용은 액화가스를 운반하는 선박 안전을 확보하기 위해 손상복원성 기준, 화물창의 배치, 화물창 Type, 건조자재, cargo pressure control method, 방화설비 등에 대해 정리하고 있다. IMO RESOLUTION MSC.370(93)

- **IGF Code(the international code of safety for ships using gases or other low-flashpoint fuels)**

  IGF Code는 저인화점 연료 또는 가스를 연료로 사용하는 선박의 안전에 관한 국제 규정이다. 저인화점 연료를 사용하는 선박의 디자인, 건조 및 운항을 위한 기초를 형성하는 각 섹션에 지정된 목표 및 기능적 요구사항과 함께 이런 형태의 연료 사용에 대한 특별한 고려를 필요로 하는 모든 영역을 다룬다. IMO RESOLUTION MSC.391(95)

- **최대허용 설정압력(maximum allowable relief valve setting : MARVS)**

  압력용기의 제작두께를 기준으로 하여 계산된 허용 가능한 최고 압력

- **담당자(person in charge : PIC)**

  벙커링 작업 전체 운영을 담당하는 사람

- **벙커링설비조직(bunkering facility organization : BFO)**

  벙커링 설비 운영을 담당하는 조직으로 일반적으로 벙커링 선박을 운영

- **개인보호장구(Personal Protective Equipment : PPE)**

  극저온 LNG 접촉 시 모든 유기 조직은 부상을 일으킬 수 있다. 그로 인한 부상은 고온 상처와 유사하며 종종 "저온화상"이라고 한다. 피부가 LNG 자체와 직접 접촉하거나 LNG 작동/활동 중 과냉각된 장비/호스 라인과의 접촉을 통해 피부가 부상당할 수 있다. 극저온 액체로부터 보호하도록 설계된 개인보호장비(PPE)는 LNG작업 시 항상 착용해야 한다. LNG를 분배하고 취급하는 모든 작업자에게는 보호복, 고글과 장갑이 제공되어야 한다.

- **연료추진선박운용사(Receiving Ship Operator : RSO)**

  연료추진선박 운용사는 벙커링 작업 시 연료추진선박의 운용을 맡고 있는 선박회사

- **플래시 가스(flash gas)**

  LNG이송 중에 마찰이나 압력저하에 기인하여 높아지는 온도 때문에 LNG연료추진선박의 LNG연료탱크 내에 급격히 생성되는 증발가스

- **SIGTTO (Society of International Gas Tanker and Terminal Operators)**

  가스 탱커 및 터미널의 안전성과 운영 신뢰성을 향상시키기 위해 업계 구성원 간의 기술 정보와 경험을 교환하기 위해 설립된 국제 가스탱커 및 터미널 운영자협회

- **STCW (International Convention on Standards of Training, Certification and Watchkeeping for Seafarers, 1978)**

  항해 상선 및 대형 요트 선장, 사관 및 당직 직원에 대한 최소 자격 기준을 설정하는 선원훈련, 자격증명 및 당직근무에 관한 협약

5.9.2 가스연료공급시스템 필요성

LNG벙커링 정의는 LNG를 가스엔진 또는 이중연료엔진으로 추진하는 선박에 연료로 공급하는 것이다. LNG벙커링은 기본적으로 항만 내 또는 해상에서 이루어진다.

선박을 운영하는 선주나 용선주는 LNG연료 장점과 관련해 높은 관심을 가지고 있으며, LNG연료추진선박 연료 사용을 세계적인 추세로 인식되고 있다. 그러나 풀어야 할 과제도 적지 않다.

천연가스는 현재 이용할 수 있는 연료 중에 가장 깨끗한 연료로, 보일러나 엔진으로 연소해도 SOx, NOx, CH_2 그리고 PM 등 유해물질을 석유보다 월등히 적게 배출하므로 환경오염에 대한 규제를 만족한다. 그리고 세계적으로 매장량도 석유보다 많은 것으로 알려져 있다. IEA(International Energy Agency)는 LNG를 앞으로 250년 동안 사용할 수 있을 만큼 충분한 매장량이 있다고 한다.

LNG를 연료저장 탱크에 적재하는 것은 천연가스의 특성 때문에 기존 연료유와는 다른 프로세서를 가지고 있다. 첫째 LNG는 비등점 액체이기 때문에 운용과 보관을 위해 온도와 압력 관리에 많은 주의를 해야된다. 둘째 LNG는 -162℃ 극저온 액체이다. 따라

서 인체나 선박 구조 또는 배관 계통과 접촉하면 손상의 위험성이 있다. 마지막으로 기존 연료유에서 발생하는 증발 가스는 flash point가 60℃ 이상으로 가연 및 폭발 위험구역을 형성하지 않아서 간단히 대기중에 배출하면 문제는 없으나, LNG 증발 가스는 폐위된 구역에서 폭발성 구름을 형성할 수 있으므로 위험하다.

이러한 LNG 특성 때문에 벙커링을 할 때 LNG와 그 증발가스에 대한 특별한 관리와 처리가 요구된다.

LNG저장 탱크에 LNG를 적재하는 방법은 적재 중에 발생하는 LNG증발가스를 탱크에 축압(pressure built-up)하여 저장하거나, LNG벙커링 선박 또는 터미널로 돌려보내는 것으로 개발되어 왔다. 그리고 적재가 완료된 후 이송관에 남은 LNG는 저장탱크로 배출(drain)하고, 나머지 가스는 질소가스를 이용하여 제거하여야 한다.

폐쇄된 배관 내에 남아 있는 LNG는 증발하고 팽창하여 공간을 채우게 된다. 만약 이 공간이 작으면 증발가스 압력이 위험한 수준까지 증가하여, 배관을 파손시키거나 밸브에 손상을 준다.

LNG저장탱크, 배관시스템 같은 압력이 증가할 우려가 있는 곳에는 안전밸브를 설치하여 과도한 압력을 방출하여 보호한다. 안전밸브 배출구는 작업구역에 위험구역을 만들지 않도록 작업구역에서 적절히 떨어진 곳에 설치한다.

LNG는 극저온 상태로 적재된다. 그래서 특별한 장비와 절차가 필요하다. 선박의 작업자가 LNG와 접촉하면 동상을 입게 되고, 작은 양의 LNG 누출에도 선체구조에 심각한 손상을 일으킬 수도 있다.

스테인리스 강재 소재로 제작된 드립 트레이(drip tray), break-away coupling, 연결해제 전에 봉인되는 특수 호스연결 장치(dry disconnect coupling) 등이 LNG 누출방지 또는 승조원과 선박을 보호할 수 있도록 설치된다.

LNG 연료추진선박(receiving ship)과 벙커링 설비 또는 선박 간의 통신은 언제나 중요하지만, 벙커링 작업 중에는 위험요소가 잠재해 있기 때문에 중요하다. 그래서 벙커링 작업은 작업자는 설비나 선박을 잘 이해하고 적절한 절차에 따라 진행해야 한다.

벙커링작업구역 주변은 보안구역과 안전구역을 설정을 통해 LNG 또는 가스의 누출 확산으로 위험상태가 확대되어 가는 것을 사전에 막고 작업자, 관련설비 및 선박을 LNG위험으로부터 보호해야 한다.

5.10 LNG벙커링시스템 요건 (LNG Bunkering System Requirement)

5.10.1 적재 제한(Loading limitation)

LNG벙커링은 LNG 공급 온도와 압력, 연료탱크의 부피와 잔류 LNG 연료량 등의 영향으로 적재가 제한될 수 있다.

벙커링 온도(Loading temperature)는 대기압 하에서 천연가스는 -162℃에서 액화된다. LNG의 온도가 올라가게 되면 증기압은 올라가고 LNG의 밀도는 낮아진다. 이런 물리적 변화가 저장탱크의 용량이나 압력 등에 영향을 미치기 때문에 벙커링 작업 전에 면밀히 고려되어야 한다.

LNG 탱크 적재는 IGF Code에서 정하는 최대허용용적까지로 제한된다. 이것을 적재한계(filling limit)라 하며, 탱크의 기하학적 부피의 %로 나타낸다. 이 filling limit는 loading limit와는 다르다. 최대허용 적재용적(maximum filling limit)은 MARVS 설정압력에서의 LNG 기준온도(reference temperature)에서 탱크의 기하학적 용적(volume)의 98%이다. 더 많이 적재하려면 "case by case"로 선급의 승인을 받아야 한다. 참고로 MOSS Type의 LNG 운송선은 99.5% 까지 적재가 가능하도록 선급의 승인을 받았다.

기준온도(reference temperature)는 안전밸브의 설정압력에서 LNG의 포화증기압에 해당하는 온도가 된다. 예를 들면, 안전밸브가 0.7 barG에 설정되어 있으면 reference temperature는 -154.7℃가 된다. 이 온도는 천연가스가 0.7 barG의 압력에서 액의 상태로 존재하는 온도이다.

적재제한(loading limit)은 연료탱크에 적재할 수 있는 액의 부피이다. 이것은 기하학적 탱크 부피의 백분율(%)로 나타낸다. 이 limit는 loading temperature와 filling temperature에서의 각 밀도(density)의 비율에 따라 달라진다.

LNG추진선의 loading limit는 보통 연료탱크의 type이나 안전밸브 설정값 등에 따라 85~95% 범위에 있다.

Loading limit에 미치는 온도와 압력의 영향은 loading limit와 관련하여 압력과 온도의 영향을 이해하기 위해서는 우선 LNG와 증발가스가 연료저장탱크에서 연료로 쓰이지 않은 상태를 생각해 보면 된다. 이 경우에 LNG탱크는 폐회로 시스템으로 포화상태(saturated condition)가 된다. 즉 액체(liquid)와 증기(vapour)가 평형상태에 있게 된다. 탱크에 단열을 했더라도 어느 정도의 열은 탱크 안으로 침입하게 되어 액체와 증기 온도는 상승하게 된다. 반면에 액체와 증기는 포화상태로 유지된다.

벙커링 전에 탱크에 남겨진 LNG의 양을 일반적으로 잔여량(heel)이라고 부른다. 이 적은 양의 LNG는 벙커링(refill) 전에 LNG탱크를 저온상태로 유지하기 위한 것이다. 필요한 heel의 양은 벙커링과 항해 스케줄, 엔진의 가스소모량, 외부로부터 열침입량, 선박의 운동, 탱크의 크기 그리고 형상 등을 고려하여 계산된다. 초기설계 단계에서는 대략 5%정도로 가정한다.

온도가 상승하면 액체의 밀도는 낮아진다. 만약 탱크가 꽉 차게 되면 증기가 차지하는 공간이 좁아지게 된다. 액체의 밀도가 낮아져서 그 부피가 증가하면서 증발가스가 차지하는 공간의 부피가 줄어든다. LNG의 온도의 변화로 인한 이 가스층의 공간이 줄어 결국 증발가스의 압력이 상승하게 된다.

만약 탱크 온도가 허용한도를 초과하면 증발가스 압력은 안전밸브가 열릴 때까지 증가하게 된다. 이때 온도가 reference temperature가 된다. reference temperature에서 LNG의 밀도가 loading temperature에서 밀도보다 더 낮기 때문에 loading limit는 언제나 filling limit보다 낮게 된다.

MARVS를 높게 설정하면 LNG의 reference temperature는 증가하는데, 이것은 탱크의 안전밸브가 열리는 압력에 도달하는 시간을 늘리는 이점이 있다. 그러나 reference temperature가 높기 때문에 그 온도에서의 LNG의 밀도는 낮아지게 되고, loading temperature와 reference temperature간의 온도 차는 MARVS를 낮게 설정했을 때보다 더 커지게 된다.

다음 그림 5-15, 5-16은 초기 loading 상태와 시간이 흐른 후 filling limit에 도달한 상태를 예로 표시하였다.

안전밸브 압력을 높게 설정할 수 있는 압력식 탱크가 오랜 시간 더 온도가 올라간다(warm-up)는 것이다. 그러나 압력식 탱크의 loading limit는 훨씬 낮다는 것이다. loading limit를 낮게 해야 holding time이 길어지게 된다.

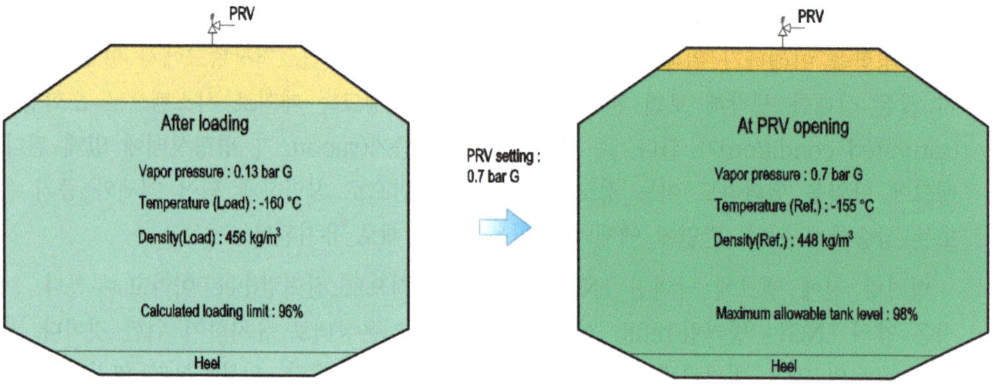

Loading Limit 상태 Filling Limit 상태

그림 5-13 저온식 탱크 Loading Limit

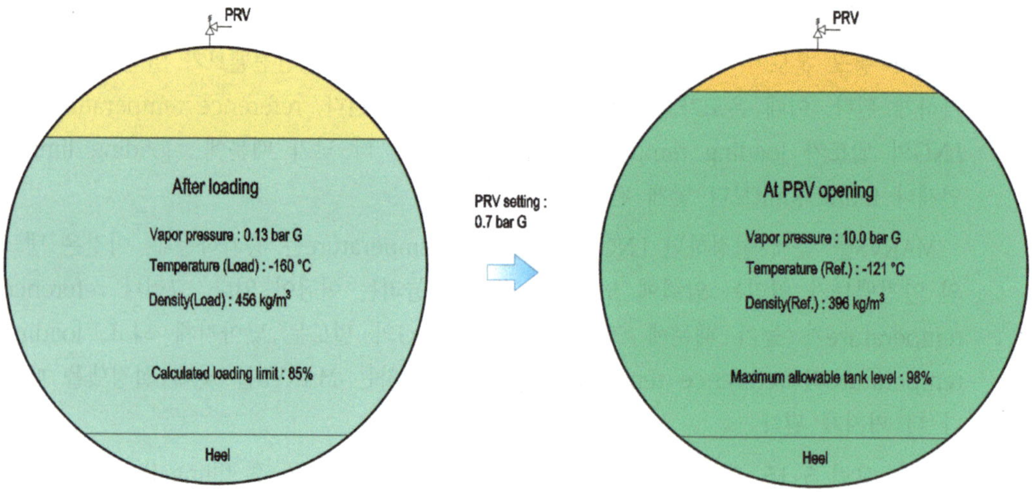

Loading Limit 상태 Filling Limit 상태

그림 5-14 압력식 탱크 Loading Limit

5.10.2 선박 간의 적합성(Vessel compatibility)

안전한 벙커링을 위한 첫 단계는 벙커링 선박 또는 관련 설비와 연료추진선박이 서로 적합성이 있는지를 확인하는 것이다. 적합성은 광범위하게 확인되어야 한다. LNG벙커링은 매우 복잡하기 때문에 적합성을 확인하는 것이 유류 벙커링보다 훨씬 더 중요하다.

선박과의 적합성 평가는 벙커링 작업을 시작하기 전에 수행하여야 한다. 일반적으로 적합성은 벙커링 작업을 시작하기 전 벙커링 절차의 일부로 당사자 간에 합의하고 서면으로 확인해야 한다. 이러한 것을 실행하기 위한 가장 쉬운 방법은 check list를 만들어 일일이 점검해 가면서 벙커링 작업 개시 전 적합성을 확인하는 것이다. (IAPH 표준 Check list 참조)

적합성은 다음과 같은 사항 들을 고려하여 확인하여야 한다.

연료추진선박이 안전하게 계류할 수 있고, 손상을 방지하기 위하여 방충제(fender) 또는 선박 간, 선박과 LNG연료공급설비 간의 적절한 간격이 유지되어야 한다. 선박 길이에 제한이 있는지 확인한다. 선박의 계류(mooring)는 예상되는 풍속, 조류, 기상상태 뿐만 아니라 주변을 지나는 선박들로부터 발생되는 파도 등으로 인한 선박의 위치를 유지할 수 있도록 충분히 견고하게 하여야 한다.

그림 5-15와 같이 선박 또는 설비의 건현은 호스를 두 선박의 상대운동을 수용할 수 있도록 LNG연료공급측과 연료추진 측의 플랜지에 적절한 slack을 가지고 연결할 수 있을 만큼 충분하여야 한다.

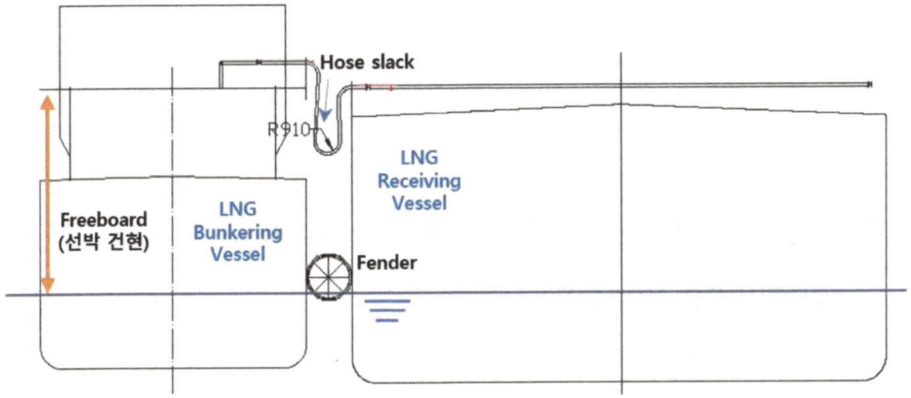

그림 5-15 hose slack과 fender

그림 5-16 ERS(Emergency Release System)

Manifold 배치, 드립 트레이, 누출대비시스템, 호스연결 부위 등을 확인하여야 한다. 가스누출을 최소화하기 위한 hose breakaway같은 ERS가 설치되어 있는지 확인한다. Manifold에서 전기적인 스파크 같은 것을 방지하기 위한 시스템이 갖추어져 있는지도 확인해야 한다.

벙커링 선박 측과 연료추진선박 양측 모두 ESD connection이 잘 호환되는지 확인한다. 위험구역의 크기와 범위가 벙커링 선박 측과 연료추진선박이 서로 적합한지를 확인한다. 목표는 발화원이 벙커링 선박 측과 연료추진선박의 위험구역에서 벗어나게 하는 것이다.

벙커링 선박 측 연료 부피, 압력, 온도가 연료추진선박 LNG탱크에 적합한지 확인한다.

연료추진선박이 회수 증기 가스(vapor return)을 해야 하면 벙커링 선박 측에서 vapor return이 가능 여부와 적합성을 확인한다. inerting과 purging 능력이 양측 즉, 벙커링 선박 측과 연료추진선박에 있는지 확인한다.

통신 장비 또는 통신 시설이 서로 호환성이 있는지 확인한다. 양측 모두 벙커링작업을 모니터링할 수 있고, 벙커링작업이 끝난 후 ESD를 초기화할 수 있는지 확인한다.

전기적 격리 배치(electrical isolation arrangement)가 적합한 지도 확인한다.

5.10.3 LNG연료선박 벙커링 관련사항(Operation issue of receiving vessel)

LNG연료를 받을 때 연료추진선박은 LNG연료에 적합한 여러 가지 절차를 수행할 필요가 있다. 이 절차에는 통신과 모니터링, ESD, 저온에 대한 주의사항, inerting과 purging, 소화 그리고 전기적 절연과 접지 등도 포함된다.

(1) 통신과 모니터링(communications and monitoring)

벙커링 선박 측과 연료추진선박 간의 통신은 안전한 LNG벙커링 작업에 매우 중요하다. 통신은 벙커호스를 연결하기 전 모두 설정되고, 벙커링 작업이 끝나고 호스의 연결을 해제한 후 종료하여야 한다. 벙커링 선박 측과 연료추진선박 간 통신은 서로 같은 언어를 사용하고, 모두 이해할 수 있어야 한다. 현재 표준화가 되어 있지 않더라도 벙커링 선박 측과 연료추진선박 간의 모든 통신은 확인되고 테스트하여야 한다.

벙커링 작업 관련자들이 사용하는 무선장비와 통신장비들은 위험구역 내에서도 사용할 수 있도록 디자인되어야 하며, 본질 안전(intrinsically safe)의 것이어야 한다. 안전구역에서 사용하는 본질 안전이 아닌 무선장비, 휴대폰, 휴대용 전자장비 등은 이 구역에서 제거되어야 한다.

통신시스템과 함께 모니터링시스템도 설치되어야 한다. 모니터링시스템은 양측 시스템을 사용할 수 있다. 데이터링크는 ESD system과 integral part 또는 독립시스템으로 사용할 수 있다. Integral system은 가스검지기, 화재검지기, 연기 검지기로부터 또는 수동조작으로부터 알람을 받으면 벙커링 작업은 자동적으로 정지(shut-down) 된다.

(2) 비상차단(Emergency Shutdown, ESD)

manifold valve 차단, pump 정지, tank filling valve 차단 등에 의해 벙커링작업을 빠르고 안전하게 정지하는 것은 아주 기본적이고 안전상 확실한 방법이다.

ESD는 벙커링 선박 측과 연료추진선박 양측으로부터 작동할 수 있어야 하고 signal은 양측에서 동시에 ESD를 작동할 수 있어야 한다. ESD의 작동으로 가스나 LNG 누출은 있어서는 안된다.

ESD가 작동하는 경우는 다음과 같다.

- 가스검지 시
- 화재 검지 시
- 연료공급측 또는 연료추진선박 양측에서 수동으로 작동 시
- 과도한 선박 움직임
- 전력 소실(정전 등)

- 인수 tank의 만재
- 이송시스템 내 비정상적인 압력
- 탱크 내 과도한 압력
- 그 외 설계자나 법규에 따라 정해지는 원인

(3) 주의 사항 (special precaution)

LNG의 유출이 일어날 수 있는 곳의 선체구조나 갑판구조는 극저온에 적합하거나 극저온으로부터 보호되어야 한다. 누출된 LNG를 일시적으로 담을 수 있고 선체구조의 손상을 방지하기 위해 드립 트레이가 흔히 사용된다. 드립 트레이는 예상되는 누출 LNG를 담을 수 있는 충분한 용량을 가져야 하며, 스테인리스강재 같은 극저온에 적합한 재료로 만든다.

극저온 배관과 장비들은 일반적으로 단열을 하여 저온이 선체에 전달되지 않도록 한다. 이러한 것들은 벙커 스테이션에 더욱 중요하게 적용된다.

(4) inerting과 purging

벙커링을 시작하기 전에 bunker hose와 다른 bunker line을 inerting과 purging을 해야 한다. 가연성 혼합가스의 폭발을 방지하기 위하여 inert gas, N_2 gas등으로 공기를 밀어내어 bunker line 내 산소의 농도를 1% 이하가 되도록 inerting을 수행한다. purging은 vapor purge line으로 수행하며, 탱크에서 가스를 밀어내거나, 적은 양의 LNG를 bunker line을 통해 서서히 밀어낸다. gassing-up은 gas filling이라고도 하며, inert gas를 상온의 천연가스로 밀어내는 과정이다. bunker line을 inerting과 purging을 한 후, line은 서서히 냉각(cool down)된다. 이 과정은 저온에 의한 급격한 수축으로 인한 손상을 방지하기 위하여 수행한다. bunker line이 냉각되면 LNG의 이송을 시작할 수 있다.

벙커링 후 LNG가 호스나 관 내에 남아 있지 않도록 bunker line을 드레인(drain)하는 것도 매우 중요하다. 만약 LNG가 호스나 관 내에 남아 있으면 LNG는 열을 흡수하여 증발하고, 압력이 높아져서 호스나 파이프를 터지게 할 수도 있다.

호스나 배관 내의 LNG를 드레인하는 방법은 연료탱크의 밸브를 열어 두고 관내의 LNG를 기화하도록 하는 것이다. 이렇게 하면 가스와 LNG는 연료탱크 내로 흘러 들어

간다. purging으로 호스나 관내의 가스나 LNG를 연료탱크로 밀어낼 수도 있다.

벙커링이 완료되고 LNG를 드레인한 후 가연성 혼합가스가 호스나 배관 내 남아 있지 않도록 LNG bunker line을 inerting해야 한다. 이 inerting은 bunker line의 연결을 해제하기 전에 수행한다. 일반적으로 N_2 gas가 bunker line으로부터 상온의 천연가스를 밀어내는 데 이용된다. 배관 내 남아 있는 천연가스는 대기 중에 방출되지 않도록 벙커링 설비나 LNG연료추진선박에서 소각장치나 보일러 등으로 잘 처리해야 한다. 아래 그림 5-17은 벙커링 기본적인 절차를 나타낸다.

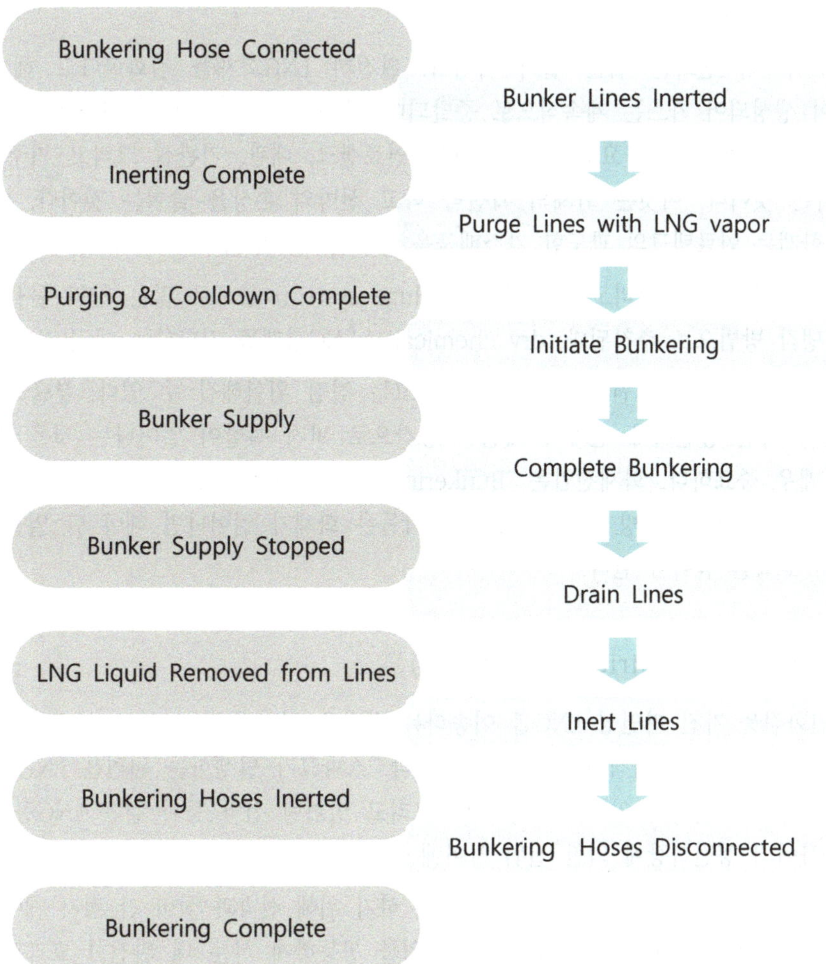

그림 5-17 LNG bunker hose와 배관 내 inerting과 purging 순서

(5) 안전과 소화(safety and firefighting)

IGF Code 11장 'Fire Safety'에 LNG추진선의 화재에 대한 보호 요건이 있다. 드립 트레이와 벙커 스테이션에는 소화설비를 설치하고 수동으로 쉽게 작동할 수 있도록 해야 한다. 벙커 스테이션 근처 선원이 쉽게 접근할 수 있는 지역은 휴대용 소화장비(dry chemical fire extinguisher)를 비치한다. 폐위 또는 반폐위구역으로 된 벙커 스테이션에는 고정식 화재 검지기와 가스검지기를 설치한다.

많은 양의 LNG가 누출될 수 있는 곳, 즉 벙커 스테이션과 호스 직하부의 선박 선측 외판에는 water curtain이 설치된다.

LNG화재의 진화는 쉬운 일이 아니다. 완전히 LNG화재를 진화한다고 해도 LNG pool이 생성되어 가스는 계속적으로 증발되며, 재점화할 경우 더 큰 화재로 번질 수 있다. 화재진압의 가장 중요한 초기 단계는 연료탱크, 배관, 기관실 그리고 거주구 등을 냉각하는 것이다. 이것은 화재의 확산을 막고 선박의 손상을 줄이는 것이다. 연료탱크 외부 화재는 연료탱크의 과도한 가스배출을 유도할 수 있다.

호스, 소화모니터 그리고 살수시스템(deluge system) 등으로 많은 양의 물을 뿌리는 것이 냉각 방법으로 추천된다. dry chemical도 LNG화재를 진화하는 데 유용하다.

그러나, 가스누출의 원천을 차단하지 않고는 점점 위험해질 수 있다. 분출되는 가스가 둘러 막힌 공간이나 선박의 폐위된 공간으로 퍼져 폭발이 일어나는 것을 방지하는 것이 매우 중요하다. 화재진압은 'Bunkering operation emergency response plan'의 주요 사항 중 하나로 벙커링에 관련된 사람들은 화재가 일어나면 해야 할 일들에 대해 철저히 교육을 받아야 한다.

(6) 전기적 격리(electrical isolation)

저인화점을 가진 가연성 LNG를 이송하는 선박은 전기적 스파크(spark)로부터 발생하는 발화에 대하여 추가적인 주의가 필요하다. 스파크가 발생하는 원인은 LNG 벙커 호스에서 정전기 발생과 안벽, 잔교, 트럭 그리고 벙커링 선박 등과 같은 LNG공급설비와 선박 사이의 정전기장에 의한 전위 차이에 의한 것이다.

일반적으로 이러한 전위 차이를 동등하게 하기 위해 선박과 설비 간 접지 케이블을 연결하여 접지한다. 그러나 접지케이블이 전위를 동등하게 하는 데 완전히 효과적인 것은 아니므로 케이블이 손상을 입거나 끊어지면 스파크를 일으킬 기회가 더 증가하게 된다.

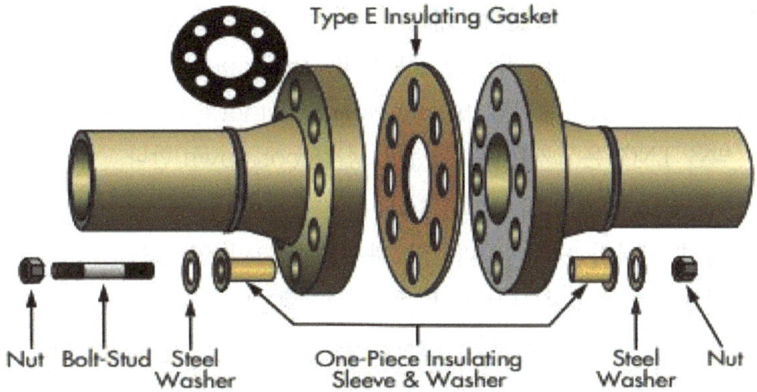

그림 5-18 typical isolating flange

효과적인 스파크 방지방법은 선박과 공급설비를 벙커호스 끝단에 insulating flange를 사용하여 격리하는 것이다. 예를 들어 그림 5-18과 같이 insulating flange는 선박과 공급설비 사이에 전위 차이가 있더라도 insulation gasket을 삽입하여 스파크를 방지한다.

또 하나의 방법은 insulating flange가 없는 짧은 insulating hose를 사용하는 것이다. 그러나 나머지 hose는 전기적으로 연결된다. 선박 전체를 전기적으로 격리하기 위해서는 mooring line, gangway, crane과 물리적으로 연결된 것들도 전기적으로 격리한다.

5.10.4 LNG연료 저장을 위한 준비 작업

(1) initial gassing-up

LNG연료탱크를 완전히 비우고 gas free를 한 후 또는 최초로 LNG연료를 적재하기 전 탱크를 inerting하여 공기를 제거한다. 일반적으로 N_2가스를 사용하는데, LNG벙커링 선박에 N_2 generator나 N_2저장 탱크가 없다면 육상의 트럭이나 N_2공급설비로부터 받는다.

연료추진선박에 충분한 양의 N_2가 있다고 하더라도 비상 시 또는 N_2 공급시스템의 고장으로 N_2 가스를 공급받을 수 없을 때를 대비하여 외부로부터 받을 수 있는 공급관을 설치한다.

LNG벙커링은 적절히 inerting, gassing-up, cool down을 한 후에만 할 수 있다. 연료탱크는 질소가스(N_2 gas)로 inerting을 한다. 탱크를 inerting한 후 inert gas는 천연가스로 밀어낸다. 이 과정을 gassing-up 또는 gas filling이라고 한다.

inert 가스는 육상 설비로 돌려보내거나 vent를 통해 배출한다. 이때 vent에서 천연가스가 감지되면 gassing-up 작업은 중단된다. 이때 inert gas를 대기 중으로 방출할 수 있는지를 권한이 있는 관할당국(competance authority)에 확인해야 한다. 그 후에 연료탱크는 받을 LNG 온도 상태로 서서히 냉각(cool down)한다.

초기 cool down은 일반적으로 LNG를 탱크 내에 분무하여 탱크와 관련 배관을 LNG를 이용하여 서서히 냉각시킨다. 이 과정은 탱크의 열응력을 최소화하고 균일하게 냉각되도록 정상적인 벙커링보다 느린 속도로 진행한다. Cool down에 걸리는 시간은 탱크의 크기에 따라 다르지만 보통 12시간에서 18시간 정도 소요된다. Cool down의 절차는 spray nozzle 사용 방법, bottom filling 방법 등과 함께 탱크 제작자가 제공한다. 탱크가 지정된 온도로 냉각되면 지정된 level 까지 LNG를 채운다.

항해 중에는 선박의 연료 탱크를 저온으로 유지할 수 있는 어느 정도의 LNG를 가지고 있어야 한다(heel). 탱크 내 압력은 LNG의 소모 또는 증발 가스를 제어하여 허용압력 이하로 유지 한다.

(2) draining과 stripping

선박이 검사 또는 수리를 위해 조선소로 들어갈 때는 항만 또는 조선소에 따라 요건이 다를 수 있다. 탱크의 stripping은 탱크 내 압력을 올려서 외부 탱크로 보내거나 stripping pump을 이용할 수 있다.

stripping 후 탱크에 남아 있는 잔류 LNG는 선박의 vaporizer로 고온의 천연가스를 탱크 내에 순환시켜 제거한다. stripping이 끝난 후 질소가스로 inerting을 한다. 검사 등을 위해 사람이 들어갈 때는 탱크를 공기로 치환하여 gas free 상태로 purging 한다.

(3) 롤오버현상 (rollover)

LNG 벙커링 시 연료탱크에 새로운 LNG를 채울 때, 서로 다른 생산지로부터 온 밀도가 다른 LNG가 혼합되면, 밀도가 높은 LNG는 바닥에 가라앉고, 가벼운 LNG는 위쪽으로 올라간다.

선박이 정지된 상태에서 탱크 내 sloshing이나 혼합이 일어나지 않으면 탱크 바닥의 LNG는 열을 흡수하여 밀도가 감소하고 압력은 증가한다.

그러나 상층부의 압력은 증발가스로 인해 유지된다(그림 5-19 참고).

만약 밀도 차이가 크게 되거나 탱크 내의 액의 혼합이 급격히 일어나면 바닥에 있는 높은 증기압을 가진 LNG는 위로 떠오르게 되고 탱크 상층부의 압력이 낮은 곳으로 올라간다. 이 현상을 롤오버(rollover)라 하며, 이 현상은 급격한 증발을 일으켜서 일시에 많은 양의 증발가스를 만들 수 있으며, 안전밸브의 작동으로 대량의 가스가 대기 중으로 방출될 위험도 있다.

SIGTTO 연구에 의하면 밀도가 다른 층을 형성하는 성층화(stratification)는 밀도차가 1 kg/m^3 이상 나고 적재 속도(filling rate)가 아주 낮으면 일어날 수 있다고 한다. 이러한 현상은 터미널에서 탱크의 움직임이 없을 때 일어날 수 있으며, 운항 중에는 선박의 운동에 의해 탱크 내 액이 계속적으로 혼합되므로 이런 현상이 일어날 확률이 적다.

LNG연료를 재충전할 때 LNG연료 탱크에 남아 있는 연료와 같은 온도 및 밀도를 가진 LNG를 충전할 확률은 높지 않다. 따라서 벙커링 중에 LNG를 철저히 섞어 주는 것이 중요하다. LNG의 층이 성층화되는 것을 최소화하기 위해서는 top spray line과 bottom filling line을 적절히 사용하여 남아 있는 연료와 재충전하는 연료를 혼합해야 한다. 예를 들어 충전되는 LNG가 남아 있는 LNG보다 밀도가 더 낮으면 탱크 바닥에 있는 bottom filling line를 통해 충전해야 한다.

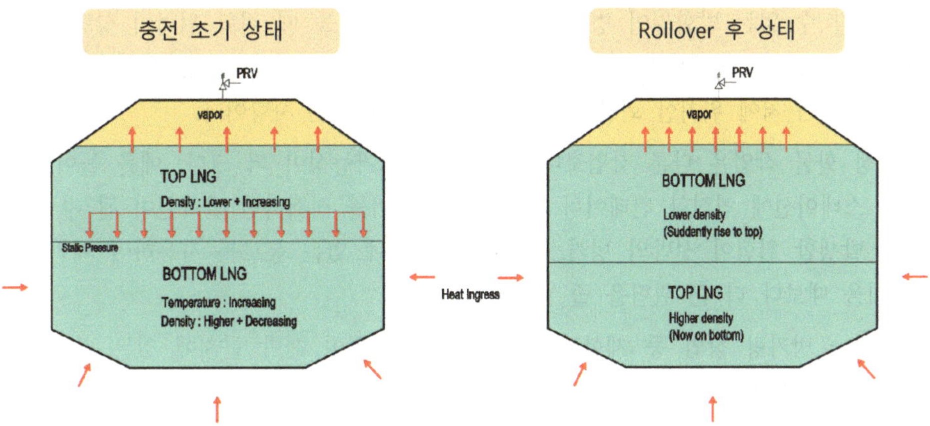

그림 5-19 롤오버 현상

5.10.5 동시 작업(Simultaneous Cargo Operation, SIMOPS)

화물 취급, 기타 연료 또는 윤활유 벙커링, 승객 승/하선, 청소 및 수리 등과 같은 동시 작업은 LNG 벙커링과 동시에 수행될 경우 위험을 초래할 수 있다. 벙커링 작업과 동시에 다른 작업이 수행되어야 하는 경우 ISO/TS 18683:2015에 따라 동시 작업의 영향을 다루는 QRA (Quantitative Risk Assessment)가 수행되어야 한다.

동시 작업은 위험 평가가 위험을 수용할 수 있음을 입증할 수 있는 경우에만 허용된다. 또한 모든 당사자(예: 당국, 터미널, 선박 및 벙커링 운영자, 공급업체 운영자)의 승인이 필요하다.

위험 평가는 안전하고 책임감 있는 방식으로 다른 활동을 동시에 수행할 수 있는지 여부와 조건을 명시해야 한다.

동시 작업은 IGF 코드에서 요구하는 대로 기국에서 승인한 LNG 연료 선박의 운영 문서를 따라야 한다.

정상적인 벙커링 작업 중에는 모든 장비가 적절하게 작동하고 적절한 절차를 따른다면 가연성 가스 혼합물이 없어야 한다. 그러나 특정 상황에서는 천연가스 증기가 의도하지 않게 대기로 방출되어 가연성 혼합물이 될 수 있다. 발화원은 위험 지역에서 허용되지 않으므로 부주의한 가스 방출의 경우에도 발화 가능성이 줄어든다.

제어할 수 없는 발화원이 벙커링 작업장 부근에 있을 때 점화 위험이 상당히 증가한다. 화물 작업은 통제되지 않은 발화원의 가능성을 증가시킬 수 있고 이는 특히 가스 위험 지역 근처에 위치한 화물 작업에 대해 우려가 되는 사항이다.

특정 화물 작업은 다른 작업보다 발화원이 될 가능성이 더 크다. 예를 들어, 선박의 벙커 스테이션에 인접한 컨테이너 베이에 컨테이너를 적재하면 발화원이 될 수 있는 불꽃이 발생할 위험이 선박의 벙커스테이션 반대편에 있는 통로를 사용하여 페리에 승객을 태울 때보다 더 큰 위험을 줄 수 있다.

그러나 벙커링 작업 중 제한된 수의 훈련된 직원이 선박 근처에 있는 단순한 화물 작업보다 선박에 접근하는 승객이 있으면 위험한 사건으로 인한 부상 위험이 훨씬 더 크다.

SIMOPS를 수행하기 전에 기국과 항만 당국은 관련 위험, 안전 장치 및 수락 기준을 식별하는 위험 평가에 의해 운영을 철저히 평가하고 지원하도록 요구할 것으로 예상된다. 기국과 항만 당국은 자체 개발 표준 및 허가 절차, 승인 프로세스는 전 세계적으로 다를 수 있지만 일부는 게시된 표준을 기초로 사용할 수 있다.

SIMOPS 연구를 위해 조직을 검토함으로써 위험과 위험에 대한 엄격한 분석과 이를 줄이기 위한 대책이 필요할 것으로 예상된다. 절차적 위험 감소 방법 보다는 벙커링을 화물작업구역으로부터 격리시키기 위한 대규모 보안구역 설정, 부두 및 화물운송으로부터 선박의 반대쪽과 끝단에서 벙커링을 하도록 하는 것, 비필수 인력의 접근을 막는 등의 구조적 위험 감소 방법이 동시 화물 작업의 위험을 줄이고 승인 가능성을 높이기 위해 사용되는 일반적인 방법이다.

그림 5-20 LNG 벙커링 동시작업(SIMOPS, Simultaneous Operation)

5.11 LNG연료추진선박의 벙커링 장비 (special equipment for receiving ship)

(1) 벙커 스테이션

연료유를 사용하는 선박과 마찬가지로 LNG연료추진선박은 육상의 LNG연료공급 설비, 탱크로리, LNG 벙커링 선박 또는 바지(barge) 등으로부터 호스 또는 로딩암 등을 통해 LNG연료를 충전을 할 수 있도록 벙커링 스테이션을 설치한다. 이 벙커링 스테이션에는 선박의 연료공급시스템과 연료탱크를 연결하는 장치를 설치한다. LNG의 위험성 때문에 벙커링 스테이션의 요건은 연료유 벙커링 보다 훨씬 복잡하다.

벙커링 스테이션에는 LNG의 액 또는 가스가 누출하여 공기와 가연성의 혼합가스를 만들어 발화할 수 있는 위험이 언제나 존재한다. 따라서 벙커링 스테이션의 위치와 배치는 벙커링 작업의 위험도(risk level)를 결정하는 데 매우 중요한 인자가 된다. 이 구역은 위험지역(hazardous area)이 된다.

벙커링 스테이션의 위치에 따라 특별한 장치가 요구되기도 한다. 예를 들어 선박의 종류에 따라 벙커링 스테이션이 개방갑판의 하부에 설치된다면 선체 외판에 수밀문을 설치한다. 그리고 인접한 안전구역과는 격리하고 air lock을 설치하여 안전 구역으로 의 출입은 air lock을 통해서 한다.

벙커링 작업 중에 누출될 수 있는 가스를 배출할 수 있도록 적절한 환기장치가 필요하다. 벙커링 스테이션이 선박의 선체 내에 설치되면 기계적 환기장치가 요구된다.

폐위 또는 반폐위된 공간은 누출된 가스를 검지할 수 있도록 고정식 가스검지기를 설치한다. 벙커링작업의 통제 및 제어는 매니폴드에서 멀리 떨어진 곳에서 할 수 있다.

그림 5-21은 LNG연료추진선박의 벙커링 스테이션 배치도를 보여주고 있다.

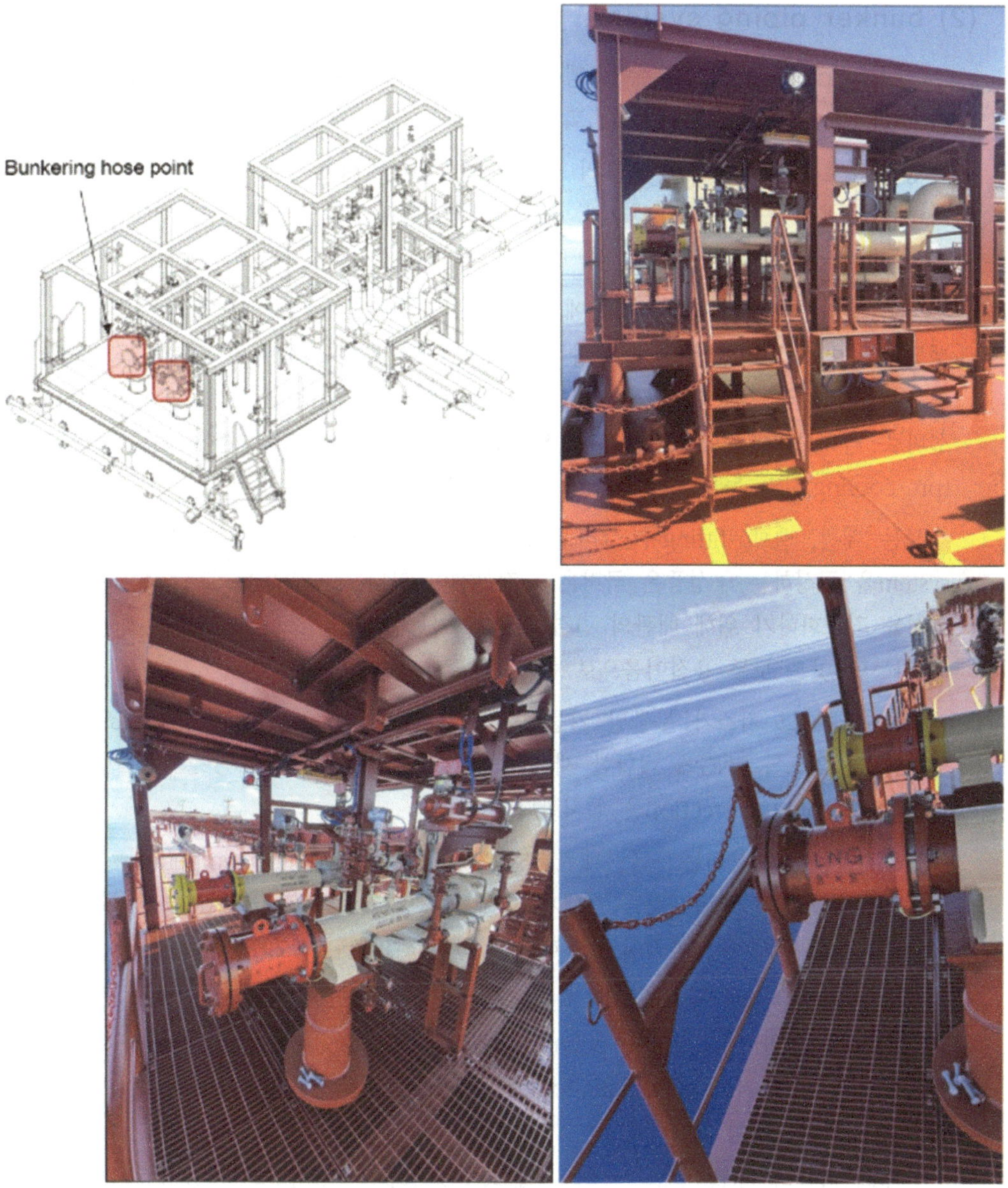

그림 5-21 H선사의 LNG연료 추진선박 벙커 스테이션

(2) bunker piping system

bunker piping system은 연료탱크에서 벙커링 스테이션 사이를 연결하는 LNG이송관(LNG transfer pipe) 또는 가스회수관(vapor return line)으로 구성되어 있다.

벙커링 호스는 이송되는 LNG의 설계 유량(design flow rate)에 따라 크기가 결정된다. 설계 유량은 LNG연료탱크의 용량, 압력, 온도 및 가스회수 능력(vapor return capability), 유속의 허용치 그리고 벙커링 시간 등을 고려하여 결정된다.

어떤 선박은 operating profile에 따라 짧은 벙커링 시간을 요구할 수도 있다. 연료탱크의 용량과 벙커링 주기에 따라 다르겠지만 대개 선주는 flow rate를 최대화하려고 할 것이다. 만약 가스회수관을 설치하여 연료탱크에서 발생하는 가스를 공급선박 또는 설비로 돌려보내면 flow rate를 높일 수 있다. 이때 벙커링 전에 연료탱크를 냉각(pre-cooling)시켜 놓으면 flow rate를 높일 수 있다.

모든 배관, 밸브, fitting류 그리고 관통부품 등 LNG와 접촉하는 모든 LNG piping system을 구성하는 구성품은 극저온에 적합해야 한다. LNG 또는 그 가스가 누출될 가능성을 최소화하기 위해 배관의 연결 부위를 가능한 한 최소화해야 한다. 이를 위해 적용 가능한 곳은 모두 용접이음으로 한다.

LNG 또는 그 가스가 누출할 가능성이 있는 모든 연결 부위는 선박 구조에 손상을 방지할 수 있도록 LNG에 적합한 재질로 된 충분한 용량의 그림 5-22와 같이 드립 트레이 또는 spray protection을 설치한다.

LNG 이송에 사용되는 모든 배관, 밸브, fitting류는 design temperature -165℃를 기준으로 설계한다. 이런 것들은 대개 스테인리스강재로 제작하고 design temperature 보다 더 낮은 온도에서 충격시험을 하여 안전성을 확인한다.

벙커링 라인은 선원들이 극저온에 노출되는 것을 막고 열의 침입을 최소화하기 위하여 단열을 시공한다. 단열재는 polyurethane foam 또는 다른 단열재를 사용하거나 진공으로 단열을 하기도 한다. Manifold에 사용되는 플랜지는 LNG연료추진선박용으로는 아직 표준화 된 것이 없다.

규정에 따르면 LNG 또는 그 가스 배관은 거주구역, 서비스구역 그리고 제어구역 등을 통과할 수 없다. 그러나 기관실 같은 어떤 폐위 구역은 배관이 이중관(double wall) 구조이거나 내부 가스를 배출 가능한 덕트 또는 배관은 통과 할 수 있다.

이중관은 2개의 중공관으로 외부관과 내부관으로 구성되어 있으며, 내부 배관으로 LNG 또는 가스가 통과한다. 외부 공간에는 inert gas를 충진하여 내부관 보다 약간 높은 압력을 유지한다. 알람이 설치된 모니터링시스템으로 inert gas 압력이 떨어지는 지를 감시한다. 배기시스템(ventilation system)은 내부 배관에서 누출이 발생하면 안전구역으로 가스가 흘러가지 않도록 공기구역(두 중공관 사이 공간)의 압력을 대기압보다 낮게 유지한다. 이곳에 누출된 천연가스를 감지하기 위하여 알람이 설치된 모니터링 시스템을 설치한다.

그림 5-22 LNG 벙커링 매니폴드와 drip tray

5.12 LNG벙커링 절차 (LNG bunkering procedure)

LNG벙커링은 LNG연료추진선박에 연료로 사용할 LNG를 이송하는 과정을 말하며, 최근 환경규제와 함께 선박 연료로 LNG사용이 증가하고 있어 세계적으로 LNG벙커링이 활성화되고 있다. 이에 대응하여 LNG벙커링 작업에 요구되는 책임, 절차, 장비 등에 관한 가이드라인과 벙커링 시 위험평가, 안전 장비 그리고 운용에 관한 최소 요건이 필요하게 되었다.

이러한 추세에 발맞추어 ISO에서 국제표준으로 ISO 20519:2017(E) ‘Ships and marine technology - Specification for bunkering of liquefied natural gas fuelled vessels’를 2017년 2월에 발표하여 LNG벙커링에 대한 안전 가이드를 하고 있다.

이 표준은 현존하는 항만과 터미널 checklist, 그 운영자용 절차서, 산업가이드라인, 관할지역의 법규 등의 요건을 기본적으로 만족하도록 디자인되었다. 특히, 이 표준은 LNG 이송에 관련된 당사자들의 책임, LNG벙커링 절차, SIMOPS, 유지하여야 할 안전거리 그리고 QRA와 HAZID에 관한 가이드라인을 제시하고 있다.

그림 5-23 트럭에 의한 LNG 벙커링

5.12.1 LNG벙커링 절차와 가이드라인

LNG벙커링은 벙커링 설비로부터 LNG연료추진선박으로 LNG연료를 이송하는 과정을 말한다. 벙커링설비와 선박 사이에서 이루어지는 첫 벙커링작업은 다음과 같은 순서로 이루어진다.

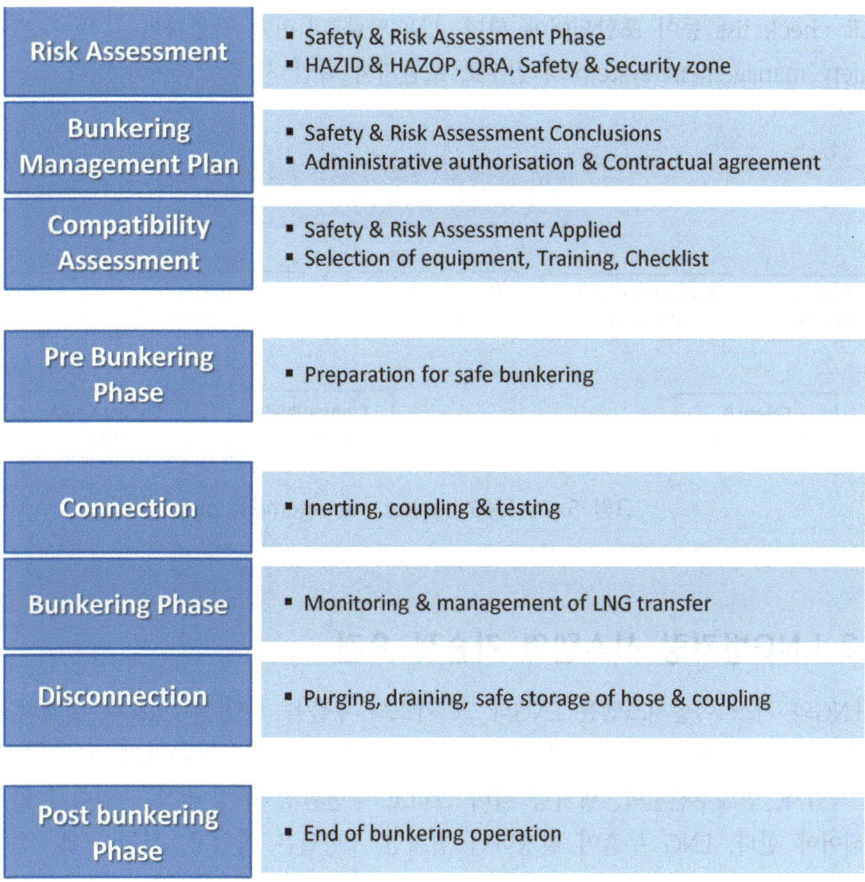

그림 5-24 LNG벙커링 절차

5.12.2 LNG벙커링운영계획서(LNG Bunker Management Plan, LNGBMP)

LNGBMP(LNG Bunker Management Plan)은 기술적 측면이나 경제적 측면에서 벙커링 방법, flow rate, 온도, 이송 LNG 및 저장탱크의 압력 등을 관련자들이 인정할 수 있도록 작성되어야 한다.

이 계획서에는 효율적이고 안전한 벙커링작업에 필요한 모든 정보, 증서, 절차서 그리고 check list 등이 포함되어야 하며, LNG연료추진선박 작업자의 그림 5-25와 같은 'safety management system'의 일부로 포함되어 작업 시 참고하여야 한다.

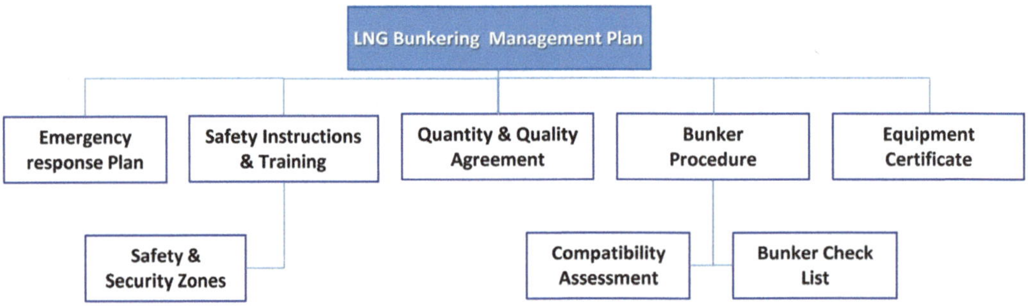

그림 5-25 LNG bunker management plan

5.12.3 LNG벙커링 시스템의 기술적 요건

LNG와 가스 이송시스템은 LNG나 그 가스의 누출을 피할 수 있도록 설계되고, 벙커링은 절차서에 따라 수행하여야 한다. 이 이송시스템(trasfer system)은 LNG 누출로 인한 작업자, 연료추진선박, 벙커링 설비 그리고 주변환경 등에 손상을 입히지 않도록 설계되어야 한다. LNG 누출이 발생하면 법적인 조항들은 작업자, 선체 구조, 선박 장비 등을 극저온으로부터 보호할 수 있도록 규정되어야 한다. 동시에 발생할 수 있는 가스에 의한 위험(폭발, 화재발생 등)도 관련기기 및 이송시스템의 효과적인 배치를 통해 최소화해야 한다.

벙커링설비나 연료추진선박에 구비된 purge 가스로 가스의 누출 없이 배관을 효과적으로 purge할 수 있는 특별한 수단을 제공하여야 한다. 벙커링 매니폴더, 벙커링설비 등 이송시스템에 연결되는 것들을 포함한 LNG이송시스템 사고로 인해 액 또는 가스가 누출되면 적절한 수단에 의해 감지되어야 한다.

(1) 로딩암과 호스의 배치

이송장비는 다음과 같이 설치되어야 한다.

- LNG이송 전 LNG 및 가스 이송관을 purging 한 후 inerting 한다.
- LNG이송이 완료된 후 이송시스템에 drain, purging, inerting을 순서대로 한다.
- LNG와 가스 이송시스템(로딩암과 호스 등)은 해상 LNG벙커링용을 설치한다.
- 설계는 ISO/TS 18683의 테이블1과 테이블2에 따라야 한다.
- 호스와 로딩암은 minimum temperature -196℃의 화물(LNG와 액체질소)을 고려하여 특별히 설계되고 건조되어야 한다.
- 분리밸브(isolating valve) 사이에 남아 있는 LNG로 인해 호스나 로딩암이 과압이 걸리지 않도록 안전밸브를 설치하여야 한다(예를 들면, ERS가 작동할 때).
- 호스나 로딩암, 매니폴더는 작업 중에 걸릴 수 있는 하중, 연료추진선박과 벙커링 선박 또는 육상설비 간의 상대운동에 의한 하중, 호스 리프팅 장비(crane)의 하중 등을 고려하여 설계하여야 한다.
- 로딩암과 선박 매니폴더는 ERC의 중량도 고려하여 설계되어야 한다.

이송시스템을 선정할 때 특히 다음과 같은 것을 고려해야 한다.

- 연료추진선박과 벙커링 선박 또는 육상벙커링설비 간 잠재적인 운동
- 이송시스템 운용범위(operating envelope)
- 호스 최소 굽힘반경(minimum bending radius)
- ESD시스템 기능성(functionality)
- 이송관 내 pursing과 drain수단

- 재질 선정과 구조 지지
- connector 형식
- 전기적 절연
- 접지시스템
- ESD작동 시 잠재적 서지압력(surge pressure)를 고려한 시스템 설계
- 플래시가스 처리시스템
- pressure relief를 위한 최적 배치

(2) 호스

호스는 EN 1474-2, EN 12434, BS 4089 같은 관련 표준을 만족해야 한다. 이송호스는 테스트, 사용온도 그리고 사용압력 등과 같은 제조업자의 취급설명서를 엄격히 따라야 한다. 벙커링 호스에 대한 관련서류는 'LNG bunker management plan'에 포함되어야 하고 아래 사항이 포함된 서류가 연료추진선박에 보관되어야 한다.

- hose identification number
- 최초 서비스를 시작한 날짜
- initial test certificate와 모든 테스트 레포트, 증서 등

극저온용 호스는 1년에 한번 hydrostatic test를 받아야 하고, 검사 중에 결함이 발견되면 호스는 전량 교체해야 한다.

(3) 조양 장치 또는 지지 장치

조양(lifting)용 장치는 이송용 호스와 관련 장비를 취급할 수 있는 충분한 용량을 가져야 한다. 호스는 허용 굽힘반경을 만족하는 적절한 방법으로 지지되어야 한다. 호스는 직접 지면에 닿도록 해서는 안되며 연료추진선박과 벙커링 선박 또는 육상설비 간의 상대운동에 대비한 충분한 slack을 가지도록 배치한다. 조양과 지지 장치는 전기적 절연이 되어야하고 ERC나 안전장치의 작동을 방해해서는 안된다.

(4) 커플링과 연결 플랜지

LNG bunkering connection에 대한 ISO 표준은 현재 개발되고 있으며, LNG벙커링에 사용되는 커플링은 ISO EN 16904:2016과 1474-3 또는 적용 가능한 표준에 따라 디자인해야 한다.

LNG연료이송시스템은 연료추진선박과 벙커링 선박 또는 설비 간의 전류(galvanic current)를 방지하기 위하여 비전도체의 재질로 절연한 플랜지를 사용한다. 절연플랜지는 일반적으로 연료추진선박의 이송관의 끝에 설치한다.

크기나 모양이 다른 관을 연결하기 위해 spool piece를 사용할 때 벙커링의 준비단계에서 테스트하고 설치한다. 이송 전에 inerting이나 가스밀(gas tight)을 확인할 수 있도록 누출시험을 시행한다.

그림 5-26 트럭 측 커플링

(5) 누출가스 또는 액의 검지

폐위 또는 반폐위구역의 벙커 스테이션은 최소한 아래와 같은 안전장치를 설치해야 한다.

- 가스 또는 액의 누출을 즉각적으로 감지할 수 있도록 가스감지기는 증발가스의 확산 속도를 고려하여 적절한 장소에 설치하며, 온도 감지센서는 드립트레이에 설치하거나 가스감지기 또는 온도센서를 적절히 조합하여 설치한다.
- 조타실 또는 작업통제실에서 벙커링 작업을 감시하기 위하여 CCTV도 설치한다. CCTV는 매니폴더 부분을 볼 수 있고, 가능하면 호스의 움직임도 볼 수 있도록 설치한다.

가스감지기는 연료추진선박에서 누출을 모니터링 할 수 있도록 ESD 시스템에 연결되어야 한다. 위험한 지역, 가스감지기가 설치되어야 하는 곳은 가스 확산분석을 통해 확인할 수 있다.

그림 5-27 가스 측정(gas detector)

(6) 통신시스템 (communication system)

백업을 가진 통신시스템이 연료추진선박과 벙커링 설비 양측에 설치되어야 한다. 위험구역과 안전구역에 설치되는 통신시스템의 구성품은 IEC 60079에 따라 형식승인을 받아야 한다.

(7) 벙커링 이송률 (bunkering transfer rate)

최대 LNG이송률은 다음을 고려하여 조절하여야 한다.

- bunker station manifold의 최대허용 flow rate
- LNG 연료추진선박의 배관과 탱크 열응력을 고려한 최대허용 cool-down rate
- bunkering 중 발생하는 플래시가스의 처리
- LNG설비로부터 공급되는 LNG의 온도
- 연료추진선박의 연료탱크 내에 남아 있는 LNG의 온도
- 연료추진선박과 공급설비 압력

벙커링 중에 플래시가스가 발생하는 것을 대기 중에 방출하지 않고 적절히 제어해야 한다.

- 이용할 수 있는 가스 공간을 고려하여 양측 탱크의 PBU
- 추가 증발가스를 보일러나 GCU 또는 가스 엔진으로 연소
- 압력을 제어하기 위하여 연료추진선박 탱크에 LNG 스프레이로 가스 공간을 냉각
- 증발가스의 재액화(reliquefaction)

배관 시스템 내의 LNG속도는 정전기의 발생이나 마찰열의 발생, 비선형 유동에 의한 증발가스 발생 등을 피하기 위하여 12 m/sec를 초과해서는 안 된다.

(8) 가스 회수관(vapour return line)

가스 회수관은 연료추진선박 탱크 내의 압력을 제어하기 위하여 또는 벙커링 시간을 단축하기 위하여 사용된다. 이것은 특히 대기압형 LNG연료저장탱크(atmospheric pressure fuel storage tank)에 적용할 수 있다(IMO type A·B, membrane tank).

통상의 벙커링 작업에서 발생하는 플래시가스의 양에 영향을 주는 주요 인자는 다음과 같다.

- 이송시스템의 냉각(cool down)
- 공급설비와 연료추진선박 탱크간의 condition의 차이, 특히 연료추진선박 탱크의 온도
- 이송률(ramp up, full flow, ramp down, topping up)
- 공급설비와 연료추진선박 탱크 간의 파이프라인에 침입한 열
- pumping 에너지

(9) 조명 (lighting)

조명은 벙커 스테이션 구역을 비추어야 한다. 특히 위험구역 내 설치된다면 적용되는 위험구역 장비요건을 만족해야 한다. 조명은 특히 다음과 같은 벙커링 작업구역에 적절히 설치해야 한다.

- LNG bunker 호스
- 연료추진선박과 공급선박/설비의 connection 장비들과 커플링들
- ESD시스템 call point
- 통신시스템
- 소화장비
- 벙커링작업에 종사하는 사람들의 통로, gangway
- vent mast 등

5.13 LNG 연료 계량 (LNG Metering)

5.13.1 연료가격

액체화물을 수송하는 선박의 화물탱크에 적재한 화물을 선박에서 터미널로 이송할 때 이송된 양을 계측하는 것은 그 정확도에 따라 큰돈이 관련되기 때문에 화물의 판매자, 구매자 및 수송자 모두에게 매우 중요하다.

이를 위해 설치되는 정밀계량장치가 Custody Transfer System이며 LNG선에는 1960년대 미국의 아폴로 우주선의 연료계량장치의 기술을 CTS에 적용한 것이 그 시초가 되었다고 한다.

LNG연료 가격은 보통 연료의 에너지 함량과 연관이 되어 있다. LNG는 \$/kJ 또는 \$/MMBTU 단위의 에너지로 그 가격이 매겨진다. 가끔은 kJ/kg 또는 BTU/lb 단위의 가격으로 판매되기도 한다.

그러나 LNG의 양은 물리적으로 부피(volume) 또는 질량(mass)으로 측정된다. 에너지 함량은 벙커링을 하는 시점에서 연료 온도를 측정하여 밀도를 교정한다면 부피를 기초로 하는 LNG 판매는 보다 정밀할 것이다.

질량에 의한 측정은 밀도를 교정할 필요가 없기 때문에 복잡하지는 않다. 그러나, LNG의 화학적 조성은 가스가 생산되는 초기 생산지에 따라 다르고, 비등으로 인해 밀도와 함께 화학적 조성도 바뀔 수 있다.

따라서, 에너지의 함량은 항만 또는 항만 내의 공급업체에 따라 다를 수 있고, 같은 공급업체라도 날짜마다 다를 수 있으며, 심지어 벙커링의 시작점과 완료 시점에서도 다를 수 있다.

그래서, 정확한 가격을 결정하기 위해서는 벙커링 시점에서 정확한 에너지 함량을 아는 것이 무엇 보다 중요하다. LNG공급업체와 매수자 사이의 인도한 연료의 양과 가격을 거래하는 것을 custody transfer(천연가스 상거래 측정)라고 부른다.

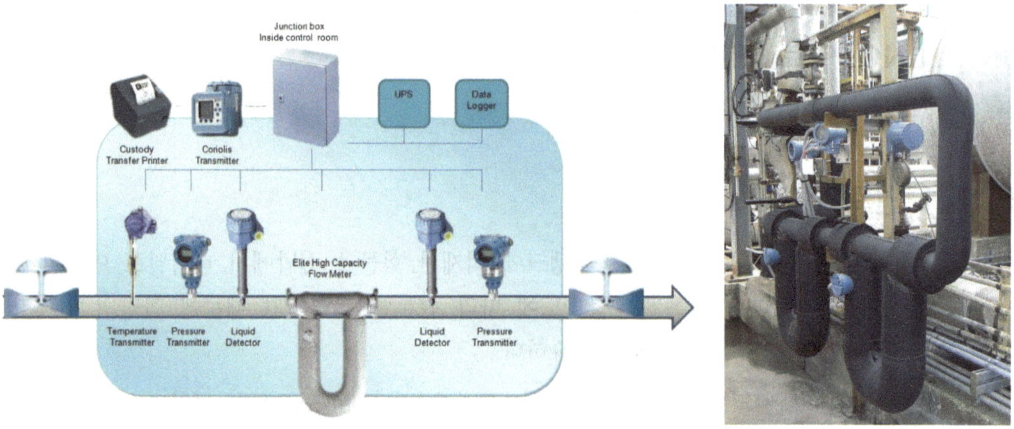

그림 5-28 Custody Transfer System

[Source: Emerson]

5.13.2 custody transfer

적절한 custody transfer는 에너지 함량과 이송된 LNG의 양을 측정한다. 공급된 정확한 양을 알기 위해서는 LNG의 총부피와 총질량이 필요하다.

일반적으로 LNG연료추진선박 보다는 LNG공급업체(LNG 벙커링선박 또는 탱크로리, 육상공급설비 등)가 이송된 LNG의 양과 LNG의 물성을 측정하는 장치를 설치한다.

일반 벙커링에서, 이송된 총부피를 결정하기 위해서는 탱크 내의 LNG 부피 측정은 벙커링 전과 후에 실시한다.

트럭 트레일러 같은 용량이 작은 탱크에서는 이송된 총 질량을 결정하기 위해서는 무게를 측정하는 것이 가능할지 모른다.

또 다른 custody transfer 방법은 LNG공급 배관에 coriolis(mass) flow meter 또는 ultrasonic(volumetric) flow meter를 사용하여 계속적으로 측정(continuous metering)하는 것이다.

flow meter는 ±0.25%까지 정밀하지만 연속 측정의 정밀도는 측정 장비의 적절한 교정에 달려 있다.

측정 방법은 여러 가지가 있고 그 방법에는 몇 가지 특성이 있다.

연료공급 측의 탱크가 매우 크고 그 탱크가 LNG 이송량 측정에 사용된다면, 측정 장비의 부정확성은 탱크의 크기 때문에 더 확대될 것이다.

만약 벙커링 선박에서 벙커링 중에 LNG를 그 선박 자체의 엔진의 연료로 소모한다면 소모된 양은 총이송량에서 제외해야 한다.

유사하게, 벙커링 선박의 동일한 LNG탱크로 한 번에 한 척 이상의 LNG연료추진선박에 공급한다면, 측정은 이송된 양을 결정하기 위하여 LNG연료추진선박의 탱크에서 수행하거나 또는 액은 벙커링 중에 연속적으로 계량(metering)되어야 할 것이다.

만약 LNG의 물성이 벙커링 과정에서 충분히 변하게 되면 벙커링 전, 벙커링 중, 벙커링 후에도 정밀한 가격을 결정할 수 있도록 에너지 함량을 측정해야 할 수도 있다.

이것은 적절한 시간 간격으로 연료 온도와 밀도를 측정하고 에너지 함량을 교정함으로서 할 수 있다. 더 정밀한 방법은 가스 성분 분석기(gas chromatograph)를 이용하여 연료의 화학적 조성을 분석하는 것이다.

그림 5-29 가스 크로마토그래프
[Source: Emerson]

5.13.3 연료의 사양과 품질(fuel specifications and quality)

기름연료와 유사하게 LNG연료의 사양은 custody transfer의 목적과 LNG연료추진선박의 엔진과의 적합성을 확인하기 위하여 공급업체와 소비자(LNG연료추진선박)가 합의해야 할 필요가 있을 것이다.

따라서, 업계에는 그런 절차가 있다. IMO와 European Sustainable Shipping Forum (ESSF)는 LNG 조성을 양자가 확인하는 데 사용하는 표준 LNG Bunker Delivery Note (BDN)를 제시하고 있다. 이 문서는 IGF code에도 포함되어 있다. ISO/TS 18683:2015에는 sample BDN이 포함되어 있다.

5.13.4 경년 변화(aging)

LNG연료가 소모되지 않고 탱크 내에 있으면 특성이 변하게 된다. 이것을 aging이라고 하는데, 바람직한 것은 아니다.

LNG는 외부 열의 침입으로 인해 데워지므로 더 가볍고 증발성이 더 강한 성분은 먼저 기화되고, 무거운 성분은 액의 형태로 남게 된다. 이것은 LNG의 밀도를 증가시킬 뿐만 아니라 연료의 칼로리 값과 품질을 변하게 할 수 있다.

LNG벙커링 중에 vapor return을 이용하는 선박은 동일한 효과가 일어난다. 가벼운 가스는 탱크로부터 먼저 제거되므로 더 무거운 LNG가 남게 된다. 탱크 내에 있는 LNG가 선박의 엔진에 적절한지를 확인하기 위해서 이러한 변화를 고려하는 것도 중요하다.

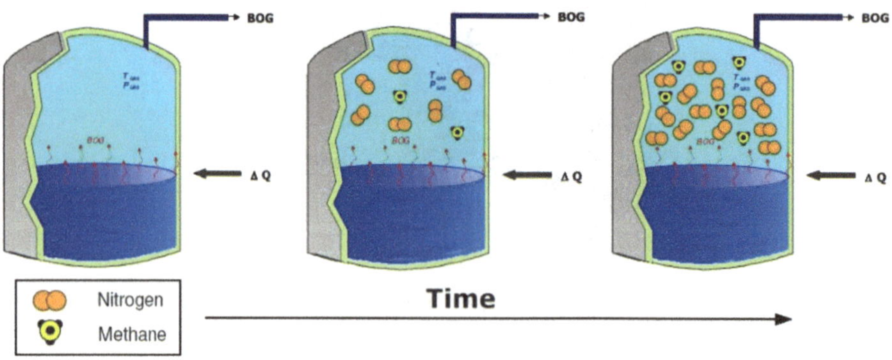

그림 5-30 LNG연료의 경년 변화

5.13.5 Wobbe Index

가스 조성의 변화는 가스연료선박 엔진의 연소효율과 에너지 함량의 변화를 일으킬 수 있다. 따라서, 에너지 함량은 충분히 숙지하여야 한다.

Wobbe Index (I_w)는 여러 가지 가스의 연소 에너지를 비교하는 데 사용되며, 일반적으로 공칭 온도(0℃, 32℉)와 압력(1 atm, 14.695 psia)에서 측정된다.

Wobbe Index (I_w)는 다음과 같이 계산한다.

$$I_w = \frac{V_c}{\sqrt{G_s}}$$

여기서, V_c : 저위 또는 고위 발열량 (MJ/Nm^3, BTU/scf)

G_s : 공기에 대한 비중 (specific gravity)

여러 가지 가스의 Wobbe Index를 비교할 때 비교하는 가스의 발열량을 일관(고위 또는 저위 발열량)되게 적용하는 것이 중요하다. 가스 생산지 간의 Wobbe Index의 변화가 5% 미만 까지는 소비자에게는 큰 차이가 없다.

5.13.6 메탄가(methane number)

메탄가는 LNG의 조성으로 결정된다. 이것은 내연기관에서 기화된 LNG의 연소 품질의 지표가 되며, Otto cycle gas engine과 엔진 노킹에도 관계가 있다.

연료의 메탄가가 너무 낮으면 엔진은 과도한 노킹(nocking) 현상으로 손상을 입을 수도 있으며, 노킹현상을 피하기 위하여 엔진 운전을 조정하게 되면 엔진 효율에도 상당한 손실이 있을 수 있다. 가스연료엔진 제작자들은 보통 엔진에 최소한으로 요구되는 메탄가를 공지한다.

메탄가를 계산하는 방법은 엔진 제작사에 따라 다소 차이가 있을 수 있다. 그래서 실제 탑재된 엔진을 위한 정밀한 계산 방법을 사용하는 것이 중요하다.

참고로, 순수메탄(pure methane)은 높은 노킹 저항값을 가지고 있어서 메탄가를 100으로 잡는다. 반면에 수소(hydrogen)는 낮은 노킹 저항값을 가지고 있어서 순수메탄과 비교하여 0으로 잡는다.

80% 메탄과 20%의 수소로 구성된 가스는 메탄가가 80이 된다. 일반적으로 이중연료 엔진(Otto cycle gas mode)은 메탄가를 최소 80을 요구하고 가스전용엔진(gas only engine)은 최소 70을 요구한다.

Wobbe Index와 달리, 메탄가는 연료의 에너지 함량을 결정하는 데 사용할 수는 없다. 이것은 연료가 많은 양의 질소와 같은 불활성 가스로 구성되어질 수 있기 때문이다. 이 불활성 가스는 메탄가에 영향을 주지 않지만, 가스의 고위발열량에는 영향을 준다. 이것은 Wobbe Index에 영향을 주며 에너지 함량에 차이를 나타낸다.

사용되는 fuel gas system에 따라 엔진으로 공급되는 가스의 조성은 LNG의 조성과 매우 다를 수 있다. 예를 들면 LNG에 질소 성분이 적으면 즉, 1% 미만이고 연료가스가 연료탱크에서 가스 상태(boil-off gas)로 공급되면 질소 성분은 20%까지 높아질 수 있다.

만약 기화된 LNG가 연료로 사용되면 LNG의 메탄가는 aging의 한 과정으로 시간이 지나면서 낮아지게 된다. 따라서, 공급 받은 LNG연료는 시간이 지나면서 규격에 미달되는 연료가 될 수도 있다.

5.13.7 최대 연료가스 수급량 계산

가스연료 추진선박 액화가스 저장 탱크는 IGF code 2.2.36에 정의된 기준 온도(reference temperature:압력 릴리프 밸브(PRV)의 설정 압력에서 연료 탱크의 연료 포화 증기압에 해당하는 온도를 의미한다.)에서 98%에 해당하는 부피 이상으로 채워서는 안된다. 연료의 실제 적재 온도에 대한 적재 한계는 다음 공식을 사용하여 용적을 계산할 수 있다.

$$LL = FL \times \frac{\rho_R}{\rho_L}$$

- LL(Loading Limit) : 탱크에 적재될 수 있는 탱크 용적에 대한 최대 허용 액체 용적(%)
- FL(Filling Limit) : 액체 연료가 기준 온도에 도달했을 때 총 탱크 용적에 대한 연료 탱크의 최대 용적(%, 여기서는 98%)
- ρ_R : 기준 온도에서 연료의 상대 밀도
- ρ_L : 적재 온도에서 연료의 상대 밀도

예를 들어, LNG 연료탱크 용량이 1,000 m^3 인 LNG연료추진선박의 최대 탱크 압력(Max. tank pressure)이 5.0 barG이며, 이때 기준온도는 -130.0℃, 기준 온도에서 잔존 LNG의 밀도(Density)는 345.5 ㎏/m^3로 가정하고, LNG연료 벙커링 선박의 LNG 공급온도(Loading temperature)가 -156℃ 이며, 이때 LNG 밀도가 379.9 ㎏/m^3 라면 최대 허용 용적과 선적할 수 있는 연료 양을 다음과 같이 계산할 수 있다.

LNG연료추진선박에 적재할 수 있는 최대 허용 액체 용적 LL = 98 × (345.5/379.9) = 89.1%이며, 연료탱크 용량이 1,000 m^3이므로 1,000 × 0.891 = 891 m^3까지 선적 가능하며, 선적된 LNG연료 중량은 891 × 379.9 ㎏/m^3 = 338.49 Ton이 된다.

5.13.8 연료수급 절차

액화가스연료추진선박의 연료수급은 항구의 사정에 따라 여러 가지 방법으로 시행되고 있다. 연료수급방법은 선박 대 선박(ship to ship), 트럭 대 선박(truck to ship), 터미널 대 선박(terminal to ship) 및 이동식 탱크를 활용하는 방법 등이 있다. 액화가스연료추진선박에서는 각각의 연료 수급 방법에 따른 절차를 수립해야 한다.

선박 대 선박의 연료 수급의 경우, 벙커링 선박 또는 바지가 안전거리구역으로 진입하는 시점부터를 절차의 시작으로 판단하며, 벙커링 선박 또는 바지가 안전거리구역을 이탈하는 시점까지를 절차의 끝으로 정하게 된다. 이렇듯 선박에 가스연료를 수급하고자 할 때 수급자와 공급자가 안전거리구역 또는 폭발위험구역으로 진입과 이탈하는 시점을 기준으로 연료수급 절차가 수립되어야 한다.

선종과 선박회사에 따라 차이는 있을 수 있지만, 국제항해에 종사는 상선에서 LNG연료를 선박 추진장치 연료로 수급하는 절차는 단계별로 수립되어 있다. LNG벙커링 선박(LNG Bunkering Vessel)로부터 LNG 연료를 수급하는 LNG연료추진선박(receiving vessel)에서 수급 절차와 그에 따른 작업은 대부분 LNG연료를 수급하기 전 사전 준비 단계, 수급 전 단계, 저장탱크의 예냉(tank cool down) 단계, LNG 공급(bunkering) 단계, 수급 후 단계로 나누어 절차를 수립한다.

아래의 벙커링 예시는 국내 H선사의 LNG연료추진선박(IMO C type tank 1,600 m^3 2set, 5 bar)이 싱가폴 항만 묘박지에서 연료수급 과정을 단계별 상세사항과 작업내용 위주로 기술하였다.

(1) 사전 준비 단계

수급 항만에서 예상되는 ROB(Remainings On Board ; 연료 잔량) 및 수급량을 확인하여 회사측과 협의하여야 한다. 국적선의 경우, 약 2주전 예상 수급량을 정하고 항차 시작 항만을 출항 후 LNG 소모량 및 예상 ROB를 재계산하여 최종적으로 수급량을 결정한다.

수급 LNG의 밀도 확인하고 부피 및 양을 계산 후 연료탱크 용량을 감안하여 수급량을 결정한다. 일반적으로 제공되는 LNG 밀도는 -157℃ 기준이지만 실제 수급 시 탱크 압력에 따른 영향으로 온도가 -157℃ 보다 높으므로, 부피가 예상보다 증가하게 된다. 이때 수급 받는 LNG는 순수 메탄(mathane 99.9%)으로 pure mathane 압력/밀도 보정표를 참고하게 된다.

탱크 용적에 대한 ESD시스템(Emergency Shut Down system) 작동 테스트를 실시하며 bunkering mode는 95%, voyage mode는 98%로 테스트한다.

수급 전 연료수급 점검일지 작성이 필요하게 되며, LNG벙커링 선박 측으로부터 IAPH CHECK LIST를 전달받아 사전 협의 사항 작성 후 이메일로 송부한다. IAPH CHECK LIST 상의 PART A, B만 작성하고 나머지 사항은 접안 후 VHF, 휴대용무전기를 통해 협의하면 된다. LNG벙커링 선박 측으로부터 LNG연료추진선박 간 접안 현의 결정을 명확히 한다.

LNG연료추진선박의 벙커링 예상 일정(schedule) 수립 후, 매니폴드와 연료저장탱크 순찰 및 당직 계획을 협의하고 기록한다.

묘박지 도착 약 2~3일 전, 밸브 및 ESD시스템 테스트를 시행하게 된다. 벙커링 시 사용하게 될 모든 밸브에 대해 개폐(open/close) 테스트를 시행하여 이상 유무를 확인한다. ESD C&E(Cause & Effect) 확인하고, AMS(Alarm Monitoring System)상의 override & inhibit 해제 후 시행하여 경보는 물론 ESD 정상 작동을 확인한다. 단, 주기관과 발전기 가스 모드 운전 시에는 엔진 급정지(trip)에 해당하는 항목은 제외 가능하며, 테스트 종료 후 override & inhibit 항목을 시험 전으로 복구한다.

그리고 비상정지장치의 정상작동 상태를 점검(ship-shore communication system test)하여야 한다. 5 PIN SIGTTO electric 테스트의 경우, 테스트 장비(unit)를 통해 “ESD RESET” 버튼 누르고 있을 때만 정상상태(healthy)를 확인하고 버튼을 떼면 ESD 활성을 확인한다.

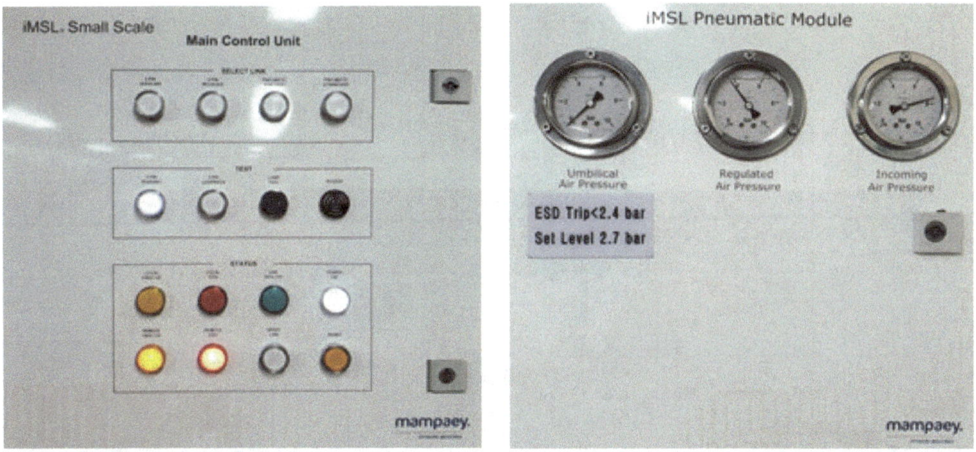

그림 5-31 ESD main control unit & pneumatic module (국내 H선사)

pneumatic 테스트의 경우, 해당 매니폴드의 공기압 라인(air line)에 테스트 밸브를 설치하여 테스트를 실행하게 된다. 이때 밸브 닫힘 및 주제어장비(main control unit)에서 정상 연결상태(link healthy) 확인 후 밸브를 개방하며, 공기압이 2.0 bar 미만이 되면 ESD가 활성된다.

(2) 수급 전 단계

LNG연료추진선박이 묘박지에 정박을 완료 한 후 LNG벙커링 선박과 LNG연료추진선박 사이에 접안 및 계류(mooring) 작업을 마치면 LNG연료 수급을 위한 매니폴드 작업 준비 상황을 점검한다. 매니폴드에 안전로프(tiger rope) 설치 및 방폭 공구(spanner & chain block)를 비치하고 매니폴드를 개방하여 내부 청결을 확인한다.

소방 장비(소화기 등)는 즉시 사용할 수 있도록 준비되어야 하고 전기 절연 설비 및 본딩 케이블의 연결부위를 확인한다. 워터 커튼(water curtain) 및 드립 트레이(drip tray)를 준비한다.

그림 5-32 LNG bunkering vessel

LNG연료추진선박과 LNG벙커링 선박 간의 작업 안전 절차에 대한 미팅(safety & cargo meeting)을 실시한다. 이때 IAPH CHECK LIST PART C & D 및 최대 및 최소 유량(flow rate)를 협의하게 된다. 이후 양측 간의 의사소통은 휴대용 무전기를 활용하게 된다.

연료탱크의 예냉(tank cool down)이 필요할 때는 최소 유량을 약 3~5 m^3/h에서부터 수급 시작하며, 예냉이 필요하지 않을 때는 최소 유량을 약 10 m^3/h에서부터 수급을 시작한다. 최대 유량은 약 500~600 m^3/h 정도로 합의하여 진행한다. 다만, LNG연료추진선박 및 LNG벙커링 선박의 상황에 따라 유량은 협의 통해 현장에서 변경 가능하며 최대 및 최소 유량 값이 절차상 정해져 있는 것은 아니다.

누설 테스트(leak test) 및 퍼징(purging) 작업은 LNG연료추진선박의 N_2를 사용하여 진행한다. 이때 LNG연료추진선박의 N_2로만 작업 시 시간이 많이 소요되므로, LNG벙커링 선박 측 N_2와 함께 사용할 수 있도록 협의하는 것이 좋다.

양측 간 대면 협의가 완료되면, LNG연료수급 가스 라인(vapour hose)과 액 라인(liquid hose)을 연결한다. 매니폴드와 각 라인 연결 개구에 금속 개스킷(metal gasket)을 넣어 누설을 방지하여야 하며 개스킷은 LNG벙커링 선박 측에서 보급한다. 여기서 가스 라인 연결은 비상시 증발 가스를 LNG벙커링 선박 측으로 반송하기 위한 목적으로 연결하게 된다. LNG벙커링 선박 측 크레인(crane)으로 가스 및 액 라인을 전달하며 각 라인은 체인블록을 활용하여 단단히 고정하여야 한다. LNG연료추진선박 매니폴드 끝단과 선박 현 외측까지의 공간과 거리가 충분하지 않으므로 작업에 각별한 주의가 필요하다.

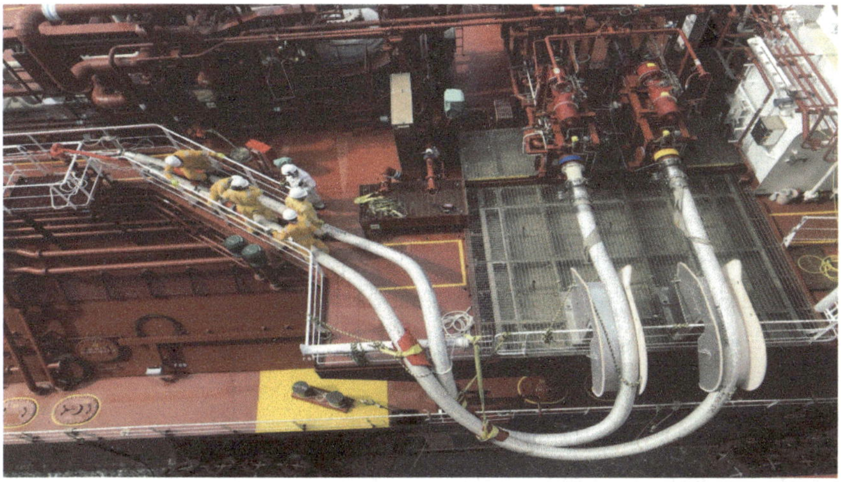

그림 5-33 liquid & vapour hose of LNG bunkering vessel

그림 5-34 LNG bunkering manifold (국내 H선사)

매니폴드에 라인이 모두 연결되면 ESD 케이블(5 PIN ELEC.)을 LNG벙커링 선박 측에서 전달받아 연결하며, 연결 후 정상 연결상태(link healthy)를 확인한다. 또한 선박 비상분리장치인 VSD(Vessel Separator Device)의 와이어(wire)를 연결한다. VSD에 의한 ESD 작동 조건은 ESD-1은 0.5 m에서 ESD 작동하며, ESD-2는 2.0 m에서 ERC(Emergency Release Coupling) 작동하게 된다. ERC는 LNG벙커링 선박 측 매니폴드에 설치되어 있다.

연결된 라인에 누설시험(leak test)과 가스 점검(gas check)를 실시하여야 한다. 누설시험에서 액 라인은 5 bar, 가스 라인은 3bar로 테스트를 진행하며, 라인 상의 가스 점검에서 산소(O_2)농도는 1% 미만이 유지되어야 한다.

또한 매니폴드에 라인이 연결된 상태에서 ESD시스템 테스트는 LNG벙커링 선박 및 LNG연료추진선박에서 각 1회씩 테스트를 시행하게 된다. ESD가 작동하게 되면 열려있던 다음 밸브들의 닫힘을 확인하여야 한다.

① manifold ESD valve (liquid & vapour)

② tank top & bottom filling valve

③ tank spray valve

LNG 이송에 앞서 초음파를 액면을 향해 발신하여 액면에서 반사된 반사파가 돌아올 때까지 시간을 계측하여 액의 높이를 구하는 방식의 레이더식 정밀계량장치 CTS(Custody transfer system)를 활용하여 연료 탱크의 수급 전 잔량을 기록하고 연료 수급 종료 후 비교하여야 한다. 통상 LNG벙커링 선박 측 CTS를 기준으로 하며, 동시에 LNG연료추진선박 탱크 상태도 기록하여 종료 후 비교하게 된다. LNG 연료 탱크 압력 및 온도에 따른 부피 변화가 있으므로, 보정 밀도 적용하는 것이 바람직하다.

(3) 연료탱크 예냉 단계 (필요 시)

LNG연료탱크를 예냉(Tank cool down)하기 위해서는 묘박지 도착 전 LNG 연료 탱크의 압력을 가능한 낮게 유지하는 것이 좋다. LNG 수급 전 탱크 온도에 따라 가스(vapour) 반송 필요 시 사전에 LNG벙커링 선박 측과 협의하여야 한다.

탱크 온도가 상온일 경우 예냉 과정에서 상당히 많은 증발가스 BOG(Boil Off Gas)

가 발생하게 되며, 이 BOG를 최대한 소모하기 위하여 발전기를 가스 모드로 병렬운전하고 보일러는 100% 운전과 증기 덤핑(steam dumping)을 실시할 수도 있다.

LNG연료탱크 예냉용 스프레이라인(spray line)을 개방하고 탱크 내 pump를 1대만 최소 유량으로 운전 시작한다. 이때 tank top & bottom filling valve 전까지 line-up 해두고, 함께 예냉을 하게 된다. 예냉 과정에 있어 LNG벙커링 선박 측 매니폴드 액 압력은 3.5~4.0 bar로 유지되도록 요청한다. 예냉 과정에서 spray nozzle 압력이 낮아지면 액이 비산하지 못해 탱크 내 온도가 급격하게 상승할 수 있다.

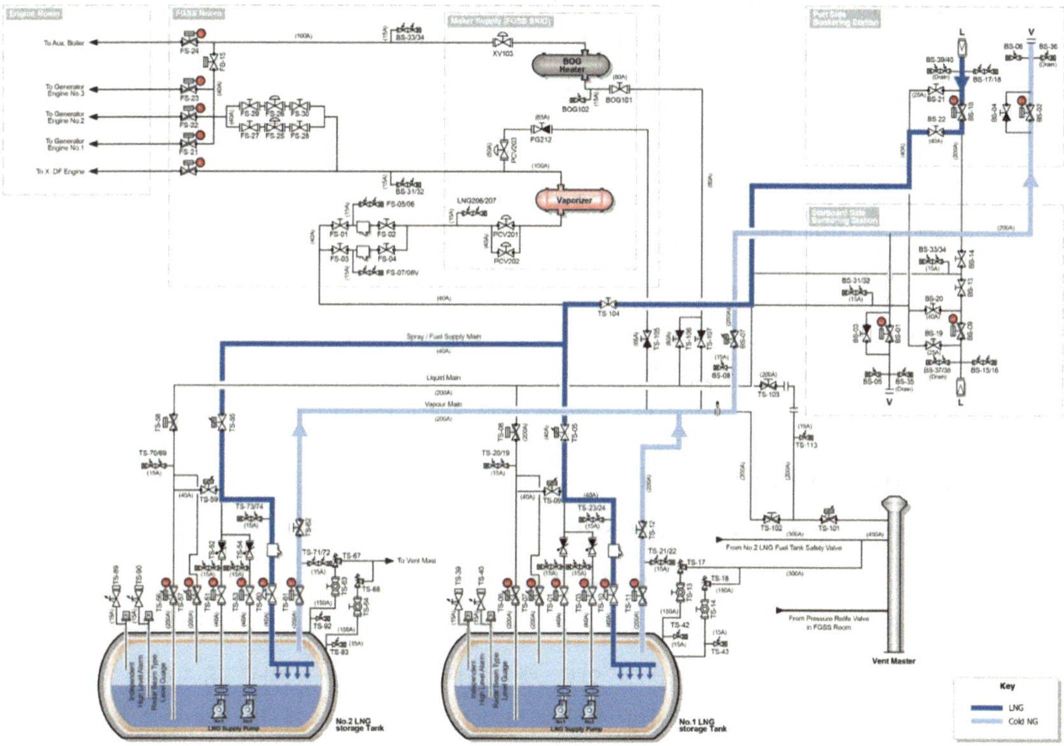

그림 5-35 Tank Cool Down (국내 H선사)

예냉시스템의 관 내에 증발 가스(hot vapour) 방출을 위해 spray valve를 충분히 개방해 주어야 한다. 연료 탱크 내부에서 LNG 비산이 증가하면 LNG벙커링 선박 측 매니폴드 압력을 확인하고, 압력 변화가 최소화 되도록 spray valve 개도를 조정하며 spray line을 통해 시스템 내의 증발 가스가 배출되기 시작한다. 그리고 이때부터 연료 탱크 압력이 크게 상승하기 시작한다.

연료 탱크 압력이 상승하기 시작하면 보일러 gas mode로 운전을 바로 시작하고, 연료 탱크 압력이 약 3.0 bar에 도달하면 발전기 병렬 운전 및 BOG 운전도 시작하여 연료탱크의 압력 상승을 저지하여야 한다. BOG 소모를 위해 발전기를 활용할 경우, BOG 가열기(heater) 출구 압력과 발전기 부하를 점검하며 안정적인 발전기 운전이 이루어지는지 지속적인 감시가 필요하다. 연료 탱크 압력이 충분히 낮아지거나 예냉 종료 시 발전기 연료 모드는 MGO로 변경한다.

BOG 처리와 예냉 과정에서 열충격, 연료탱크 온도 유지 등을 고려할 때, 연료탱크 예냉 과정에서 spray valve 개도를 조정하여 연료 탱크 온도를 약 -10℃/h로 예냉을 수행하는 것이 바람직하다.

연료탱크 내부 평균온도가 -130℃에 도달하면, 유량 증가(rate-up) 요청하고 bottom filling으로 연료용 탱크에 LNG 수급을 시작한다. 이때 filling valve는 개방한 후, spray valve를 닫아 줌으로써 LNG 벙커링을 시작한다.

(4) LNG bunkering 단계

LNG연료탱크 내부 바닥에 LNG 잔량(heel)을 보유한 채로 탱크 내부 평균온도가 -130℃ 이하일 경우, 별도의 예냉은 필요하지 않다.

LNG벙커링 선박으로부터 공급되는 LNG를 배압(back pressure) 없이 빠르게 안전하게 수급하기 위해서는 수급 전 연료 탱크 압력을 3.0bar 이하로 유지하여 준다. LNG 벙커링이 시작되어 LNG벙커링 선박 측 LNG가 LNG연료추진선박 측 연료 탱크로 유입되기 시작하면, LNG 밀도 차이로 연료탱크 내에서 액이 섞이면서 증발 가스(hot vapour)가 발생하고 배출된다. 그리고 이때 연료 탱크 압력은 약 0.3~0.4 bar 정도 상승하게 된다. 연료 탱크 내부 압력이 너무 높아지면 매니폴드에 배압이 미치게 되어 rate-up에 시간이 많이 소요된다.

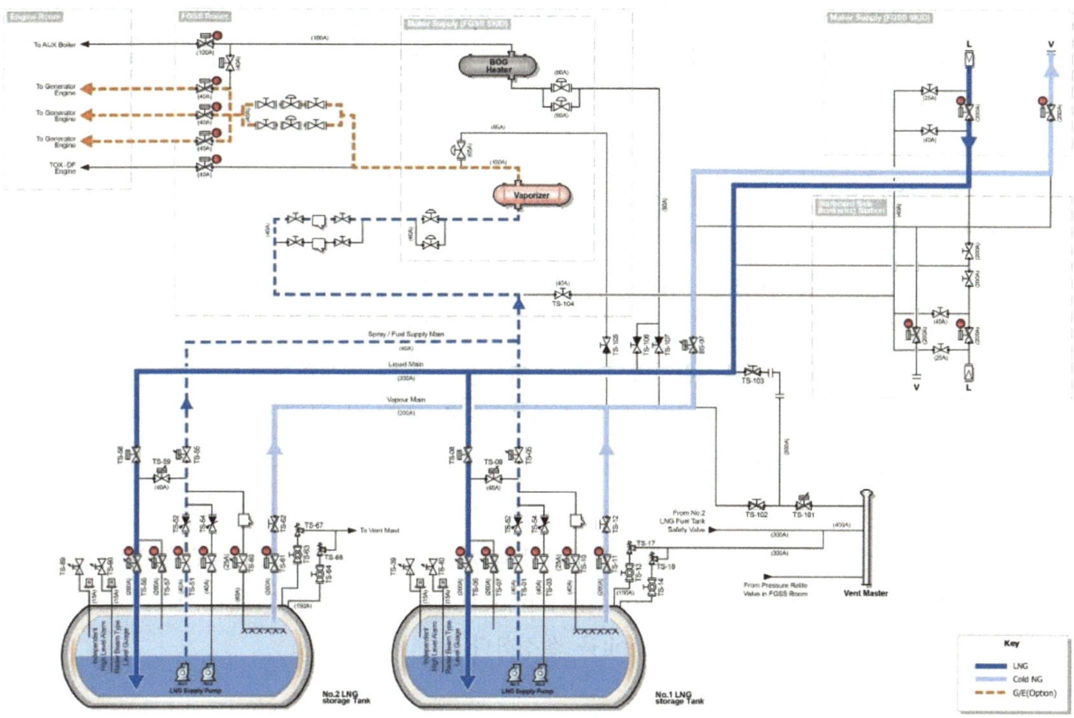

그림 5-36 LNG Bunkering Operation (국내 H선사)

LNG벙커링 선박 측 매니폴드 압력은 약 4.5 bar로 유지될 수 있도록 LNG벙커링 선박 측에 요청한다. 연료탱크 내부 압력이 상승 없이 유지 된다면 BOG 소비를 위해 보일러나 발전기 운전을 강제할 필요는 없다.

연료탱크 액위(liquid level)가 1.0 m 이상 일 때, 연료탱크 상부 수급관(top filling line)을 개방한다. LNG 벙커링 초기에 연료탱크 액위가 너무 낮으면 연료탱크 하부 수급관(bottom filling line)으로 수급을 시작하게 된다. 상부 수급관을 개방하는 시점부터 연료탱크 압력이 낮아진다.

LNG 벙커링 이송속도를 full rate(싱가폴 항만의 경우 500~600 m^3/h)로 진행하려면 LNG벙커링 선박 측 다수의 이송펌프(pump)가 운전된다. 이때 LNG연료추진선박의 매니폴드 압력에 상관없이 LNG벙커링 선박 측 매니폴드 압력이 약 4.5 bar를 지속해서 유지될 수 있는 범위에서 LNG 이송을 LNG벙커링 선박 측에 요청하여야 한다.

그리고 LNG연료추진선박 탱크 압력과 온도 하강 등 연료 탱크의 상태를 확인하고 기록하여야 한다. LNG를 수급하는 연료탱크가 2개인 경우, 양 탱크가 동시에 수급이 종료 될 수 있도록 수급 밸브(filling valve)의 개도를 조정한다.

유량 감소(rate down)을 통해 LNG 이송속도를 줄이며 벙커링작업을 마무리해야 한다. LNG벙커링 선박 측과 사전 약속된 잔량, 예를 들어 150 m^3이라고 할 때 LNG벙커링 선박 측 기준으로 이송 후 잔량에 도달하면 이때부터 LNG 이송속도를 3~5단계로 유량을 줄인다. 잔량이 150/100/75/50/25 m^3으로 감소할 때마다 이송률(rate)을 300/200/150/100/50 m^3/h로 낮추게 된다. 이 LNG벙커링 과정에서 압력, 온도에 따라 체적이 변하므로 LNG연료추진선박의 수급 예상량도 함께 계산하며 비교하며 이송률을 낮추어야 한다. 또한 LNG벙커링 선박 측과 잔량에 대해 긴밀하고 계속적인 연락을 유지하며 안전하게 수급을 종료한다.

LNG벙커링을 위한 LNG이송이 모두 종료되면, 매니폴드 ESD밸브를 닫고, 벙커링시스템의 관류(line)에 남아 있는 액상의 LNG가 탱크로 배출될 수 있도록 연료탱크 상부 및 하부 수급 밸브(top & bottom filling valve)를 모두 완전 개방한다. 그리고 모든 ESD시스템에 override & inhibit을 설정한다.

(5) 수급 후 단계

LNG벙커링 이송시스템 분리 전, LNG연료추진선박과 LNG벙커링 선박 양측의 이송배관 내에 불활성 가스인 질소가스(N_2)로 치환하여 안전을 확보하는 것이 필요하며 이 과정은 drain, purging, inerting 순서로 진행된다. LNG연료추진선박 N_2 만으로 전체 작업을 진행할 경우 작업시간이 많이 소요되므로 사전에 LNG벙커링 선박 측 N_2 추가 사용 가능 여부를 협의하는 것이 좋다.

먼저 LNG벙커링 선박 측 drain을 실시하고 LNG연료추진선박 측 drain을 시행한다. LNG연료추진선박 spray main valve 앞까지 N_2 를 가압한 후, main line drain을 시행한다. 이 과정에서 연료탱크 액위(liquid level) 증가 및 압력 변화를 확인한다.

다음 단계로 hose purge를 시행한다. 충분한 purge가 진행되었다고 판단되면 가스검지기를 사용하여 gas check를 진행하며 이때 CH_4 농도 20% LEL 미만(1%vol 미만)이 확인될 때 까지 N_2를 활용하여 purge를 계속한다. 충분치 못한 drain 과정이 이루어졌을 경우 purge 시간이 늘어나고 N_2의 소모량도 증가하게 된다.

tank top filling valve를 완전히 닫아 더 이상의 액이나 가스의 이동을 차단한다. 그리고 레이더식 정밀계량 장치 CTS(Custody Transfer System)를 closing 하고 압력 보정 밀도를 적용하여 LNG연료추진선박 최종 수급량을 확인한다.

수급량의 계량이 완료되면, 양측 간 hose를 분리하며, 벙커링 완료에 대한 아래 문서 작성하고 확인한다.

① IAPH CHECK LIST

② BDN(bunker delivery note), opening/closing CTS document

③ LNG composition

④ NOR (notice of readiness for discharging)

⑤ Time sheet

모든 LNG벙커링이 종료되고 LNG연료추진선박이 묘박지에서 출항하고 나면, 연료탱크의 증발가스를 사용하지 않을 경우, vapour main valve를 닫아 놓는다. 보일러를 잠시 운전하여 연료관 내 잔존 증발 가스를 소각하여 관내 압력이 상승하는 것을 방지한다.

LNG벙커링 액 라인(liquid main line) 온도가 대기 온도와 비슷해지면, tank filling valve를 닫는다.

5.14 IAPH LNG 벙커링 점검 목록 (Bunkering Phase)

IAPH
International Association of Ports and Harbors

PART A: 계획단계 점검표

점검표의 이 부분은 LNG 벙커링 운영 계획 단계에서 완료되어야 합니다.
실제 운영 준비에 필요한 정보를 사전에 교환하기 위한 권장 지침입니다.

Planned date and time: ______________________
(예정날짜와 시간)

Port and Berth: ______________________
(항구와 정박지)

LNG receiving ship: ______________________
(LNG 연료추진선)

LNG bunker vessel: ______________________
(LNG 벙커링 선)

	Check	Ship	Bunker Vessel	Terminal	Code	Remarks
1	Competent authorities have granted permission for LNG transfer operations for the specific location and time. LNG 이송 작업을 위한 특정 위치와 시간에 대한 관계당국 승인				P	
2	The terminal has granted permission for LNG transfer operations for the specific location and time. LNG 이송 작업을 위한 특정 위치와 시간에 대한 터미널 권한 부여				P	
3	Competent authorities' requirements are					e.g. Port byelaws.

	Check	Ship	Bunker Vessel	Terminal	Code	Remarks
	being observed. 관계당국 요구사항 준수 여부					
4	Local terminal requirements are being observed. 현지 터미널당국 요구사항 준수 여부					e.g. Terminal regulations
5	All personnel involved in the LNG bunker operation have the appropriate training and have been instructed on the particular LNG bunker equipment and procedures. LNG 벙커링 장비와 절차 교육 등 LNG 벙커링 운영에 관련된 모든 직원의 적절한 교육 이수 여부 확인	For the Ship	For the Bunker Vessel	For the Terminal		
6	The ship's and LNG bunker vessel's class approved bunker plan and operations manual are available. 연료추진선박과 LNG 벙커선에 선급 승인된 벙커링 계획과 운영 매뉴얼 비치 여부 확인					
7	The ship and LNG bunker vessel have agreed upon the mooring and fendering arrangement. 연료추진선박과 LNG 벙커링 선박의 계류와 펜더 배치에 대한 동의(상호확인) 여부				A	
8	The LNG bunker vessel has obtained the necessary permissions to go alongside the LNG receiving ship. LNG 벙커링 선박과 LNG 연료추진선이 나란히 항해(병렬계류)하는 것에 대한 허가 취득 여부					
9	The bunker operation area can be sufficiently illuminated. 벙커링 작업 구역에 대한 충분한 조명 확보 여부				A	
10	All LNG transfer and gas detection equipment is certified, in good condition and appropriate for the service intended. 모든 LNG 이송과 가스 감지 장비는 인증을 받았고, 의도하는 작업에 적합한 상태 유지 여부	For the Ship	For the bunker vessel		A	
11	The procedures for bunkering, cooling down and purging operations have been agreed upon by ship and LNG bunker vessel.				A	

	Check	Ship	Bunker Vessel	Terminal	Code	Remarks
	쿨다운과 과 퍼지(purge) 작업에 대한 벙커링 절차 등이 연료추진선박과 LNG 벙커선 간 사전 합의 여부					
12	The system and method of electrical insulation have been agreed upon by ship and LNG bunker vessel. 전기적 절연 시스템과 방법 등이 연료추진선과 LNG 벙커선 간에 사전 합의 여부				A	
13	The restricted area has been agreed upon and designated. 제한 구역이 합의되어 지정				A	Restricted Area:
14	Regulations with regards to ignition sources can be observed. 발화원 관리에 관한 규정 준수 여부	For the Ship	For the bunker vessel	For the Terminal	A	

벙커링 담당 책임자 등록

Ship	Bunker Vessel	Terminal
Name 선명	Name 선명	Name 이름
Rank 등급	Position 위치	Position 위치
Signature 서명	Signature 서명	Signature 서명
Date 날짜	Date 날짜	Date 날짜

PART B: 계획된 동시작업

해당되는 경우 실제 이송 작업이 시작되기 전 완료해야 함

Planned date and time: ______________________

(예정날짜와 시간)

Port and Berth: ______________________

(항구와 정박지)

LNG receiving ship: ______________________

(LNG 연료추진선)

LNG bunker vessel: ______________________

(LNG 벙커링 선)

	Check	Ship	Bunker Vessel	Terminal	Code	Remarks
15	Planned simultaneous bunker operations of other fuels during LNG bunkering are in accordance with ship's approved operational documentation. LNG 벙커링 작업 중 다른 연료(MGO 등) 벙커링과 같이 계획된 동시작업(SIMOPS)에 대한 사전 승인된 운영 문서 준수 여부					If applicable.
16	Planned simultaneous cargo operations during LNG bunkering are in accordance with the ship's approved operational documentation. LNG 벙커링 작업 중 계획된 화물 하역 동시작업((SIMOPS)에 대한 사전에 승인된 운영 문서 준수 여부				A	If applicable.
17	Competent authorities have granted permission for simultaneous bunker and/or cargo operations whilst LNG bunkering. LNG 벙커링 동안 벙커링 및/또는 화물 작업을 동시에 수행할 수 있는 주관청 승인 여부 확인				P	If applicable.
18	Safety procedures and mitigation measures for simultaneous activities, as mentioned in the ship's approved operational documentation, are agreed upon and are being observed by all parties involved. 사전 승인된 운영 문서에 언급된 동시 작업(SIMOPS)에 대한 안전 절차와 위험 완화 조치에 관련된 모든 당사자 동의와 준수 확인 여부				A R	If applicable.

PART C: 이송 전 점검표

실제 전송 작업이 시작되기 전에 모두 완료되어야 함

	Check	Ship	Bunker Vessel	Terminal	Code	Remarks
19	Part A of this checklist has been used prior and preparatory of the actual operation. 이 점검목록 파트 A가 실제 작업에 사용된 이력 보유 여부	For the Ship	For the Bunker Vessel	For the Terminal		If applicable
20	Competent authorities have been notified of the start of LNG bunker operations as per local regulations. 주관청은 현지(항만) 규정에 따라 LNG 벙커링 작업 운영 시작에 대해 알고 있는지 여부					Time notified:___hrs
21	The terminal has been notified of the start of LNG bunker operations as per terminal regulations. 터미널은 현지(항만) 규정에 따라 LNG 벙커링 작업 운영 개시에 대한 인지 여부					Time notified:___hrs
22	Present weather and wave conditions are within the agreed limits. 현재 기상과 파도 조건이 사전에 합의된 한계 조건(작업조건)을 만족 시키는지 여부				A R	
23	The ship and the LNG bunker vessel are securely moored. Regulations with regards to mooring arrangements are observed. Sufficient fendering is in place. 선박과 LNG 벙커링 선박은 계류 설비에 대한 규정 준수 여부와 동시에, 충분한 방충제가 설치되어 안전하게 계류되어 있는지 여부				R	
24	There is a safe means of access between the ship and the LNG bunker vessel. 선박과 LNG 벙커선 사이에 안전한 접근 수단 보유 확인 여부				R	
25	All mandatory firefighting equipment is ready for immediate use 모든 필수 소방 장비의 즉시 사용 가능 여부	For the Ship	For the Bunker Vessel	For the Terminal		

	Check	Ship	Bunker Vessel	Terminal	Code	Remarks
26	The bunker operation area is sufficiently illuminated. 충분한 조명 확보 여부(벙커링 작업 구역)				A R	
27	The ship and LNG bunker vessel are able to move under their own power in a safe and non- obstructed direction. 연료추진선박과 LNG 벙커링선은 안전하고 장애물이 없는 방향으로 자력으로 이동 가능한지 여부	For the Ship	For the Bunker Vessel		R	
28	Adequate supervision of the bunker operation by responsible officers is in place, both on the ship and at the LNG bunker vessel. 연료추진 선박과 LNG벙커링 선박 모두에서 벙커링 작업은 책임 있는 사관에 의한 적절한 감독이 이뤄지고 있는지 여부					
29	An effective means of communication between the responsible operators and supervisors at the ship and LNG bunker vessel has been established and tested. The communication language has been agreed upon. 연료추진선박과 LNG 벙커선 책임 운영자와 감독자 간에 효과적인 의사 소통 수단이 구축 (합의된 통신언어를 통해) 되고 테스트 여부				A R	VHF / UHF Channel: _ Language: ________ Primary System: ________ Backup System: ________
30	The emergency stop signal and shutdown procedures have been agreed upon, tested, and explained to all personnel involved. Emergency procedures and plans and the contact numbers are known to the persons in charge. 비상 정지 신호와 종료 절차에 대해 모든 관계 직원들의 합의와 숙지 여부 비상 절차, 비상계획 그리고 비상연락처에 대한 담당자들 숙지 여부				A	Emergency Stop Signal: ________
31	The predetermined restricted area has been established. Appropriate signs mark this area. 미리 정해진 제한 구역 설정 여부, 제한구역에 대한 적절한 표지판표시 여부				A	

	Check	Ship	Bunker Vessel	Terminal	Code	Remarks
32	The restricted area is free of other ships, unauthorized persons, objects and ignition sources. 제한 구역에 대한 적절한 관리 여부 (타선박, 미승인 출입자/물체 발화원 관리 등)				R	
33	Safety procedures and mitigation measures for the prevention of falling objects are agreed upon and are being observed by all parties involved. 낙하물 방지를 위한 안전절차와 완화 조치 등에 대해 관련 당사자 모두가 동의하고 준수하고 있는지 여부				R	
34	On the ship an effective deck watch is established. 효과적인 갑판 당직 배치 여부					The deck watch pays particular attention to moorings, fenders and simultaneous activities. 갑판 당직은 계류, 방충재 그리고 동시 작업에 특히 주의
35	Both on the ship and LNG bunker vessel an effective LNG bunker watch is established. 연료추진선과 LNG 벙커링 선박 모두 효과적인 LNG 벙커 감시가 확립되어 있는지 여부					The LNG bunker watch pays particular attention to hoses, manifold, and bunker controls. LNG 벙커링 당직은 호스, 매니폴드 그리고 벙커 컨트롤에 특히 주의를 기울입니다.
36	External doors, portholes and accommodation ventilation inlets are closed as per operations manual. 운영 절차서에 외부 문, 현창 그리고 거주 환기구 폐쇄 절차가 있는지 여부				R	At no time they should be locked
37	The gas detection equipment has been operationally tested and found to be in good working order. 가스 감지 장비는 작동 테스트를 거쳐 정상 작동하는 것을 확인했는지 여부					
38	Material Safety Data Sheets (MSDS) for the delivered LNG fuel are available. 인도된 LNG 연료에 대한 물질안전보건자료 (MSDS)가 제공 여부				A	

	Check	Ship	Bunker Vessel	Terminal	Code	Remarks
39	Regulations with regards to ignition sources are observed. 발화원 관리 규정 준수 여부				R	
40	Appropriate and sufficient suitable protective clothing and equipment is ready for immediate use. 즉시 사용할 수 있는 적절하고 충분한 보호복과 장비가 준비 여부					
41	Personnel involved in the connection and disconnection of the bunker hoses and personnel in the direct vicinity of these operations make use of sufficient and appropriate protective clothing and equipment. 벙커호스 연결/분리와 관련된 인원과 작업지역에 있는 인원은 충분하고 적절한 보호복과 장비를 착용하고 있는지 여부					
42	A [powered] emergency release coupling ([P]ERC) is installed and is ready for immediate use 즉시 작동가능한 '자동화된 비상 해제 커플링(PERC)' 설치여부					If applicable.
43	The water spray system has been tested and is ready for immediate use. 유사 시 즉시 사용 가능하도록 테스트된 '물 분무 시스템 '설치 여부					If applicable.
44	Spill containment arrangements are of an appropriate material and volume, in position, and empty. 누출 수용설비는 적정 극저온 재료, 충분한 체적 그리고 위치에 비어진 채로 존재하고 있는지 여부					
45	The hull and deck protection against low temperature is in place. 누출된 LNG에 대비한 극저온 LNG에 대한 선체와 갑판을 보호하기 위한 보호 장치가 설치 여부					If applicable.
46	Bunker pumps and compressors are in good working order. 벙커링 펌프와 압축기 정상 작동 여부				A	If applicable.

	Check	Ship	Bunker Vessel	Terminal	Code	Remarks
47	All control valves are well maintained and in good working order. 모든 제어 밸브들이 잘 관리되고 양호한 작동하는 지 상태 확인 여부					
48	Bunker system gauges, high level alarms and high-pressure alarms are operational, correctly set and in good working order. 벙커 시스템 계측기(고 수위 알람과 고압 알람이 경보)가 작동하고 올바르게 설정되어 제대로 작동하고 있는지 여부					
49	The ship's bunker tanks are protected against inadvertent overfilling at all times, tank content is constantly monitored and alarms are correctly set. 선박 연료 탱크는 부주의한 과충진으로 부터 항상 보호되어야 하며, 연료 탱크 내용물은 지속적으로 모니터링되며 올바른 경보가 설정되어 있는지 확인 여부				R	Intervals not exceeding ____________minutes
50	All safety and control devices on the LNG installations are checked, tested and found to be in good working order. LNG 설비에 대한 모든 안전과 제어 장치의 점검, 테스트를 거쳐 정상 작동 하는지 확인 여부					
51	Pressure control equipment and boil off or re-liquefaction equipment is operational and in good working order. 압력 제어 장비와 증발 또는 재액화 장비가 작동에 대한 정상 확인 여부					
52	The vapour connections are properly connected and supported. Vapour 배관 연결이 적절하게 연결되고 지지되어 있는지 확인					If applicable.

	Check	Ship	Bunker Vessel	Terminal	Code	Remarks
53	Both on the ship and at the LNG bunker vessel the ESDs, automatic valves or similar devices have been tested, have found to be in good working order, and are ready for use. 선박과 LNG 벙커 선박 모두에서 ESD, 자동 밸브 또는 유사한 장치가 테스트되고 양호한 작동 상태 확인 여부(사용 준비 확인) The both ESD systems are linked The closing rates of the ESDs have been exchanged. 두 선박 사이 ESD 시스템이 모두 연결되어 있으며, ESD의 종료 절차가 교환되어 있는지 여부				A	ESD Ship: __________seconds ESD LNG bunker vessel: __________seconds
54	Initial LNG bunker line up has been checked. Unused connections are closed, blanked and fully bolted. 초기 LNG 벙커 배관망을 확인 사용하지 않는 연결은 닫히고, 비어 있고, 완전히 볼트로 고정되어 있는지 여부					
55	LNG bunker hoses, fixed pipelines and manifolds are in good condition, properly rigged, supported, properly connected, leak tested and certified for the LNG transfer. LNG 벙커 호스, 고정 파이프라인과 매니폴드는 양호한 상태이며, 적절하게 장비되고, 지지되고, 적절하게 연결되고, 누출 테스트를 거쳐 LNG 이송에 대한 인증을 받았는지 여부					
56	The LNG bunker connection between the ship and the LNG bunker vessel is provided with dry disconnection couplings. 선박과 LNG 벙커 선박 사이 LNG 벙커 연결에 건식 분리 커플링이 제공되는지 여부					
57	The LNG bunker connection between the ship and the LNG bunker vessel has adequate electrical insulating means in place. 연료추진선박과 LNG 벙커링 선박 사이 LNG 벙커 연결에 적절한 전기절연 수단 확보 여부					

	Check	Ship	Bunker Vessel	Terminal	Code	Remarks
58	Dry breakaway couplings in the LNG bunker connections are in place, have been visually inspected for functioning and found to be in a good working order. LNG 벙커 연결부 건식 분리 커플링이 제자리에 있고 기능에 대해 육안 검사를 받았으며 양호한 작동 상태인 것으로 확인되었는지 여부				A	
59	The ship's emergency fire control plans are located externally. 작업을 수행하는 선박들의 비상 화재 통제 계획이 외부에 있는지 확인 여부					Location:
60	An International Shore Connection has been provided. 국제 육상 연결(IMO SOLAS 요구 사항에 따라 모든 선박에 제공되는 범용 호스 연결)과 연결이 제공되었는지 여부					
61	Competent authorities have been informed that bunker transfer operations are commencing and have been requested to inform other vessels in the vicinity. 관계 당국은 벙커링 이송 작업 시작과 인근 다른 선박에 이를 알리도록 요청받았는지 여부					

PART D: LNG 이송 데이터와 동시작업

(This part should be completed before actual transfer operations start)

(이 점검목록은 LNG 이송 작업 전에 반드시 완료되어 있어야 합니다)

▪ Agreed starting temperatures and pressures
합의된 시작 온도 및 압력

Note the agreed Physical Quantity Unit (PQU): □ m³ □ Tonnes □ ________

합의된 물리적 수량 단위를 기록하십시오.

	Ship		LNG supplying bunker vessel		
LNG tank:start temperature: LNG 탱크: 시작 온도:					℃ / ℉*
LNG tank: start pressure: LNG 탱크: 시작 압력:					bar/psi*(rel)
LNG tank: available (rest) capacity LNG 탱크: 가용(휴식) 용량					PQU

*: delete as appropriate (적절한 삭제)

▪ Agreed bunker operations
합의된 벙커 작업

	Tank 1	Tank 2	
Agreed quantity to be transferred: 이전할 합의 수량:			PQU
Starting pressure at the manifold: 매니폴드의 시작 압력:			bar/psi*(rel)
Starting rate: 시작 속도:			PQU per hour
Max transfer rate: 최대 전송 속도			PQU per hour
Topping up rate: 충전율:			PQU per hour
Max pressure at manifold: 매니폴드의 최대 압력			bar /psi*(rel)

*: delete as appropriate

- **Agreed maximums and minimums**
  합의된 최대 최소

	Maximum	Minimum	
Pressures during bunkering: 벙커링 중 압력:			bar / psi* (rel)
Pressures in the LNG bunker tanks: LNG 벙커 탱크의 압력:			bar / psi* (rel)
Temperatures of the LNG: LNG의 온도:			℃ / ℉*
Filling limit of the LNG bunker tanks: LNG 벙커 탱크의 충전 한계:			%

*: delete as appropriate

- **Agreed simultaneous LNG bunker / Oil bunker operations**
  LNG벙커/오일 벙커링 동시운영 작업

(Note that for oil bunker operations a separate bunker checklist should be completed)

(오일 벙커 작업의 경우 별도의 벙커 체크리스트를 작성해야 함)

Oil bunker activity	Ship	Bunker vessel	Terminal

- **Agreed simultaneous LNG bunker / Cargo operations**
  LNG벙커동시 작업 / 화물운항

Cargo activity	Ship	Bunker vessel	Terminal

- **Restrictions in LNG bunker / Cargo operations**
  LNG 벙커/화물운항 제한

Restricted activity	Ship	Bunker vessel	Terminal

Declaration

We, the undersigned, have checked the above items in Parts B, C and D in accordance with the instructions and have satisfied ourselves that the entries we have made are correct. 아래 서명한 우리는 지침에 따라 파트 B, C 및 D의 위 항목을 확인했으며 우리가 작성한 항목이 정확하다고 스스로 만족했습니다.

We have also made arrangements to carry out repetitive checks as necessary and agreed that those items coded 'R' in the checklist should be re-checked at intervals not exceeding ________ hours.

우리는 또한 필요에 따라 반복적인 점검을 수행할 수 있도록 조치했으며 점검 목록에 'R'로 표시된 항목은 ________ 시간을 초과하지 않는 간격으로 재점검해야 한다는 데 동의했습니다.

If, to our knowledge, the status of any item changes, we will immediately inform the other party.

우리가 아는 한 항목의 상태가 변경되면 즉시 상대방에게 알립니다.

Ship	Bunker vessel	Terminal
Name 선명	Name 선명	Name 이름
Rank 등급	Position 위치	Position 위치
Signature 서명	Signature 서명	Signature 서명
Date 날짜	Date 날짜	Date 날짜
Time 시간	Time 시간	Time 시간

Record of repetitive checks (반복점검 기록)								
Date 날짜								
Time 시간								
Initials for ship 선박 초기 상태								
Initials for bunker vessel 벙커링 선박 초기상태								
Initials for terminal 터미널 초기상태								

Guideline for completing this checklist
점검목록 작성 지침

The presence of the letters 'A' or 'R' in the column entitled 'Code' indicates the following:

'코드' 열에 'A' 또는 'R' 문자가 있으면 다음을 나타냅니다

1. A ('Agreement').계약

This indicates an agreement or procedure that should be identified in the 'Remarks' column of the checklist or communicated in some other mutually acceptable form.

이것은 체크리스트의 '비고' 열에 식별되거나 다른 상호 수용 가능한 형식으로 전달되어야 하는 합의 또는 절차를 나타냅니다.

2. R ('Re-check'). 재확인

This indicates items to be re-checked at appropriate intervals, as agreed between both parties, at periods stated in the declaration.

본 사항은 선언에 명시된 기간에 쌍방이 합의한 대로 적절한 간격으로 항목을 다시 확인해야 함을 나타냅니다.

3. P ('Permission') 승인

This indicates that permission is to be granted by authorities.

이것은 권한이 당국에 의해 부여되어야 함을 나타냅니다.

The joint declaration should not be signed until both parties have checked and accepted their assigned responsibilities and accountabilities. When duly signed, this document is to be kept at least one year on board of the LNG receiving vessel.

양 당사자가 할당된 책임과 책임을 확인하고 수락할 때까지 공동 협정에 서명해서는 안 됩니다. 정식 서명이 되면 이 문서는 LNG 연료추진 선박의 선상에서 최소 1년 동안 보관되어야 합니다.

PART E: After LNG Transfer Checklist

LNG 벙커링 작업 후 점검항목

(This part should be completed after transfer operations have been completed)

이 작업은 이송작업이 모두 완료된 이후 수행되어야 함

	Check	Ship	Bunker Vessel	Terminal	Code	Remarks
62	LNG bunker hoses, fixed pipelines and manifolds have been purged and are ready for disconnection. LNG 벙커링 호스, 고정 파이프라인과 매니폴드가 제거되었으며 분리할 준비 확인				A	
63	Remote and manually controlled valves are closed and ready for disconnection. 원격 및 수동 제어 밸브가 닫혀 있고 분리할 준비 완료				A	
64	After disconnection the restricted area has been deactivated. Appropriate signs have been removed. 연결 해제 후 제한 영역이 비활성화 여부 적절한 안전 표식 해제 여부				A	
65	Competent authorities have been notified that LNG bunker operations have been completed and have been requested to inform other vessels in the vicinity. 관계 당국은 LNG 벙커 운영이 완료되었다는 통지를 받았으며 인근의 다른 선박에 이를 알리도록 요청					Time notified: ________ hrs
66	The terminal has been notified that LNG bunker operations have been completed. 터미널은 LNG 벙커 운영이 완료 알림					Time notified: ________ hrs
67	Near misses and incidents have been reported to competent authorities. 아차사고 및 사고가 관할 당국에 보고 여부 확인					Report nr:

Declaration

We, the undersigned, have checked the above items in Part E in accordance with the instructions and have satisfied ourselves that the entries we have made are correct.

아래 서명한 우리는 지침에 따라 파트 E의 위 항목을 확인했으며 우리가 작성한 항목이 정확하다고 스스로 만족했습니다.

Ship	Bunker vessel	Terminal
Name 선명	Name 선명	Name 이름
Rank 등급	Position 위치	Position 위치
Signature 서명	Signature 서명	Signature 서명
Date 날짜	Date 날짜	Date 날짜
Time 시간	Time 시간	Time 시간

Guideline for completing this checklist

The presence of the letters 'A' or 'R' in the column entitled 'Code' indicates the following:

아래 서명한 우리는 지침에 따라 파트 E의 위 항목을 확인했으며 우리가 작성한 항목이 정확하다고 스스로 만족했습니다.

이 체크리스트 작성을 위한 지침

4. A ('Agreement').

This indicates an agreement or procedure that should be identified in the 'Remarks' column of the checklist or communicated in some other mutually acceptable form.

이것은 체크리스트의 '비고' 열에 식별되거나 다른 상호 수용 가능한 형식으로 전달되어야 하는 합의 또는 절차를 나타냅니다

5. R ('Re-check').

This indicates items to be re-checked at appropriate intervals, as agreed between both parties, at periods stated in the declaration.

이는 선언에 명시된 기간에 쌍방이 합의한 대로 적절한 간격으로 항목을 다시 확인해야 함을 나타냅니다.

6. P ('Permission')

This indicates that permission is to be granted by authorities.

이것은 권한이 당국에 의해 부여되어야 함을 나타냅니다.

The joint declaration should not be signed until both parties have checked and accepted their assigned responsibilities and accountabilities. When duly signed, this document is to be kept at least one year on board of the LNG receiving vessel.

양 당사자가 할당된 책임과 책임을 확인하고 수락할 때까지 공동 선언에 서명해서는 안 됩니다. 정식 서명이 되면 이 문서는 LNG 연료추진 선박의 선상에서 최소 1년 동안 보관되어야 합니다.

제 6 장

벙커링 위험성 평가 (Risk Assessment for Bunkering Process)

6.1 정의

6.2 저인화점연료 벙커링 시스템 범위

6.3 저인화점연료 벙커링 위험도 절차

6.4 정성적 위험도 평가

6.5 정량적 위험도 평가

6.6 위험도 평가 수행

저인화점 연료선박 기준(International Code of Safety for Ship Using Gases or Other Low-flashpoint Fuels, IGF Code)은 저인화점 연료를 사용하는 선박의 운용과 관련한 위험을 제거하거나 완화하기 위하여 위험도평가를 요구하고 있다.

저인화점연료 벙커링 작업은 항만당국 승인을 통해 선박 운항이 빈번한 항만 내 또는 지정된 장소에서 작업이 진행되므로 수용가능하고 인정된 방법론을 사용한 위험도평가가 수행되어야 한다.

위험성 평가는 예측 가능한 고장 발생 시 기계의 운전이나 유지보수와 관련된 위험성이 평가에 포함되어져야 한다. 위험도평가 시 기기의 기능 손실, 구성품의 손상, 화재, 폭발과 전기 충격 등이 최소한 고려되어져야 한다. 위험도 평가로 식별된 위험도는 가능한 제거되어져야 하며 제거할 수 없는 위험도는 적절히 저감되어야 한다.

벙커링 시스템과 벙커링 운용에 대한 위험도 수준 및 위험도 저감과 관련된 사항을 포함하는 위험도평가 결과는 주 관청이 인정할 수 있는 수준으로 문서화 되어야 한다.

저인화점 연료가 대부분인 친환경 대체연료를 사용하는 선박에 대한 위험도평가 수행에 사용 가능한 많은 위험도평가 방법론이 있다. 여기서는 안전한 벙커링 작업 수행을 돕기 위하여 위험도평가 권장 사례를 설명하고 있으며, 위험도평가를 특정 방법론으로 제한하고자 하지는 않는다.

이 책에서 기술하는 저인화점연료 벙커링 운용 위험도평가 방법론은 저인화점 연료를 사용하는 선박이 벙커링 작업 수행 중 발생할 수 있는 인명, 재산 및 환경에 영향을 미치는 위험요소를 제거하거나 벙커링 시스템 운용과 관련된 위험도를 허용 가능한 수준까지 저감시키기 위한 목적으로 사용되며, 궁극적으로는 시스템의 안전한 설계와 벙커링 작업의 안전한 운용을 통한 해양안전 확보를 목적으로 한다.

기술하는 저인화점연료 벙커링 운용 위험도평가 방법론은 벙커링을 위한 시스템과 벙커링 운용 개념에 적용하며, 벙커링 운용 시작부터 완료까지 전 과정에서 발생 가능한 위험을 고려한다.

6.1 정의

- **위험요소(hazard)**

인명, 환경, 재산에 부정적 영향을 끼칠 수 있는 잠재요소이다. 하나의 위험요소는 다양한 사고원인으로 인해 발생할 수 있고 다양한 사고결과를 초래할 수 있다.

- **위험 사건(hazardous event)**

특정 사고원인과 이로 인해 특정 사고결과로 이르는 일련의 과정이다. 사고 시나리오와 유사한 의미이다.

- **사고(accident)**

인명, 환경, 재산의 손실 및 훼손을 초래할 수 있는 의도하지 않은 사건이다. 사고는 위험요소와 밀접한 관계에 있으며, 경우에 따라 위험요소와 동일한 의미를 가질 수 있다.

- **사고원인(cause)**

위험요소(또는 사고)를 일으킬 가능성이 있는 특정 사건 또는 요소이다.

- **사고결과(consequence)**

위험요소(또는 사고)의 발생과 그 진행으로 인해 결과적으로 발생 가능한 부정적 결과 (또는 영향)이다. 일반적으로 인명, 환경, 재산의 결과적인 손실 및 훼손으로 표현된다.

- **발생빈도(frequency)**

단위 시간 동안 발생 횟수 (예를 들어, 연간 10회 발생).

- **심각도(severity)**

  인명, 환경, 재산의 손실 및 훼손 정도 또는 수준.

- **위험도(risk)**

  사고(또는 사고원인)의 발생빈도와 사고결과를 조합한 것이다.

  Risk = Frequency × Consequence.

- **위험도 저감방안(risk reduction measures)**

  위험도를 감소시킬 수 있는 특정 방법이다. 주로, 사고(또는 사고원인)의 예방을 통해 발생빈도를 감소시키거나 또는 사고결과의 완화를 통해 심각도를 감소시킴으로 써 위험도 수준을 저감할 수 있다. 위험도 제어수단과 유사한 의미이다.

- **안전대책(safeguard)**

  대상 시스템에 기 반영되어 있는 위험도 저감방안이다. 예를 들어, 안전 배치, 안전 장비, 운용 절차, 안전 절차 및 매뉴얼, 유지보수 절차, 정기적 검사, 안전 교육 등이 이에 해당할 수 있다.

- **실용-합리적 최소화 원칙(ALARP principle, as low as reasonably practicable)**

  합리적이고 실용적인 방법을 통해 위험도를 가능한 최소화하여야 한다는 원칙이며, 위험도 평가에 있어 이를 적용할 수 있다. 기술적으로 구현가능하며, 위험도 저감을 위해 소요되는 비용과 위험도 감소로 인해 얻을 수 있는 이익이 균형을 이룰 때 위험도 저감방안이 정당화됨을 의미한다.

- **위험구역**

  장비의 제작, 설치 및 사용에 대한 특별한 조치가 요구되는 양의 폭발성 가스 분위기가 존재하거나 혹은 존재할 것으로 예상되는 구역을 말한다

- **안전관리구역(safety sone)**

안전관리구역은 벙커링설비, 연료추진선박 벙커링스테이션 및 LNG이송시스템 주변 구역으로, 이 구역은 벙커링 작업 시 잠재적인 발화원이 통제되어야 하고 허가 받은 사람만이 출입이 가능한 구역이다.

- **보안구역(security zone)**

보안구역은 타 선박의 교통이나 다른 행위들이 통제되어야 하는 벙커링설비나 연료추진선박 주변구역으로, 타 선박이 출입하는 것을 방지하고 벙커링 중에 타 선박과의 일정한 거리를 유지해야 하는 구역이다. 이 구역은 안전구역 보다는 크게 될 것이다. "Exclusion zone"이라고도 한다. 이 보안구역은 장소에 따라 달라질 수 있으며 관할 항만 당국에 의해 결정될 수도 있다

- **폐위구역**

인공적인 통풍 부재 시, 환기가 제한되고 폭발성 분위기가 자연적으로 소멸되지 않는 공간을 말한다.

- **반폐위구역**

지붕, 방풍막(windbreaks) 및 격벽으로 인하여 자연 통풍 조건이 개방갑판에서와는 현저히 다르고, 가스의 확산이 일어나지 않도록 배치된 구역을 말한다.

- **방출원(source of release)**

가스, 증기, 분무 또는 액체가 대기 중으로 방출되어 폭발성 분위기가 형성되는 지점 또는 위치를 말한다.

- **직무전문가(SME, subject matter experts)**

위험요소식별대상 시스템의 설계, 건조, 설치, 운용, 폐기 등의 직무 관련 경험과 지식을 보유한 해당 분야의 전문가이다.

▪ **안전조치 담당자(responsibility)**

식별 및 제시된 추가 안전조치에 대한 대응을 책임지고 수행하는 사람 또는 기관이다.

▪ **추가 안전조치 또는 안전조치(additional safety action or safety action)**

대상 시스템에 추가 적용이 권고되는 위험도 저감 방안이다. 대상 시스템에 적용 여부를 검토할 필요가 있는 추가적인 안전시스템이며, 설계 변경, 안전 장비추가, 운용 절차 변경, 안전 절차 및 매뉴얼 강화, 유지보수 강화, 시스템 검사 강화, 안전 교육 강화 등이 해당할 수 있다.

▪ **벙커링(bunkering)**

육상 또는 부유식 설비로부터 선박의 연료공급장치에 연결된 고정식 탱크 또는 이동식 탱크로 액체 또는 가스연료를 이송하는 것을 말한다.

6.2 저인화점연료 벙커링 시스템 범위

저인화점연료 벙커링 운용에 대한 위험도평가 시 다음의 장비들이 고려되어야 한다.

표 6-1 위험도평가 분석 대상

분석대상 시스템	대상 설비
저인화점연료 수급, 저장 및 조절을 위한 장비와 저인화점연료를 연료로 소비하는 장비(엔진, 보일러 등)에 연료를 이송하기 위한 장비	벙커링 매니폴드에서 연료 소모장치에 연료를 공급하기 위한 매니폴드, 밸브, 배관, 탱크, 펌프/압축기, 열교환기 및 계기 등
작동 제어 장비	압력 및 온도 조절기 및 감시장치, 유량조절기, 신호처리장치 및 제어판 등
감지 및 경보 장치와 안전시스템 가동장비	연료의 이송, 누출 및 누출에 따른 화재를 식별하여 연료소모장치에 연료공급을 차단하는 감지기 등
저인화점연료 이송시스템 비상차단 시스템	저인화점연료 흐름을 차단하거나 비상 시 이송시스템의 손상을 막기 위한 수단으로 사용되는 신속차단밸브(Quick acting valve), 비상분리시스템(ERS: Emergency Release System), 건분리(Dry Disconnection)과 같은 ESD(Emergency Shut-down) 관련설비 등
의도치 않은 운용 (비상 운용)과 관련된 환기, 연료 수용 또는 취급을 위한 장비	벤트용 관, 마스트 및 밸브, 넘침탱크, 이차 격납 및 통풍장치 등
소화 및 화재 확산 방지 시스템, 저인화점연료 접촉으로부터 선체 보호를 위한 장비	물분무장치, 워터 커튼 또는 방화 댐퍼 등(LNG의 경우)
연료관을 퍼지 또는 불활성화하는 계통	벙커링 계통의 퍼징/불활성화 용도의 질소 저장 및 공급 장치와 연료의 이송/처분(disposal)에 사용되는 장치 등
장치를 수용하는 구조와 구조물	연료 저장창 구역, 탱크연결부 구역 및 연료저장실 등

저인화점연료 벙커링 작업과 관련된 이해 관계자들 (예, 주 관청, 선주, 선급협회 등) 합의에 의해, 이전에 이미 위험도평가를 수행한 시스템 또는 운용개념에 대해서는 위험도평가 범위에서 제외할 수 있다. 이 경우, 사용 맥락(context of use)에 변화가 없고 이전 위험도평가 결과로 위험도 저감이 이미 적용된 경우라야 한다.

위험도평가 범위는 선박에 설치된 벙커링 장비 배치와 벙커링 운용 개념을 포함해야 한다. 따라서, 벙커링 운용 계획 시 위험도평가를 수행하며, 벙커링 운용 전에는 반드시 허용 가능한 수준으로 위험도가 저감되었음을 확인하여야 한다. 또한, 벙커링 운용이 완료된 이후라도 추가 고려되어야 할 위험요소가 식별된 경우에는 자체안전관리계획(또는 자체 벙커링 절차서)의 보완을 위하여 위험도평가의 재수행이 필요할 수 있다.

저인화점연료 벙커링 작업은 위험도평가를 필수적으로 요구하지 않는다. 하지만, 벙커링 운용과 이와 관련된 시스템의 전 생애주기에서 발생 가능한 위험에 대한 관리가 필요하다. 또한, 선박이 항만 내에서 벙커링 작업을 할 때 항만 내 공간, 벙커링 설비 배치 또는 작동 방식 등 안전관리에 필요한 내재된 위험요소들이 식별되어야 한다. 위험도평가는, 벙커링 설비가 변경되거나 장비 및 제어 성능 변화가 발생할 경우 관련된 위험에 대한 평가가 재수행되어야 한다.

위험도평가 최종 범위는 적절한 이해 관계자들 간 합의를 통해 설정되어야 하며, 적용되는 선급 규칙, IGF Code/IGC Code 등 산업기준에 따라야 한다.

6.3 저인화점연료 벙커링 위험도 절차

저인화점연료 벙커링 운용 위험도평가는 일반적으로 항만 당국과 관계자의 항만 내 벙커링 작업 인·허가를 위한 의사결정 과정에 정보를 제공하기 위하여 사용되며, 대상 시스템 운용과 관련된 위험에 대한 적절한 분석은 올바른 의사결정에 있어 중요한 정보를 제공할 수 있으며, 해당하는 의사결정에 대한 명확한 설명을 제공할 수 있다.

저인화점연료 벙커링 운용의 안전한 작업을 위한 위험도평가 절차는 다음 그림과 같다. 벙커링 작업 위험도 수준을 확인하기 위하여, 정성적 위험도평가 방법론 적용을 선행 할 것을 제시하고 있으며, 적어도, 다음의 정성적 위험도평가는 수행되어야 할 것을 권장하고 있다.

먼저, 저인화점연료 벙커링 운용과 관련된 전반적인 위험요소 식별 및 관리를 위한 HAZID(Hazard Identification) Study, 그리고 연료 이송과 비상정지 장치 등 벙커링 시스템 검토를 위한 HAZOP(Hazard and Operability Analysis) Study 등을 수행해야 한다. 만약, 정성적 위험도평가 결과와 함께 부록에서 제시하고 있는 체크리스트 결과를 검토하여 정량적 위험도분석이 필요하다고 판단되는 항목이 발생할 경우에는, 정량적 위험도분석에 따라 적절한 추가 분석이 수행되어야 한다.

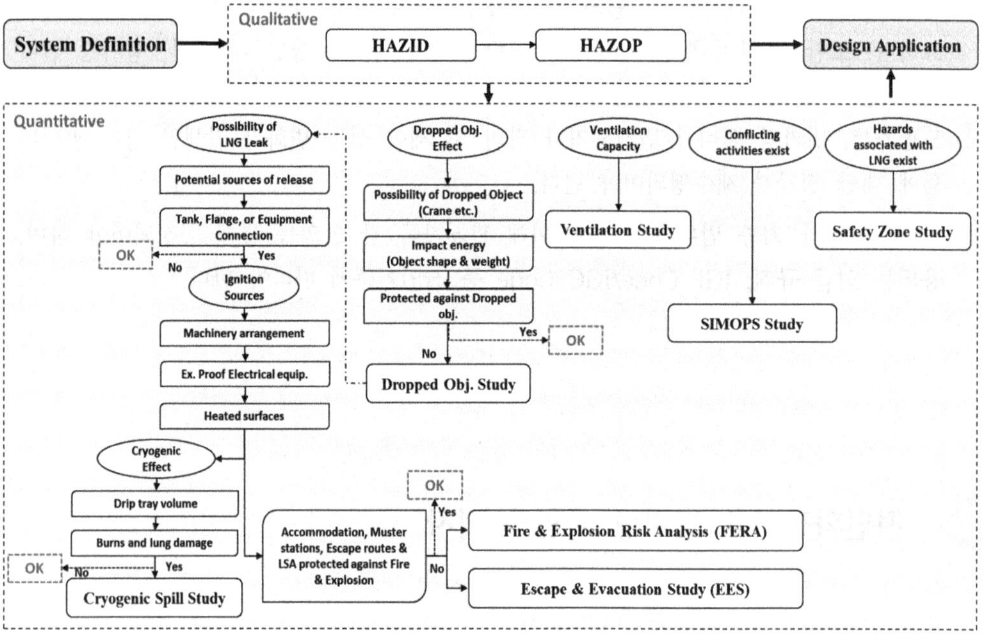

그림 6-1 저인화점 연료 벙커링 위험도 분석 절차

[Source:한국선급]

6.4 정성적 위험도 평가

저인화점연료 벙커링 운용에 대한 승인 또는 인·허가는, 연료가 이송되는 과정에서 발생할 수 있는 인명, 재산 및 환경에 대한 위험에 대하여 정량적 위험도평가를 요구하고 있지는 않다. 하지만, 최소한 위험도평가를 통해 다음 사항을 확인하여 벙커링 작업 안전 여부를 결정하기 위한 정보를 준비하도록 요구하고 있다.

벙커링 시스템 운용과 벙커링 작업에 관련된 위험을 저감하기 위하여 추가 조치가 요구되는지 여부, 벙커링 시스템 및 벙커링 운용에 대한 위험도가 허용 가능한 수준까지 저감되었는지 여부를 파악해야 한다.

따라서 앞서의 요구사항을 충분히 만족할 수 있다면, 위험도평가에 대한 정성적 (qualitative) 또는 준 정량적 (semi-quantitative) 접근이 더욱 효과적일 수 있다.

그렇지만, 벙커링 작업에 정량적 위험도평가의 사용이 부적절하다거나, 정량적 위험도평가를 선호하지 않는다는 것을 의미하지는 않는다. 다만 중요한 사항은 벙커링 운용과 관련된 위험도가 허용 가능한 수준까지 저감되었음을 확인하기에 충분한 수준의 위험도평가가 수행되어야 한다는 것이다.

(1) 위험도식별 (Hazard Identification study, HAZID)

HAZID는 벙커링 시스템 운용 및 벙커링 작업과 관련된 모든 위험요소를 식별하고, 인명, 재산 및 환경에 영향을 미치는 위험을 제어하여 허용 가능한 수준까지 저감시키기 위한 목적으로 수행된다.

HAZID 목적은 벙커링 선박과 연료추진선박 벙커링 시스템 설계 및 운용 개념에 대한 전반적 이해도를 높이는 것이다. 벙커링 선박과 연료추진선박 벙커링 시스템 설계 및 운용 개념에 대한 안전성 측면의 전반적 내용을 검토하고 벙커링 선박과 연료추진선박 벙커링 운용 과정 중 발생 가능한 위험요소와 위험 사건을 체계적으로 식별한다.

벙커링 선박과 연료추진선박의 벙커링 시스템 설계 및 운용 개념에 반영되어 있는 현행 안전대책 효과 검토하고 벙커링 시스템 및 벙커링 운용과 관련하여 식별된 위험요소 및 위험사건의 위험도를 허용가능 수준으로 감소시키기 위한 추가적 안전조치를 합리적으로 도출한다.

추가로, 저인화점연료 벙커링 시스템 설계 개념과 운용 절차에 불가항력 안전문제 존재 여부 검토한다.

HAZID 수행 결과로써 도출되는 안전조치는 저인화점연료 벙커링 운용의 시작부터 완료까지 모든 작업의 진행단계에 관련될 수 있다. 즉, 가능한 안전조치로써 저인화점연료 벙커링 운용개념 및 운용절차의 변경 등이 요구될 수 있다. 따라서 LNG 벙커링 운용 계획 초기에 위험요소식별을 수행하고 그 결과를 저인화점연료 벙커링 작업 절차에 적용하는 것이 가장 효과적이며 바람직하다.

HAZID 고려 사항은 벙커링 작업을 고려한 위험요소는 다음과 같다.

표 6-2 HAZID 고려사항 (예 LNG의 위험요소)

항목	세부사항
극저온 화상(cryogenic burns)	액체 온도가 매우 낮기 때문에 피부와 접촉하면 LNG가 화상을 유발한다. 또한 차가운 가스 호흡을 통해 폐 손상
저온 취성(low temperature embrittlement)	저온 LNG와 접촉하면 대다수 물질이 연성을 잃어 부서지기 쉬우며 여기에는 일반적으로 선박 구조 및 갑판에 사용되는 탄소 및 저 합금강 등이 포함
질식성(asphyxiation)	LNG는 독성이 없으며 알려진 발암 물질이 아니다. 그러나 가스가 끓기 때문에 변위를 일으켜 주변 공기와 혼합되면서 질식을 일으킬 수 있다. 질식의 가능성은 대기 중 가스 농도와 노출 기간과 관련이 있다. 암모니아 등과 같이 독성을 가지는 연료가 있음
팽창과 압력(expansion and pressure)	대기 중으로 방출 된 LNG는 액체의 수 백배(약 600배) 가스 생성 용량으로 급속히 끓기 때문에 공간이 제한되고 압력 배출이 원활하지 못할 경우 압력이 증가하여 주변 구조물과 장비 손상 가능
화재(fire)	액면화재(pool fire), 제트화재(jet fire), 표면화재(flash fire)로부터의 열방사(thermal radiation)는 인명 피해와 구조/장비의 손상을 초래
폭발(explosion)	연료를 대기로 방출하고 생성된 인화성 구름의 점화를 수십 초 이상 지연시키면 폭발할 수 있다. 그 결과 과압은 인명 피해와 구조/장비 손상을 초래 가능, 폭발로 인한 과압(overpressure)으로 구조물 손상 가능
급속한 상 전이(rapid phase transition)	방출 시 LNG는 공기, 물/바다, 강 또는 육상에서 발생하는 주변으로부터의 열로 인해 급속히 증발한다. 그러나 이 급속하고 때로는 폭발적인 끓는 현상은 신속한 상 전이가 아니다. 신속한 상 전이는 액체가 폭발적으로 증발하는 즉, 액체에서 가스로 순간적으로 전이하는 것이다. 이는 급속 가열보다 더 심한 폭발적인 사건이며 액체 배출 및 과압 유발 가능

(2) 위험도식별(Hazard and Operability Analysis, HAZOP)

HAZOP은 벙커링 선박과 연료추진선박에 탑재된 연료 이송 시스템 운용으로 인해 발생할 수 있는 위험요소와 문제를 확인하기 위해 수행하는 상세하고 체계적인 절차이며, 전문가 논의에 기반한 정성적 위험도 분석 기법 중 하나이다.

HAZOP 목적은 연료 이송을 위한 벙커링 공정시스템 운용과 관련하여 설계 의도에서 벗어나는 잠재적 이상 상황을 식별하고, 이와 관련된 원인을 조사하고, 위험사건 결과를 평가하는 작업으로 이루어져 있으며, 식별된 위험요소 및 위험사건 위험도를 허용 가능한 수준까지 합리적으로 감소시킬 수 있는 안전조치를 체계적으로 도출하기 위한 목적으로 수행된다.

HAZOP을 수행하기 위해서는 잘 정의된 시스템이나 절차가 필요하다. HAZOP을 효율적으로 수행하기 위해서는 정상에서 벗어난 상태를 설정하고, 그로 인한 결과를 분석할 수 있어야 하는데, 이렇게 하기 위해서는 시스템이나 절차의 세부적인 설계사항까지도 필요할 수 있다. 또한 안전장치 등에 대한 설계는 대개 상세설계 단계에서 이루어지는 경우가 많다. 일반적으로 기본설계 이후 상세설계 이전 단계에서 공정운용위험분석을 수행하고, 그 결과를 상세설계 단계에서 적용한다.

HAZOP은 벙커링 공정의 압력, 온도, 유량 수준 및 흐름(pressure, temperature, level & flow) 등을 고려하여, 안전장치를 포함한 모든 LNG 벙커링 공정시스템 운용과 관련된 위험요소들을 검토한다.

6.5 정량적 위험도 평가

벙커링 시스템 및 운용에 대한 기본적인 위험도평가 목표 및 위험도 관리 방법은 연료 누출을 방지하고 연료가 누출될 경우 점화원을 제어하기 위한 목표를 기반으로 한다고 할 수 있다.

저인화점연료 벙커링 시스템 운용과 관련하여, 정성적 위험도평가 방법론 적용만으로는 상기 근본 목표 달성 여부를 검토하기 어렵거나 기타 잠재된 위험요소들을 제어하기 어렵다 판단될 때에는 정량적 위험도분석이 추가로 수행되어야 한다. 정량적 위험도분석을 위하여 다음과 같은 분석들이 수행될 수 있다.

- 화재/폭발 위험도 분석(Fire & Explosion Risk Analysis: FERA)
- 대피/탈출 분석(Escape & Evacuation Study: EES)
- 극저온 물질 누출 영향 분석(cryogenic spill study)
- 낙하물 위험도 분석(dropped object study)
- 가스 통풍/환기량 분석(gas ventilation study)
- LNG 벙커링 안전관리구역 설정 분석(safety zone study)
- 동시 작업 분석(Simultaneous Operation Study: SIMOPS Study)

(1) 화재/폭발 위험도 분석(Fire & Explosion Risk Analysis, FERA)

화재/폭발 위험도분석은 가연성 가스연료 누출 발생 가능성과 점화 확률을 계산하여 화재/폭발 사고 시나리오 발생 빈도를 산출하고 화재/폭발로 인한 인명 또는 구조물이 받는 영향을 분석하여 위험도를 산출하는 정량적 위험도분석 방법론이다.

화재/폭발 위험도분석은 가연성 가스연료 누출로 인한 화재 또는 폭발 사고 시나리오가 발생할 경우 인명, 재산 및 환경에 대한 위험도를 분석하고 위험도 저감을 위한 대책을 마련하여, 저인화점연료 벙커링 시스템 설계 개선과 벙커링 작업 안전 강화를 위한 목적으로 수행된다.

화재/폭발 위험도분석이 필요한 경우는 가연성 가스연료 누출 가능성과 점화원의 존재 여부를 검토해서 결정한다. 다음은 그 결정을 위한 정보를 나열한다.

- 가스연료 누출 가능성이 존재할 경우,
- 가연성 가스연료 vapor cloud가 형성될 수 있는 곳에 점화원이 존재할 경우,
- 화재/폭발의 영향으로부터 거주구, 비상소집장소, 탈출경로, 또는 구명설비 중 어느 하나라도 보호되지 못할 가능성이 존재할 경우
- 벙커링 작업 중 가연성 가스연료가 일시적으로 존재하는 벙커링 파이프라인과 플랜지, 벙커링 호스 등에서 비정상적인 상황 아래 누출되는 저인화점연료에 의한 화재/폭발을 방지하기 위한 점화원 관리와 인가된 작업원들의 배치에 대한 검토가 필요한 경우 등

상기 사항들 중 어느 하나라도 해당되지 않을 경우 화재/폭발 위험도분석은 생략할 수 있다.

정성적 위험도평가에서 추가 분석을 요구하는 화재/폭발 위험도분석 시나리오가 존재할 경우에는 이해 관계자(예, 선주, 설계자, 선급협회 등)의 합의에 따라 화재/폭발 위험도분석이 수행될 수 있다.

IGF Code는 잠재적 방출원(potential sources of release)과 잠재적 발화원(potential ignition sources)을 가지는 모든 구역에서의 폭발은 다음과 같이 제한되어야 함을 요구하고 있다.

- 사고 발생 구역을 제외한 다른 모든 구역에 설치된 장비와 장치 기능을 방해하거나 손상을 주어서는 안 됨
- 선박은 주 갑판 하부 침수 또는 점진적 침수가 발생할 정도 손상을 주어서는 안 됨
- 작업장소와 거주구에 정상작동 상태에서 그러한 장소에 머무르는 사람이 부상당할 수 있는 정도 손상을 주어서는 안 됨
- 전력 분배에 필요한 제어장소와 배전반실의 적절한 기능을 방해해서는 안 됨
- 구명설비 및 관련 진수설비에 손상을 주어서는 안 됨

- 폭발로 손상된 구역 외부에 설치된 소화장치 적절한 기능을 방해해서는 안 됨
- 화물, 가스와 연료유 간 연쇄반응으로 인해 선박의 다른 구역에 영향을 주어서는 안 됨
- 구명설비접근을 막거나 탈출로를 방해해서는 안 됨

(2) 대피/탈출 분석(Escape & Evacuation Study, EES)

대피/탈출 분석은 해양사고가 발생하였을 경우 승선 인원의 안전한 대피 및 탈출을 위하여 준비된 장비 및 절차를 검토하고, 사고로 인한 대피/탈출의 지연 등을 분석하기 위한 정량적 위험도분석 방법론이다.

대피/탈출 분석은 벙커링 작업과 관련하여 화재/폭발, 선박 충돌 등 사고가 발생했을 경우 승선 인원의 안전한 대피/탈출에 영향을 미치는 요소들을 검토함으로써 승선 인원의 안전을 최대한 확보하기 위한 목적으로 수행된다.

대피/탈출 위험도분석은 다음 사항들을 모두 포함할 경우 수행한다.

화재/폭발 가능성이 존재할 경우 가연성 가스연료 누출 가능성이 존재하고 가연성 가스연료 vapor cloud가 형성될 수 있는 곳에 점화원 존재할 때 수행한다.

그리고 화재/폭발 영향으로부터 거주구, 비상소집장소, 탈출경로, 또는 구명설비 중 어느 하나라도 보호되지 못할 가능성이 존재할 경우에도 수행한다.

화재/폭발 영향으로부터 거주구, 비상소집장소, 탈출경로, 또는 구명설비가 충분하게 보호될 경우에는 대피/탈출 위험도분석은 생략될 수 있다.

정성적 위험도평가 결과로 대피/탈출에 대한 상세한 검토가 요구될 경우에는 이해 관계자(예, 선주, 설계자, 선급협회 등)의 합의에 따라 대피/탈출 위험도분석이 수행될 수 있다.

저인화점연료 벙커링 운용 중 발생 가능한 사고로 인한 대피/탈출 시스템과 절차에 대한 영향은 모두 고려되어야 한다.

화재/폭발 사고로 인한 열 방사(thermal radiation)와 폭발 과압(overpressure)이 대피/탈출에 영향을 미치는 모든 시나리오는 고려되어야 한다.

벙커링 운용과 관련하여, 안전한 대피를 위태롭게 하는 모든 요인들은 검토되어야 한다.

(3) 극저온 물질 누출 영향 분석(Cryogenic spill study)

극저온 물질(가스 또는 액체) 누출 영향 분석은 극저온 물질이 선체 구조, 시스템 부품 또는 승선 인원에게 노출되는 사고 시나리오에 대한 영향을 분석하기 위한 방법론이다.

극저온 연료와 접촉하면, 저온 취성으로 재료가 파손되어 접촉된 재료의 기존 응력이 추가적인 충격, 압력 또는 사용 없이 균열 및 파손을 일으킬 수 있다. 또한, 연료의 온도가 매우 낮기 때문에, 접촉하는 표면적 및 노출 기간에 따라, 피부와 접촉하면 화상을 유발하거나, 차가운 가스를 호흡하면 폐를 손상시킬 수 있다. 이러한 위험들은 체계적으로 분석되어야 한다.

극저온 물질 누출 영향 분석은 LNG, 액체수소 등 극저온 연료 누출로 인한 선체 손상 또는 인명 피해를 최소화하기 위한 방안을 마련하여 더욱 안전한 저인화점연료 벙커링 운용을 위한 목적으로 수행된다.

극저온 물질 누출 영향 분석은 다음 중 하나라도 포함될 경우 수행되어져야 한다.

- 극저온연료 누출 가능성이 존재할 경우
- 극저온연료 누출 구역에 점화원이 존재하지 않는 경우: 점화되는 경우의 시나리오는 화재/폭발 위험도분석에서 고려
- 충분한 용량의 드립 트레이(drip tray)가 설치되지 않은 곳이 존재할 경우
- 극저온연료 누출로 인한 극저온 화상 등 인명피해 발생 가능성이 존재할 경우

극저온 물질 누출 영향 분석의 수행 여부를 결정하기 위하여, 극저온연료 누출 가능성이 존재하지 않거나, 최대 누설량 계산에 따른 충분한 용량의 드립 트레이가 설치되어 있고 극저온에 의한 인명피해 발생 가능성이 현저하게 낮음을 증명할 수 있는 경우에는 극저온 물질 누출 영향 분석을 생략할 수 있다.

정성적 위험도평가에서 추가 분석이 요구되는 극저온 가스/액체 누출에 의한 선체 구조 또는 인명 피해 시나리오가 존재할 경우에는 이해 관계자(예, 선주, 운용자, 선급협회 등)의 합의에 따라 극저온 물질 누출 영향 분석이 수행될 수 있다.

최대 누설량 계산에 따른 충분한 용량의 드립 트레이가 설치되고, 누출액을 안전하게 수용할 수 있도록 배치되어야 한다. 극저온 액체가 누출되더라도 주위의 선체 구조에 영향이 최소화 될 수 있도록 설계 및 배치가 적용되어야 한다. 드립 트레이 설치와 극저온 누출과 관련된 저인화점연료 벙커링 시스템 설계는 IGF Code 요구사항을 만족하도록 한다.

(4) 낙하물 위험도 분석 (dropped object study)

선박 운용을 위해 많은 장비 또는 선용품이 크레인으로 이송되어야 한다. 특히 벙커링작업을 위한 새들(saddle)과 벙커링 호스 등이 호스 핸들링 크레인(hose handling crane)을 통해 이송된다.

만약, 벙커링 시스템의 중요한 장비 및 배관 인근에 크레인이 설치된 경우에는 낙하물 위험에 노출될 수 있으며, 중량물 낙하로 인한 고가의 벙커링 장비 및 배관 손상은 LNG, LPG, 암모니아, 메탄올, 수소 등 가연 가스연료 누출 시나리오로 이어질 수 있다.

낙하물 위험도 분석은 낙하물과 관련된 위험요소를 정의하고 위험도를 평가한 후, 위험도를 허용 가능한 범위까지 낮추기 위한 방안을 마련하는 것이라 할 수 있다.

낙하물 위험도분석은 벙커링 시스템의 중요한 장비 및 배관에 손상을 초래할 수 있는 낙하물의 영향을 검토하고, 가연성 가스연료 누출로 인한 사고로의 확대를 방지하기 위한 목적으로 수행된다.

낙하물 위험도분석 수행 여부 결정은 다음 사항들을 모두 포함 할 경우 수행한다.

- 낙하물 사고가 발생할 가능성이 존재할 경우(예, 벙커링 주요장비 및 배관 상부로의 중량물 이동 작업이 존재할 경우)
- 크레인이 벙커링 주요장비 및 배관에 손상을 줄 수 있는 정도의 물체를 이송하는 데 사용되는 경우
- 중량물 낙하 위험으로부터 벙커링 주요장비 및 배관을 보호하기 위한 충분한 설비가 마련되지 않은 장소가 존재하는 경우

어느 하나라도 해당되지 않을 경우 낙하물 위험도분석은 생략할 수 있다. 그럼에도 불구하고, 정성적 위험도평가 결과로 추가 분석이 필요하다 판단되는 낙하물에 의한 벙

커링 주요장비 및 배관 손상 시나리오가 식별된 경우에는 이해 관계자(예, 선주, 운용자, 선급협회 등)의 합의에 따라 해당 시나리오와 관련된 낙하물 위험도분석이 수행될 수 있다.

낙하물 위험도분석은 벙커링 운용을 고려하여 낙하물 위험도를 허용 가능한 수준까지 저감됨을 보여줄 수 있다면 간략한 충격에너지 산식을 이용하는 것으로도 충분할 수 있으며, 상세 분석이 필요한 경우에는 시뮬레이션을 통한 해석의 수행이 요구될 수 있다.

낙하물 위험도 분석은 크레인 회전 반경을 고려한 최대 낙하 표면 면적과 저인화점연료 벙커링 주요장비 및 배관에 영향을 줄 수 있는 중량물 이동을 위한 크레인 사용 빈도를 검토한다. 그리고 낙하물로부터 저인화점연료 벙커링 주요장비 및 배관을 보호하기 위한 보호 설비 및 보호 효과를 검토한다.

(5) 가스 통풍/환기량 분석 (gas ventilation study)

가스 통풍/환기량 분석은 선내 어느 구역 또는 갑판 상부 구역에 발생 가능한 가연성 가스연료 vapor cloud의 형성을 방지하기 위한 통풍 및 환기 수준을 확인하여 폭발 등 사고로 인한 위험도를 경감 시키기 위해 수행된다.

가스 통풍/환기량 분석은 가연성 가스연료 벙커링 시스템의 운용과 관련하여 발생할 수 있는 가연성 가스연료 vapor cloud 형성을 방지하기 위한 목적으로 벙커링 스테이션 등 여러 구역의 통풍 및 환기 수준을 확인하기 위한 목적으로 수행된다.

가스 통풍/환기량 분석은 저인화점연료 벙커링 시스템 운용 시 IGF Code에서 요구하는 통풍량 및 환기 횟수를 만족하지 못하는 구역이 발생할 경우 수행한다.

정성적 위험도평가를 통해 저인화점연료 통풍 및 환기와 관련된 위험 시나리오가 존재하고 이에 대한 추가 분석이 요구된다 판단한 경우에는 이해 관계자(예, 선주, 운용이자, 선급협회 등)의 합의에 따라 가스 통풍/환기 분석이 수행될 수 있다.

가스 통풍/환기량 분석은 특별한 요구가 없을 경우 대상 구역의 환기 비율(rate of air changes)의 계산만으로 충분할 수 있다.

폐위 혹은 반폐위된 벙커링 스테이션이 설계된 경우 특별한 고려가 필요하다. 위험구역, 위험 폐위구역 등의 환기 횟수 등의 검토를 위한 특별한 고려가 필요하다.

(6) 벙커링 안전관리구역 설정 분석 (safety zone study)

safety zone과 security zone은 ISO/TS 18683에 따라 벙커링 작업이 이루어지는 지역에 설정된다. safety zone과 security zone은 둘 다 벙커링이 이루어지는 동안 외부인의 출입이 제한되고 상시 모니터링 된다.

safety zone의 설정 목적은 기본적으로 필요한 인원(필수인원)만 허용되고 잠재적인 발화원을 통제하기 위한 지역을 설정하는 것이다. 필수인원은 벙커링 작업을 모니터하고 통제하는 데 필요한 인원이다.

security zone의 목적은 선박이나 항만 내 교통을 통제하고 모니터하는 지역을 설정하는 것이다. 더불어 safety zone과 security zone은 연료 누출과 발화가능성의 낮은 빈도로 최소화하고, 물리적으로 분리함으로써 개인과 자산을 보호할 수 있도록 한다.

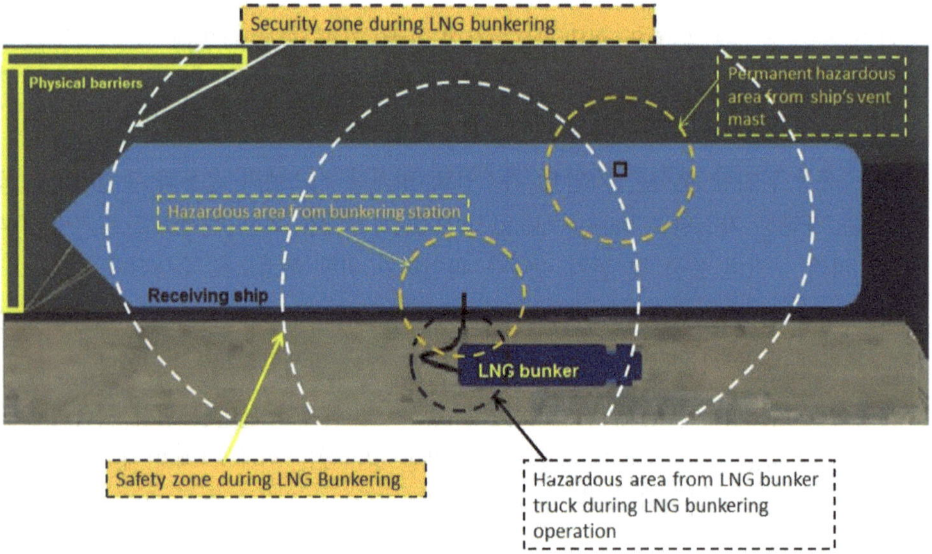

그림 6-2 safety zone과 security zone

[Source : Rec. 142-IACS LNG Bunkering Guidelines]

안전관리구역은 벙커링 작업 중 다음과 같은 제한이 적용된다.

- 흡연 금지
- 노출광(naked light), 휴대폰, 카메라, 기타 인증되지 않은 휴대용 장비들은 엄격히 금지된다.
- 벙커링작업에 필수 조양장치가 아닌 검증 받지 않은 crane과 조양장치
- 탱크트럭을 제외한 자동차의 출입 금지
- 항만 당국에 의해 허가 받은 선박을 제외한 다른 선박
- 그 이외의 발화 가능성이 있는 발화원은 제거
- 안전관리구역 출입은 승인 받은 인원만 가능

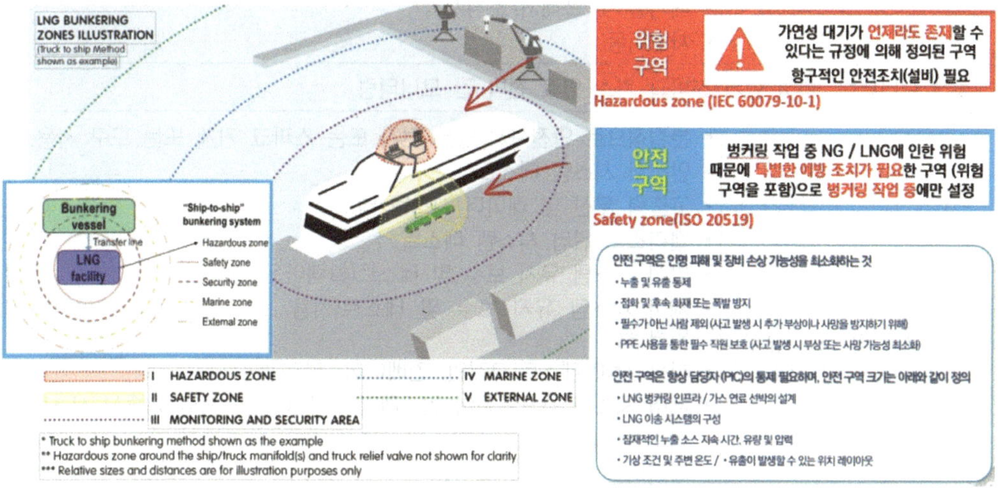

그림 6-3 LNG 벙커링 제어구역/안전관리구역

(7) 동시 작업 분석(Simultaneous Operation Study, SIMOPS Study)

저인화점연료 벙커링 동시작업(simultaneous operations)은 저인화점연료 벙커링 작업과 하나 또는 그 이상 추가되는 작업(활동)들이 동일 시간대에 수행되는 것으로 벙커링 작업과 추가 작업(활동)에서 발생되는 상호작용이 벙커링 작업의 안전, 선박 무결성 그리고 환경에 악영향을 줄 수 있다

표 6-3 저인화점연료(LNG) 벙커링과 동시에 수행될 수 있는 동시 작업

동시작업	구체적 작업(활동)
사람/승객/승무원 이동	• LNG 벙커링 근처 승객/차량 선적/하역 • 승객/승무원/방문자에게 화물 적재/하역을 제공하는 차량 이동 등
선창 화물 적·하역	• 화물창과 화물 사이 마찰열 또는 기타 위험화물 적·하역 • 해치 커버 작동 • 정전기를 발생시킬 수 있는 컨베이어 벨트를 사용하여 이송된 된 화물 및 고체 화물 적·하역 • 적재된 화물로부터 생성된 소음 및 대기 분진
선용품 공급과 폐기물 제거	• 서비스 선박/배송(예 : 상점, 항구 관리, 오일 벙커, 윤활유, 승무원 교체, 세탁 및 쓰레기 수거)
항구/터미널 작업	• 건설 및 유지 보수 활동 • 보조 발전기(스파크 엔진) 작동 • 열간 작업, 용접, 연삭 또는 페인트 제거(블로우 토치 사용) • 폐기물 및 쓰레기 소각처리 • 차량이동
계류선 모니터링, 특히 벙커 선박과 가스 연료 선박 간 모니터링	
선박 구역 및 장비 유지 보수, 검사 및 청소	• 본질적으로 안전하지 않은 전기 또는 스파크 기계 또는 도구 사용 • 안정화 시스템 테스트 • 고출력 무선 및 레이더 시스템 테스트 • 밸러스트 워터 시스템 테스트 • 발전 시스템 유지 보수 및 테스트(블랙아웃 문제) • 제어 시스템 유지 보수 및 테스트(기능 오류 / 산만하게 울리는 가짜 알람 등) • 화물 장비 테스트(크레인, 컨베이어, 펌프 등) • 제어 시스템 소프트웨어 업그레이드(로컬 또는 중앙 집중식 시스템) • 청소 유지 • 다이버를 이용한 선체 검사 • 본질적으로 안전하지 않은 전기 장비 유지 보수 및 테스트 • 열간 작업, 용접, 연삭 또는 페인트 제거(블로우 토치 사용) • 객실과 공통 구역 청소
구명정 훈련	
밸러스트 작업	
다른 연료와 동시에 벙커링	
전문가 작업	• DP(Dynamic Positioning) 시스템 작동 및 시험 • 헬리콥터 운영

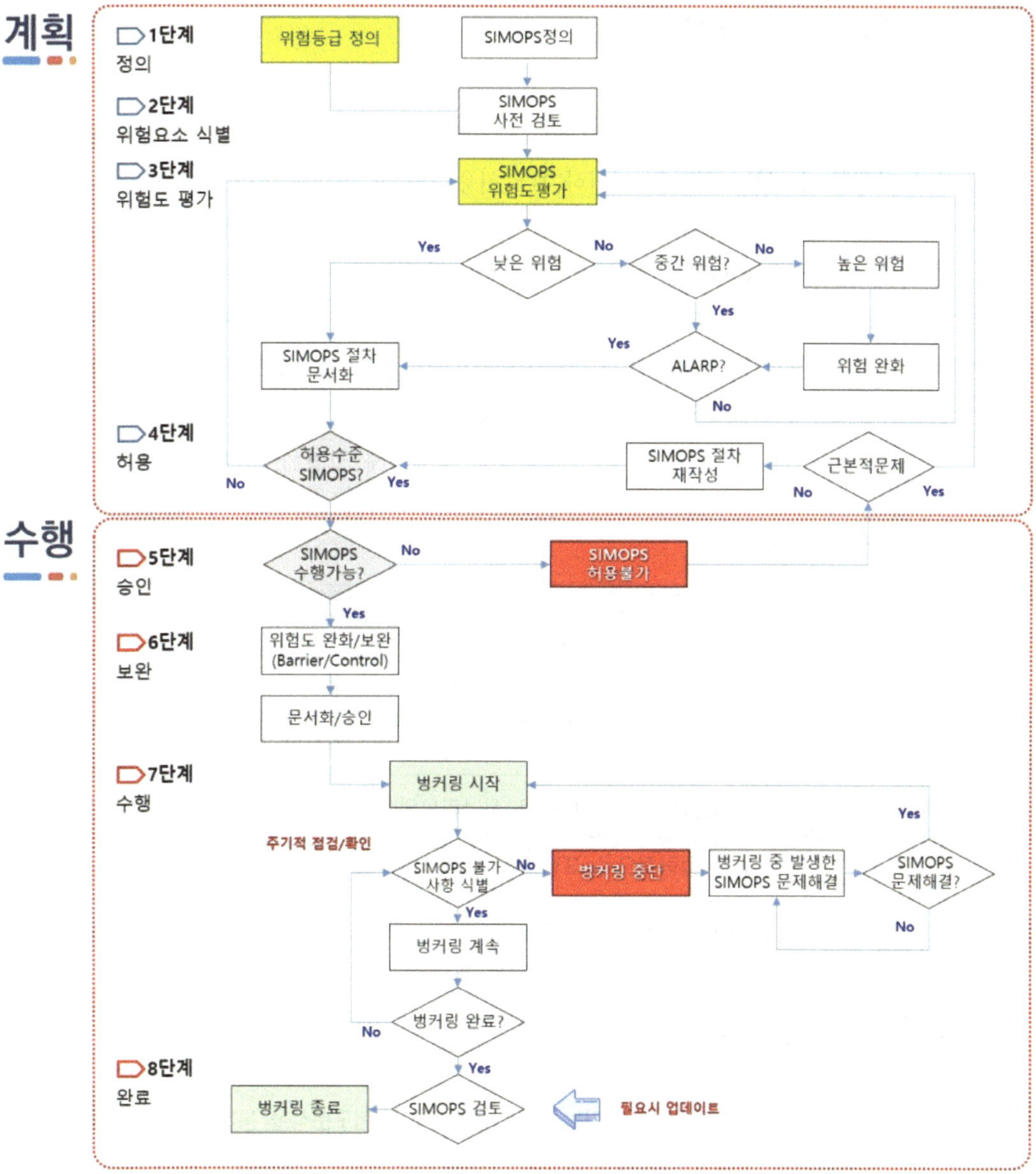

그림 6-4 LNG 벙커링 동시작업(SIMOPS) 수행 절차(SGMF, 저자 재구성)

6.6 위험도 평가 수행

저인화점연료 벙커링 운용 위험도평가는, 벙커링 선박과 연료추진선박의 운용과 관련하여 발생할 수 있는 위험을 제거하거나 허용 가능한 위험도 수준까지 낮추기 위한 목적으로 벙커링 운용 계획 단계에서 벙커링 시스템 개선 및 벙커링 작업 절차 개선을 위한 추가 조치가 필요한지 여부 확인을 위한 정보를 제공하기 위하여 수행된다.

벙커링 운용에 대한 위험도평가는 정성적 또는 준 정량적 위험도평가 방법론이 선행되어야 한다. 여기서는, 벙커링 시스템 운용과 관련된 위험을 전반적으로 검토하기 위한 정성적 위험도평가 수행에 관해 기술하고 있다.

위험도 평가 내용은 다음과 같은 사항들을 상세하게 설명해야 된다.

표 6-4 위험도 평가 내용

항목	세부사항
위험요소 식별 내용	벙커링 운용 중 발생 가능한 잠재적으로 해를 끼칠 수 있는 위험요소의 발생 원인과 이로 인해 발생 가능한 모든 시나리오 식별, 즉, 중대한 상해 또는 사망, 환경오염 및 선박의 구조적 강도 또는 무결성의 손실을 초래할 수 있는 원치 않는 사건을 체계적으로 식별해야 한다.
심각도 분석 내용	위험요소로 인한 사고 시나리오의 잠재적 심각성, 즉, 사고의 결과로 발생 가능한 인명 피해, 선박 손상 또는 환경 피해와 관련하여 정성적 또는 정량적으로 표현되는 사고 시나리오의 잠재된 심각성을 분석한다.
빈도/확률 분석 내용	식별된 사고 시나리오의 발생에 대한 정성적 또는 정량적으로 표현되는 발생 빈도/확률을 분석한다.
위험도분석 내용	벙커링 시스템 운용과 관련된 사고 시나리오 발생 빈도와 심각도 조합을 계산하여 잠재된 위험도 수준을 분석한다.
위험도평가 내용	위험도 허용 가능 여부 평가, 즉, 위험도분석을 통해 제안된 위험도 저감 방안을 적용함으로써 관련 위험도가 허용 가능한 수준까지 저감되었는지 판단하기 위해 분석된 위험도 결과는 위험도 허용기준과 비교되어야 한다.

벙커링 운용에 대한 정성적 위험도평가 수행 절차는 다음 작업들을 포함한다.

첫 번째 대상 시스템 정의, 두 번째 위험도평가 준비, 세 번째 위험도평가(위험도평가 워크숍) 마지막으로 위험도평가 후속조치 수행이다.

대상 시스템 정의는 벙커링 시스템 배치 및 운용과 관련된 요구사항을 위험도평가 목표로 간결하게 정리하는 것은 중요하다. 효율적으로 위험도평가 결과를 도출하기 위해서는 잘 작성된 위험도평가 목표를 바탕으로 시스템 설계를 위한 요구사항이 위험도평가 수행팀에 명확하게 전달되어야 한다.

위험도평가 범위는 연료추진 시스템 범위를 고려하여, 이해 관계자들(예, 선주, 운용자, 선급협회 등) 간 합의를 통해 설정한다. 위험도평가 범위 설정을 위해 벙커링 시스템 설계 및 운용 개념에 대한 모든 정보는 이해 관계자들에게 공유되어야 한다.

위험도평가의 범위가 설정되면 위험도평가 워크숍(예, HAZID, HAZOP Workshop)을 위한 준비 작업을 수행한다. 정성적 위험도평가는, 일반적으로, 브레인스토밍 기법(brainstorming technique)을 사용하여 위험요소를 식별하는 것으로부터 시작된다.

위험도평가 워크숍을 위한 준비 사항으로 먼저 위험도평가 팀 구성하고, 벙커링 시스템과 작업 구성 분석(시스템 노드 및 운용 모드 고려)하고 마지막으로 검토 대상 위험도 종류 및 위험도 허용기준을 정의한다.

위험도평가 팀은 적합한 자격을 갖춘 경험이 풍부한 다양한 분야 직무전문가 집단으로 다음 사항들을 고려하여 구성한다.

브레인스토밍 작업은 참여 직무전문가들의 의견에 따라 그 결과가 정해지므로, 참여 직무전문가의 적절한 구성이 성공적인 위험도평가 워크숍의 핵심 요소이다. 위험도평가 팀 구성원의 선정은 어느 한쪽의 이해관계자에 편향되지 않도록 균형 있게 하여야 한다. 다양한 분야 즉, 기계, 공정, 전기 및 운용 관점에서 적절한 토론 및 아이디어 창출을 보장하기 위해 관련 직무전문가로 구성되어야 하며, 일반적으로 10인 이내 인원으로 구성한다.

위험도평가 팀은 직무전문가 외에 진행자(facilitator)가 주도해야 하며, 대상 시스템에 기득권이 없는 공정한 회의를 이끌어야 한다. 또한, 팀에는 진행자를 돕기 위한 서기(scribe)가 포함될 수 있다.

벙커링 시스템과 벙커링 작업을 효과적으로 분석하고 운용 개념의 이해를 돕기 위하여, 벙커링 시스템을 구성 장비의 기능과 위치를 고려하여 시스템 노드 또는 운용 모드를 나눌 수 있다. 이러한 작업은, 시스템 및 벙커링 작업의 각 부분에 대한 체계적인 고려를 촉진하고, 특정 항목, 활동 또는 부품과 관련된 원하지 않는 사건의 구체적인 원인을 식별하는 데 도움이 된다.

벙커링 운용의 모드 구분을 위한 전형적인 예를 들면 다음과 같다.

- 저인화점연료 벙커링 선박의 저인화점연료 연료추진선(receiving vessel)에 접근 또는 이탈
- Ship to Ship, Shore to Ship (Truck to Ship 포함) 계류 또는 계류 해제
- 벙커링 호스 연결 또는 해제
- 연료 이송 작업

벙커링 운용 위험도평가를 위해 일반적으로 인명, 재산 및 환경에 영향을 미치는 위험도를 고려하며, 검토대상 위험도 또한 다양할 수 있으나 위험도평가 대상 시스템 범위에 따라 검토대상 위험도는 달라질 수 있다.

위험도평가 워크숍은 위험도평가 팀의 전부 또는 일부가 참석하며, 회의의 모든 결과는 참여한 직무전문가들의 논의 및 합의에 따라 결정된다.

위험도평가 워크숍은 참여한 모든 직무전문가들의 저인화점연료 벙커링 운용에 대한 이해를 돕기 위하여, 위험도평가 대상 시스템에 대한 설명으로부터 시작되며 다음과 같은 사항들 논의된다.

- 위험요소 및 사고 시나리오 식별
- 위험도지수 결정: 심각도 분석
- 위험도지수 결정: 발생빈도 분석
- 위험도 분석 및 평가

위험요소와 사고 시나리오 식별 작업은 벙커링 작업 절차 분석 결과를 바탕으로) 위험요소와 사고 시나리오를 식별하기 위하여 준비된 위험요소 식별 참조어(guidewords)를 검토한다. 참조어는 회의 참여자의 토론 및 아이디어 제안을 독려할 수 있도록 만들어진 시나리오 식별을 위한 핵심 단어이며, 진행자가 미리 준비하고 참여자의 의견에

따라 회의 진행 중 추가/삭제 한다.

참조어를 사용하여, 저인화점연료 벙커링 작업 절차 운용과 관련된 위험요소를 식별하고, 위험요소 발생 원인 및 그로 인한 결과를 포함하는 관련 사고 시나리오를 식별한다. 식별된 사고 시나리오와 관련된 위험도를 저감을 위하여 존재하는 위험도 저감 방안들을 식별하다.

위험도지수 결정을 위한 심각도 분석은, 다음과 같은 사항들을 고려하여 인명, 재산 및 환경에 미치는 영향을 심각도 지수로 표현한다.

- 저인화점연료 특성과 본질적 위험
- 저인화점연료 연료가 누설된 장소
- 가스 확산 및 누설 경로
- 점화원 위치 및 점화 가능성 수준
- 가스 또는 액체 연료 노출에 취약한 수용체(예, 작업자 또는 중요 시스템) 근접성
- 존재하는 위험도 저감 방안의 예상되는 효과

위험도지수 결정을 위한 발생빈도 분석은, 사고 시나리오의 발생 원인과 결과 또는 동일한 결과를 갖는 원인의 그룹에 대해서 연간 발생 가능성을 추정하여 발생빈도 지수로 표현한다. 위험도 분석 및 평가는 각각 사고 시나리오에 대한 발생빈도 지수와 심각도 지수의 조합으로 위험도지수를 산출하고, 위험도 저감을 위해 추가로 적용 가능한 위험도 저감 방안을 식별하며, 동 시나리오에 위험도 저감 방안이 적용되었을 경우 위험도 허용기준을 만족할 수 있는지를 평가한다. 추정된 위험도 지수는 위험도 매트릭스에 포함된 위험도 허용기준과의 비교를 통해 위험도 허용 가능 여부를 결정할 수 있다.

위험도평가 워크숍을 통해, 허용 가능한 위험도 수준임을 확인하기 위하여 요구되는 추가 정량적 분석이 필요한 사항들을 정리한다.

회의 진행자는 위험도평가 워크숍에서 도출된 결과들이 정리되면, 위험도평가 팀 직무전문가들의 검토를 거쳐 위험도평가 보고서를 작성한다.

위험도평가 워크숍이 완료되고 결과가 문서화 되면, 추가로 식별된 위험도 저감 방안들을 시스템 및 벙커링 운용 절차에 반영하도록 하기 위하여 관련자에게 배포하게 되고, LNG 벙커링 운용 시 위험도 허용기준을 만족하기 위한 적절한 위험도 저감 방안이 적용되었는지를 검토하게 된다.

위험도평가 결과 요구된 정량적 분석 항목들은, 수용가능하고 인정된 방법에 따라 추가 분석이 수행되어야 하며, 분석 목적과 분석 결과를 쉽게 알아볼 수 있는 방식으로 문서화 되어야 한다.

제 7 장

선원 교육과 훈련 (Education and Training for Sailor)

7.1 벙커링 선박 최소 승조원

저인화점 연료를 공급하는 벙커링 선박은 소형선박의 특성을 갖으며 해당 선박의 안전 운항을 위한 효율적인 선원운용에 관한 검토가 필요하다. 이를 위해 적용되는 법규로는 국제협약과 국내법으로 대별된다. 국제법으로는 STCW(International Convention on Standards of Training, Certification and Watchkeeping for Seafarers, 1978)과 MLC 2006(Maritime Labour Convention, 2006)이 있으며, 국내법으로는 선원법과 선박직원법이 있다. 이 내용을 근거로 LNG 벙커링선박 선원의 근로시간과 승무정원을 검토하고자 한다.

국제항해에 종사하는 일반상선 승무원 교육과 훈련은 IMO STCW 협약에 따르고 있으나 이 협약은 IGF 코드 적용 선박에 종사하는 승무원 교육과 훈련 관련 규정은 포함하지 않는다. 한편, IMO sub-committee STW(Standards of Training and Watchkeeping)에서 승무원 교육과 훈련에 관한 STCW 협약 개발을 담당한다.

협약 STCW 규정 5 / 5장의 3에서 IGF Code 적용을 받는 선박에 대한 자격기준을 다음과 같이 명시하고 있다.

8. IGF Code 적용을 받는 선박에 대한 고급 훈련 자격증을 취득하기 위한 모든 후보자는 4항에 설명된 숙련 증명서를 소지하는 동안 다음을 갖추어야 한다.
   1. IGF Code 적용 선박에서 승인된 고급 교육을 이수하고 STCW Code 섹션 A-V/3, 2절에 명시된 적격 기준을 충족한다. 그리고
   2. IGF 코드가 적용되는 선박에서 최소 3회의 벙커링 작업을 포함하는 승인된 항해 서비스를 최소 1개월 완료했다. 3개 벙커링 작업 중 2개는 위의 8.1항의 훈련 일부로 벙커링 작업에 대한 승인된 시뮬레이터 훈련으로 대체될 수 있다.

9. A-V/1-2, 단락에 명시된 자격 기준에 따라 자격 및 인증을 받은 IGF 코드 적용 선박의 연료 관리 및 사용에 대한 선장, 엔지니어 사관 및 즉각적인 책임이 있는 사람 액화 가스 탱커에 대한 운항을 위한 2는 IGF 코드 대상 선박에 대한 고급 교육에 대한 섹션 AV/3, 2항에 명시된 요구 사항을 충족한 것으로 간주된다.

   1. 6항의 요건을 충족한다. 그리고
   2. 8.2항의 벙커링 요건을 충족하거나 액화 가스 탱커에서 3번의 화물 작업 수행에 참여한다. 그리고
   3. 지난 5년 동안 3개월간의 승선 업무를 완료한 자:
      1. IGF 코드가 적용되는 선박
      2. IGF 코드가 적용되는 화물, 연료를 운반하는 탱커, 또는
      3. 가스 또는 저인화점 연료를 연료로 사용하는 선박

국내는 「선원법」과 동법 시행규칙 제42조의2(가스연료추진선박 승무원의 자격요건)에 승무원 신청기준과 방법 그리고 승무요건과 자격 요건에 대해 명시하고 있다.

다음은 위의 IGF Code 선박 승무 자격 기준의 원문으로 굵은색으로 표시되어 있는 부분이 IGF Code 승무원의 자격 요건을 나타내고 있다.

STCW Regulation V/3 of Chapter V (STCW June 2015 Amendment)

Mandatory minimum requirements for the training and qualifications of masters, officers, ratings and other personnel on ships subject to the IGF Code

Note: The following new regulation V/3 is added after existing regulation V/2 in June

This regulation applies to masters, officers and ratings and other personnel serving on board ships subject to the IGF Code.

Prior to being assigned shipboard duties on board ships subject to the IGF Code, seafarers shall have completed the training required by paragraphs 4 to 9 below in accordance with their capacity, duties and responsibilities.

All seafarers serving on board ships subject to the IGF Code shall, prior to being assigned shipboard duties, receive appropriate ship and equipment specific familiarization as specified in regulation I/14, paragraph 1.5

Seafarers responsible for designated safety duties associated with the care, use or in emergency response to the fuel on board ships subject to the IGF Code shall hold a certificate in basic training for service on ships subject to the IGF Code.

Every candidate for a certificate in basic training for service on ships subject to the IGF Code shall have completed basic training in accordance with provisions of section A-V/3, paragraph 1 of the STCW Code.

Seafarers responsible for designated safety duties associated with the care, use or in emergency response to the fuel on board ships subject to the IGF Code who have been qualified and certified according to regulation V/1-2, paragraphs 2 and 5, or regulation V/1-2, paragraphs 4 and 5 on liquefied gas tankers, are to be considered as having met the requirements specified in section A-V/3, paragraph 1 for basic training for service on ships subject to the IGF Code.

Masters, engineer officers and all personnel with immediate responsibility for the care and use of fuels and fuel systems on ships subject to the IGF Code shall hold a certificate in advanced training for service on ships subject to the IGF Code.

Every candidate for a certificate in advanced training for service on ships subject to the IGF Code shall, while holding the Certificate of Proficiency described in paragraph 4, have:

1. completed approved advanced training for service on ships subject to the IGF Code and meet the standard of competence as specified in section A-V/3, paragraph 2 of the STCW Code; and
2. completed at least one month of approved seagoing service that includes a minimum of three bunkering operations on board ships subject to the IGF Code. Two of the three bunkering operations may be replaced by approved simulator training on bunkering operations as part of the training in paragraph 8.1 above.

Masters, engineer officers and any person with immediate responsibility for the care and use of fuels on ships subject to the IGF Code who have been qualified and certified according to the standards of competence specified in section A-V/1-2, paragraph 2 for service on liquefied gas tankers are to be considered as having met the requirements specified in section A-V/3, paragraph 2 for advanced training for ships subject to the IGF Code, provided they have also:

1. met the requirements of paragraph 6; and
2. met the bunkering requirements of paragraph 8.2 or have participated in conducting three cargo operations on board the liquefied gas tanker; and
3. have completed sea going service of three months in the previous five years on board:

   1. ships subject to the IGF Code;
   2. tankers carrying as cargo,

fuels covered by the IGF Code;or

3. ships using gases or low flashpoint fuel as fuel.

Every Party shall compare the standards of competence which it required of persons serving on gas-fuelled ships before 1 January 2017 with the standards of competence in Section A-V/3 of the STCW Code, and shall determine the need, if any, for requiring these personnel to update their qualifications.

Administrations shall ensure that a Certificate of Proficiency is issued to seafarers, who are qualified in accordance with paragraphs 4 or 7, as appropriate.

Seafarers holding Certificates of Proficiency in accordance with paragraph 4 or 7 above shall, at intervals not exceeding five years, undertake appropriate refresher training or be required to provide evidence of having achieved the required standard of competence within the previous five years.

IGF Code(IMO Resolution MSC.285(86)) Chapter 8은 운항과 훈련에 관한 기초적 요건이 있으나, 강제사항이 아닌 권고 사항이므로 저인화점 연료 사용 선박 승조원 교육과 훈련에 관한 사항은 당사국이 담당해야만 한다. 그러므로 저인화점 연료추진 선박을 운용하는 회원국들은 선원 교육과 훈련에 관한 기준 개발의 필요성을 가지게 된다.

IGF 선박과는 달리, LNG 벙커링 선박의 선원 훈련[6]과 자격은 STCW 협약 관련 기준(Regulation V/1-2)에 이미 규정되어 있고, 모든 회원국은 이 협약 규정을 따르고 있다. 한편, 일부 회원국은 STCW 협약보다 더 높은 기준을 적용하고 있다.

다음은 IGF Code의 목차이다. 구성은 가스연료추진선박이 기존 선박과 다른 주요 설계사항과 고려되는 점들을 규정하고 있다.

기본적으론 대표적 저인화점 연료인 LNG를 기준으로 하고 있으며, 메틸/에탈 알코올과 LPG 등의 저인화점 연료를 선박 연료를 사용하는 선박들이 고려되어야 하는 특별요건은 부록으로 나타내고 있다.

6) LNG 벙커링 선박은 IGC Code를 따르고 있으며, STCW 협약은 IGC code 선박 관련 선원 훈련 규정을 갖춤

가스 또는 기타 저인화점 연료를 사용하는 선박에 대한국제안전규약 (IGF CODE)

목차

18.4.1 책임 ……………………………
18.4.2 제어, 자동화, 안전시스템 개요 ……
18.4.3 사전 벙커링 검증 ……………………
18.4.4 선박 벙커링 원천연계 ………………
18.4.5 전기적 결합 …………………………
18.4.6 이송상태 ……………………………
18.5 닫힌 공간주입에 대한 규정 ………
18.6 연료시스템의 퍼징과 불활성화에 대한 규정 ……………………………
18.7 열공간/연료시스템 근처 공간에 대한 규정 ……………………………

LNG 벙커링 선박은 화물과 화물장치에 관한 특별 임무와 책임(Specific assigned duties)을 다할 수 있도록 선원들은 가스선 화물처리작업에 대한 기초교육(basic training)을 받고 특별증서(special certificates)를 보유해야 된다. 선원은 자격증 획득을 위해 기초교육 이수 후 3개월간 회원국이 인증하는 항해 기간을 거쳐야 한다.

화물과 화물 처리에 관계되는 중간책임 위치에 있는 선원은 심화교육(advanced training)을 받고 특별한 증서를 보유해야 된다. 그리고 적어도 3개월간 가스운반선 항해근무 또는 'Loading operation' 3번과 'Discharging operation' 3번을 포함해 다른 가스선에서 잉여 인력으로(supernumerary capacity)로 한 달 이상 근무해야 된다.

이 선원은 또한 회원국이 승인하는 'Advanced training course'에 참가하여야 한다. advanced certificate를 받기 위하여 훈련이나 항해에 참가하는 모든 선원은 basic training certificate를 보유하고 있어야 한다.

7.2 교육 내용

LNG 벙커링 작업은 두 단계로 진행된다. LNG 벙커링선박은 LNG 연료를 공급하고 연료추진선박은 LNG를 받는 것이다. 양쪽의 작업자는 협업을 해야 한다. 그래서 양쪽 모두 교육 훈련을 받아야 한다.

모든 사람이 모든 교육을 받을 수는 없다. 그러나 양쪽은 서로 기본적인 규율하에서 정보를 공유하고 이해해야 한다. 안전하고 성공적인 벙커링을 위해서는 소통과 협력은 필수적이다.

가장 중요한 위험 요소는 벙커링 관련으로 벙커링 선박, 터미널, 탱크 로리 등 관련 종사자들은 매일 또는 하루에도 여러 번 벙커링 작업을 하게 될 수도 있다. 그러나 LNG 추진선 종사자들은 자주 벙커링을 하지는 않을 것이다. 그렇지만 LNG 추진선과 그곳에 종사하는 선원의 교육과 훈련은 안전한 벙커링을 위해 무엇보다 중요하다.

7.2.1 STCW

표 7-1 STCW 협약에서 규정하는 승무원 자격 기준

구분	IGF Code 선박 승무자격 (IGF 적용)	
	기초	상급(직무 Advanced)
적용대상	전 선원	선·기관장, 기관사
기본요건	IGF 선박 지초교육 이수	다음 조건 모두 충족 • IGF 선박 기초승무자격 보유 • IGF 선박 직무교육 이수 • IGF 선박1개월 이상 승무
추가인정 요건	액화가스탱커 승무자격증 보유	다음 조건 모두 충족 • IGF 선박 기초승무자격 보유 • 액화가스 탱커에서 3회이상 하역작업 또는 IGF 선박에서 3회 이상 벙커링 • 5년 이내 3개월 승무 - IGF 선박 또는 - IGF Code에 속하는 연료를 화물로 운송하는 선박 또는 - 가스 또는 저인화점 연료 사용 선박

각 국가마다 해기교육 및 훈련과정과 면허 발급요인 등의 차이로 인하여 선원의 자질에 큰 차이가 있었으며, 특히 1970년대에 들어서 선진 해운국과 개발도상국의 선원들이 자질에 대한 국제적인 문제가 대두되었다. 특히 1967년 3월에 프랑스 근해에서 좌초한 대형 유조선인 토리캐년(Torry Canyon)호 사건은 큰 파장을 일으켰고 그 결과 1978년 7월 7일에 “선원의 훈련, 자격증명 및 당직근무의 기준에 관한 국제협약(STCW

1978)"이 체결되었다. 총톤수 100톤 이상 세계 상선대 선복량 50%이상의 국가가 비준하여 1984년 4월 28일에 발효하였다.

이 협약의 주요 내용은 다음과 같다.

① 국제적으로 일반 상선의 갑판부, 기관부, 통신부의 사관과 부원 그리고 유조선, 케미컬탱커 및 액화가스운반선에 승무할 사관과 선원의 자격증명에 필요한 최저 승무 및 훈련기준과 당직배치에 관한 기준을 정하여 해상안전과 해양오염방지를 위한 인적인 측면에서의 요인을 제거한다.

② 본 협약에 따라 유효하게 발급된 증명서를 소지하지 않거나 적절한 당직배치가 이루어지지 아니한 선박 및 선원자질에 대한 감독권을 기항국에 부여하고, 필요시에는 그 선박을 억류할 수 있도록 강제화한다.

③ 개발도상국의 저질선원의 편의치적선에의 승선을 제도적으로 규제함으로써 선박의 안전과 선원자질 향상을 기한다

이 국제협약을 수용한 국내법이 선박직원법이다.

STCW 협약은 선박 승무정원(manning scale)에 대해 직접적인 규정을 두지 않고 주관청에 맡겨두고 있다. 그러므로 선박 승무정원은 각국이 나름의 기준을 설정하여야 한다.

7.2.2 MLC (Maritime Labour Convention)

국제노동기구(ILO)는 1920년 이후 선원의 근로 및 생활조건을 개선하기 위하여 68개의 협약과 권고를 채택하였으나 일관성 결여와 중복 등 지속적으로 실효성에 대한 비판이 제기되었다.

2001년 1월에 개최된 제29차 합동해사위원회(Joint Maritime Commission)는 ILO 집행이사회에게 2005년 ILO 해사총회를 개최하여 ILO 해사노동기준의 기존내용을 가능한 한 통합하여 단일의 협약을 채택할 것을 권고하였으며 최종적으로 2006년 2월 5일부터 2월 23일 기간 중 스위스 제네바에서 ILO 국제노동총회를 개최하여 전문과 본문, 코드 A 및 코드 B의 4단계로 구성된 해사노동협약을 제정 및 채택하였다.

이 협약의 구조 및 주요 내용은 다음과 같으며, 이 협약을 수용한 국내법이 선원법이다.

표 7-2 해사노동협약 기준

구분	내용	비고
본문 (Articles)	일반규정, 선원 기본권, 용어정의, 개정절차, 발효요건 등	
규정 (Regulations)	원칙 및 권리에 해당하는 요소	강행규정
Code A (Standards)	세부요건을 분야별로 구분	
Code B (Guidelines)	권고사항을 분야별로 구분	임의규정

표 7-3 해사노동 협약 주요내용

구분	내용
제1장 승무 전 최저요건	최저연령, 건강진단서, 훈련 및 자격증명, 직업소개
제2장 근로조건	선원근로계약, 임금, 근로/휴식시간, 휴가에 대한 권리, 송환, 선박멸실 또는 침몰시 선원보상, 승무수준, 경력과 기술개발 및 선원고용을 위한 기회
제3장 거주설비, 오락시설 및 식량과 조달	거주설비 및 오락시설, 식량 및 조달
제4장 건강보호, 의료관리,복지 및 사회보장	선내 및 육상에서의 의료관리, 선박소유자의 의무, 건강과 안전보호 및 사고방지, 복지시설의 이용, 사회보장
제5장 협약준수 및 집행	기국책임, 항만국 책임, 선원공급책임

7.2.3 국내법

표 7-4 국내법에서 규정하는 승무원 자격 기준

구분	IGF Code 선박 승무자격 (IGF 적용)	
	기초	상급(직무 Advanced)
적용대상	항해사, 통신장	선·기관장, 기관사, 운항사, 전자기관사
기본요건	IGF 선박 지초교육 이수	다음 조건 모두 충족 • IGF 선박 기초승무자격 보유 • IGF 선박 직무교육 이수 • IGF 선박1개월 이상 승무 (3회 이상 벙커링 경력 포함)
추가인정 요건	액화가스탱커 승무자격증 보유	다음 조건 모두 충족 • 상급 액화가스탱커 승무자격 보유 • 액화가스 탱커에서 3회 이상 하역작업 또는 가스연료추진선박에서 3회 이상 벙커링 • 5년 이내 3개월 승무 - IGF 선박 또는 - 가스나 저인화점 연료를 화물로 운송하는 선박

(1) 선박직원법

선박직원으로서 선박에 승무할 사람의 자격을 정함으로써 선박 항해의 안전을 도모함을 목적으로 한다. 여기서 선박직원이란, 해기사로서 선박에서 선장, 항해사, 기관장, 기관사, 통신장, 통신사, 운항장 및 운항사의 직무를 수행하는 사람을 말한다. 이 법은 국제노동기구(ILO)의 해기사 자격협약과 국제해사기구의 선원 훈련, 자격 및 당직 근무기준에 관한 국제협약(STCW)를 원천으로 하여 입법된 국내법으로 해기사의 교육, 면허의 종류, 선박의 크기 등에 따른 승무기준을 엄격히 관리하고 있다.

(2) 선원법

선원 직무, 복무, 근로조건의 기준, 직업안정, 복지 및 교육 훈련에 관한 사항 등을 정함으로써 선내 질서를 유지하고, 선원의 기본적 생활을 보장, 향상시키며 선원의 자질 향상을 도모할 목적으로 한다. 이는 해사노동협약을 수용한 국내법으로 선원의 근로조건뿐만 아니라 선장의 직무와 권한, 선내질서 유지, 선원의 직업안정 및 교육훈련에 관한 사항 등을 정하고 있다.

7.3 승무 기준

선박 해양사고를 예방하기 위한 안전기준으로는 해기사시험, 면허제도와 해기교육제도와 같이 선원의 해기능력을 갖추게 하는 사전 예방적 성격의 인적 안전기준과 당직제도와 같은 해상인적 안전을 실행하는 단계의 안전기준이 있다.

여기서 당직제도는 근로·휴식시간 및 승무기준과 더불어 승무정원을 결정하는 요인이 된다. 대다수 연안선 해양사고의 문제는 근로·휴식시간 및 승무정원제도 등과 관계를 가지게 된다.

우리나라 승무정원은 선원법과 선박직원법을 종합하여 설정하는 체계로 되어 있고, 선원법은 선박소유자로 하여금 승무정원을 정하여 해양수산부장관의 인정을 받도록 하고 있으며, 해양수산부장관은 선박의 승무정원을 인정한 때에는 해양수산부령으로 정하는 바에 따라 승무정원증서를 발급하도록 규정한다.

이에 따라 승무정원증서 교부대상 선박소유자는 승무정원증서에 기재된 수 이상의 선원을 승무시켜야 하며, 승무정원은 선원의 근로시간과 자격요건을 감안하여 산정하여야 한다. 하지만 현실적으로 선박 1척당 승선원 숫자는 승무정원보다 대체로 많고, 선박톤수, 선종, 항로, 선사 등에 따라 다르게 나타난다.

7.3.1 근로시간 및 휴식시간

선원법 제6장 제60조는 선원 근로시간 및 휴식시간으로서 1일 8시간, 1주간 40시간을 원칙으로 하되, 당사자 간 합의 또는 항해당직근무를 수행하는 선원에게는 1주간에 16시간 범위에서 선박소유자가 시간외근로를 명할 수 있도록 하고 있다.

한편 선원에게는 임의의 24시간에 10시간이상 임의의 1주간에 77시간이상의 휴식시간을 주되 임의의 24시간에 대해 10시간 이상의 휴식시간은 한 차례만 분할할 수 있으며, 분할된 휴식시간 중 하나는 최소 6시간 이상 연속되어야 하고 연속적인 휴식시간 사이의 간격은 14시간을 초과할 수 없도록 규정하고 있다. 즉 1일 최소 휴식시간은 10시간으로 규정하고 있으며, 1일 최대 근로시간은 14시간이다.

따라서 1주간 최대 시간외근로시간은 91시간이 된다. 다만, 시간외 근로시간에 대한 제한에 따라 항해당직을 수행하는 선원은 주간 72시간까지 그 밖의 선원은 60시간까지 근로를 할 수 있다.

반면 동법 제 60조 4항에는 “해양항만관청은 입·출항 빈도, 선원의 업무특성 등을 고려하여 불가피하다고 인정할 경우에는 당직선원이나 단기 항해에 종사하는 선박에 승무하는 선원에 대하여 근로시간의 기준, 휴가시간의 분할과 부여 간격에 관한 기준을 달리 정하는 단체협약을 승인할 수 있다. 이 경우 해양항만청장은 해당 단체협약이 해양수산부령으로 정하는 휴식시간의 완화에 관한 기준에 적합한 것에 한하여 승인하여야 한다.”라고 규정하고 있다. 여기서 휴식시간의 완화에 관한 기준은 선원법 시행규칙 제39조의 5에서 규정하고 있다. 이러한 휴식시간의 완화규정을 활용할 경우 개정 선원법상 1주간 최소 휴식시간을 77시간으로 제한하므로 1주가 최대 근로시간은 91시간 또는 98시간이 된다.

선박소유자는 인명, 선박 또는 화물의 안전을 도모하거나, 해양 오염 또는 해상보안을 확보하거나, 인명이나 다른 선박을 구조하기 위하여 긴급한 경우 등 부득이한 사유가 있을 때에는 위의 근로시간 기준을 초과하여 선원에게 시간외근로를 명하거나 휴식시간 기준에도 불구하고 필요한 작업을 하게 할 수 있다. 다만, 그러하게 필요한 작업을 한 선원 또는 휴식시간 중에 작업에 호출되어 정상적인 휴식을 취하지 못한 선원에게 선박소유자는 작업시간에 상응한 보상휴식을 주어야 한다.

「선원업무처리지침」 제61조(승무정원에 관한 특례)에 의해 '최소 승무정원증서 발급 대상선박'은 선박별 승무정원증서를 발급받아야 되는 선박으로 여객선, 연해구역이상을 항해구역으로 하는 총톤수 100톤 이상 화물선 및 위험화물(LPG·LNG등 가스류, 케미컬 또는 유류) 적재선박 중 총톤수 5톤 이상 선박(예, 부선이 결합하여 위험물을 운반하는 선박을 포함한다)으로 제한하고 있다.

승무정원을 결정을 위한 요소로는 근로시간 및 휴식시간에 대한 사항과 자격을 갖춘 선원에 대한 승무 기준이다.

「선원법」 제64조는 동법 제 60조의 규정에 따른 선원의 근로시간과 휴식시간 규정 등을 승무정원의 결정요소로 하고 있다. 여기서 근로시간은 노동보호법적 성격이 보다 강한 요소이고, 휴식시간은 인적 안전법적 성격이 강한 요소라고 할 수 있다. 그러나 「선원법」 제64조는 선내 항해/당직 기준을 고려하고 있지 않아 승무정원 산정 시 이를 고려할 수 있는 법률적 근거가 희박하다. 다만, 승무정원 산정 기준을 규정하는 「선원업무처리지침」 제 64조(산정요소별 산정요령)에서 당직 배치를 고려하도록 규정하여 이를 보충하고 있다.

「선원법」이 규정하는 승무정원을 결정하는 또 하나 중요 요소는 자격요건을 갖춘 선원 승무이다. 「선원법」선원법 제 64조는 자격요건을 갖춘 선원 승무와 관련하여 갑판부 또는 기관부 항해당직부원에 대해서 규정하고 있고, 선박직원의 승무정원은 「선박직원법」 제11조의 승무기준을 승무정원 기준으로 사용하고 있다.

우리나라 승무정원은 「선원법」과 「선박직원법」을 종합적으로 고려하여 결정하는 체계로 되어 있다. 항해당직부원과 관련하여 총톤수 500톤 이상 선박으로 1일 항해시간이 16시간 이상인 경우에 한하여 자격요건을 갖춘 선원 3인 이상을 갑판부 항해당직부원으로 승무시키도록 규정하고 있다. 그러나 기관부 항해당직부원에 대해서는 법률상 명확한 규정을 두고 있지 않아 「선원업무처리지침」 제 63조 제1항은 최소 1인 이상을 승무시키거나 총톤수 1,600톤 미만인 선박의 경우에는 노사가 합의할 경우에는 전혀 승무시키지 않아도 되도록 규정한다.

「선원업무처리지침」 제 63조 제2항은 의료관리자·구명정수 또는 조리사는 그 자격을 가진 선박직원 또는 부원 등이 겸하여 행할 수 있으며, 승무 선원에 대하여 위험물적재선박의 선박직원 또는 당직부원의 자격을 요구하는 경우에는 각각 그 자격을 가진 자로 산정하도록 규정한다.

「선원업무처리지침」 제11장의 최소승무정원의 산정요령을 요약 정리하면 아래 표 6-3과 같으며 승무정원은 산정요소별로 선원수를 산정한다.

표 7-5 승무원 산정 요령

산정 요소	산 정 요 령	비 고
당직 인원	다음 각 호와 같이 산정된 내용이 포함된 모든 당직자의 연 1일 근무시간을 합산하고 이를 8시간 또는 9시간으로 나눈 수로 계산하며, 선원이 하역작업에 종사하는 경우 작업 시간을 산입 • 선박의 설비 또는 구조상 동시에 당직근무를 하여야 되는 개소와 갑판부·기관부 및 통신부의 통합여부를 산정함 • 갑판부 당직해기사는 신청일 이전 6개월 동안 각 항차당 항해시간이 가장 긴 순서부터 차례로 6회를 합산하여 평균한 시간(이하 "기준시간"이라 한다)을 기준으로 1일 교대 횟수를 정하고 그 교대 횟수에 따라 당직인원수를 산정한다. (단, 운항 중 기상악화·기관고장 등으로 정상운항을 하지 못하는 경우는 제외한다.) • 기관부 당직해기사는 신청일 이전 6개월동안 실제 운항한 일수를 평균한 "1일평균항해기간" 또는 "항차별 최대항해시간" 중 택일하여 위 2호와 같은 방법으로 산정한다. • 선원법 제55조의 규정에 의하여 항해 또는 정박중의 당직편성을 위하여 1일(주·야간)에 소요되는 연인원을 산정한다.	• 3당직제는 8시간, 2당직제는 12시간으로 나누어 당직인원을 상정하여야 합리적임 • 1일 교대 횟수를 기준으로 당직인원수를 정하기보다는 3당직제는 3인, 2당직제는 2인으로 산정하여야 합리적임 • 휴식시간 규정의 충족여부를 점검하고 • 이를 충족시키지 못할 경우 추가 당직자를 배치 • 하역당직이 별도로 진행되는 경우에는 그에 적합한 하역 당직 해기사를 배치
일시적 기준시간 초과 운항 시	다음 각호의 1에 의하여 갑판부 해기사를 승무시켜야 한다. • 기준시간이 16시간(교대시간 포함 18시간)이내인 선박이 20시간을 초과하여 운항할 경우에는 3인 • 기준시간이 8시간(교대시간 9시간)이내인 선박이 12시간을 초과하여 운항할 경우에는 2인 18시간을 초과할 경우에는 3인	• 3당직제 또는 2당직제 인가에 따라 갑판부 해기사 인원을 증가하도록 하는 것이 합리적 • 일시적 기준시간 초과 운항 시 기관부 해기사에 대한 규정 결여
당직근무 외 선박운항 또는 일상업무 처리시 소요인원	당직근무외에 선박의 운항 또는 일상적인 업무처리를 위하여 소요되는 인원은 다음 각 호의 1에 따라 산정한다. • 항해 또는 정박중에 당직을 하지 아니하고 일상근무만 하는 인원을 산정한다. • 외국항에 기항하는 선박중 조리부의 인원은 별도로 승무시키는 경우에만 산정한다.	• 일상업무처리를 위한 최저 소요인원 기준은 최소휴식 시간 기준을 충족하는 범위에서 정하도록 하여 근무인원 산정원칙 반영 필요

산정 요소	산 정 요 령	비 고
위험화물 운반선	• 기준시간이 9시간 이상인 위험화물 운반선중 선박직원이 3인 미만인 경우에는 갑판부에 선박직원 1명을 증원하여 산정한다.	• 기관부 해기사에 대한 규정 결여
계류작업	• 선박의 접안 및 정박시의 작업(이하 “계류작업” 이라한다)을 위하여 필요한 총인원 중 위 제1항 내지 제3항의 인원을 뺀 추가 소요인원을 산정한다.	
승무정원의 증감	• 선박별 최소승무정원은 선박소유자와 선원노조가 협의하여 증원(2명이상을 동일직책으로 승선시키는 것을 포함한다)하거나 감원(자격경감을 포함한다)할 수 있다. • 감원하고자 하는 경우에는 지방해양수산관청의 허가 필요(선박직원법 제13조·동법시행령 제23조·선원법시행규칙 제45조)	

7.3.2 LNG벙커링 선박의 적정(최저) 승무인원 산정

7.5 K급 소형 LNG벙커링 선박을 대상으로 적정 승무원을 산정 예시를 제안하고자 한다. 예시 대상 선박이 총톤수 6천톤에서 7천톤 사이, 주기관 출력이 약 4,000 kW 정도이며 천연가스를 주 연료로 사용하는 LNG연료추진선박이라고 할 때, LNG벙커링 선박 특성상 LNG인수기지를 모항으로 하여 주변 항만 LNG연료추진선박에 LNG를 공급해주는 선박으로 한다. 또한, 선박 추진방식으로 LNG연료추진선박에 주로 적용되었던 DFDE(Dual Fuel Diesel Electric)방식으로 가정한다.

선박의 적정 승무인원을 산정하기 위해서는 국내법상 「선원법」과 「선박직원법」을 기반으로 검토되어야 한다. 또한 업무성격을 고려하여 갑판부, 기관부 및 조리부로 나뉘어서 검토되어야 한다. 선박은 연안선박이나 향후 선박 용도를 고려 국제항해를 기준으로 할 필요가 있다. 총톤수 3,000톤 이상, 주기관 출력 3,000 kW이상이며 위험화물적재선박이라 가정할 경우 표 7-6은 선박 사양을 고려한 법적 최저승무인원을 보여주고 있다. 본 선박은 항해구역, 총톤수 및 주기관 출력 등을 고려하였을 때 최저승무인원이 14명으로 판단된다.

표 7-6 승무원 산정

Officer Class	B.Schulte (7.5K LBV C type)	Shell PJT (18K LBV C type)	HMD STD (7.5K LBV C type)	선박
Captain officer	1 - Captain 1 - Chief engineer	1 - Captain 1 - Chief engineer	1 - Captain 1 - Chief engineer	1 - Captain 1 - Chief engineer
Senior officer	1 - Chief officer 1 - 1 st engineer	1 - Chief officer 1 - 1 st engineer	1 - Chief officer 1 - 1 st engineer	1 - Chief officer 1 - 1 st engineer
Junior officer	3 - Junior officer	4 - Junior officer	4 - Junior officer	5 - Junior officer
Petty officer	1 - Owner	-	-	-
Crew	7 - Crew / 3 - Trainee	14 - Crew	6 - Crew	5 - Crew
Total	18	22	14	14

표 7-7은 직급별 승무정원을 비교한 것으로 보이는 바와 같이 소형 LNG벙커링선박은 법적 최소 승무정원은 14명, 실제 배치인원은 2명 증가 된 16명 이상이 되어야 한다.

직급별로 추가된 인원을 상세하게 다루면 기관 사관과 갑판 부원은 LNG 벙커링과 하역 담당할 인원으로 각각 1명씩 추가 배정하며 업무를 분산하여 작업에 집중할 수 있도록 한다.

기관사관은 본 선박이 LNG연료추진선박이기 때문에 LNG 하역 기기들과 FGSS(Fuel Gas Supply System)를 비롯한 LNG 연료추진 관련 보조 기기들이 탑재되므로 이를 유지·보수할 수 있는 전문 기관사(Gas 기관사)가 배치되어야 안전한 운항을 할 수 있을 것으로 판단된다.

갑판부원은 하역작업 안전을 위해 Manifold와 Tank Dome 상부에도 모두 당직자가 각각 배치되어야 하나 해당 선박 규모를 고려할 때 1인이 동시에 감시가 가능할 것으로 판단되어 갑판부원 1명만 추가 증원하였다. 만약 동시 감시가 어려울 것으로 판단되면 갑판부원 1명을 추가 증원이 필요할 수 있다.

표 7-7 7.5K 소형 LNG선박의 최소승무정원

	갑판부	기관부	조리부
선박직원	선장(1명) 1등항해사(1명) 2등항해사(1명) 3등항해사(1명)	기관장(1명) 1등기관사(1명) 2등기관사(1명) 3등기관사(1명)	-
선박부원	갑판장(1명) 갑판부원(항해당직 3명) 갑판부원(벙커링·하역 1명)	조기장(1명) 기관부원(1명)	조리장(1명)

표 7-9은 LNG 벙커링 선박의 가상 당직표를 구현한 것으로 24시간 LNG 벙커링 작업을 수행한다는 가정하에 당직표를 작성한 것이다. 24시간 벙커링 작업 수행을 한다면 20명 승무원이 필요하지만, 실제 현장에선 24시간 벙커링 작업은 불가능하다.

벙커링 작업은 11명 필수 인력이 필요하고, 작업을 수행하는 적정인력의 당직조 교대인력이 필요하다. 현재 가상 벙커링 당직은 1조가 4명이며, 하루 8시간 근무를 기준으로 하고 있으며. 교대조가 대기하고 있으며, 그 외 갑판장, 갑판원, Gas 기관사, 조기장 등의 상시 대기조가 모든 작업을 감시, 감독 그리고 작업 지원업무를 하고 있다.

해당선박은 1항차 4일 기준으로 매우 엄격하게 운항 관리되어야 한다. 또한 해당 선박은 MLC(Maritime Labour Convention, 해사노동협약)에서 규정한 근로 및 휴식시간을 확보해야 된다. 따라서 본 선박은 MLC에 따라 선원들의 근로시간 기록표가 작성 되어져야하며, 통상적으로 가장 큰 문제가 되는 시점 즉, 선원들 근로시간이 가장 많아지는 시점은 선박 하역(벙커링)작업이다. 이러한 상황에서 선원들에게 적절한 휴식시간이 주어지도록 선원이 배치되어야 한다. 실제로 최소 16명 이상 선원이 배치되지 않는 경우 운항 시 선원 근로 및 휴식시간 기록표가 합법적으로 작성되지 못하는 경우가 다반사이다. 특히 입·출항 및 하역 작업 시 규정을 위반하여 근무하게 될 수 있다.

표 7-9 7.5K LNG선박의 가상 벙커링 당직(24시간)

<table>
<tr><th colspan="6">총 지휘 : 선장</th></tr>
<tr><th colspan="4">하역 책임자 : 1등 항해사</th><th colspan="2">기관 책임자 : 기관장</th></tr>
<tr><td colspan="2">근무시간</td><td>당직 항해사 (CCR/CACC 통제)</td><td>당직 부원 (Deck and Manifold 배치)</td><td>당직 기관사 (ECR 통제 및 LNG 하역 감시)</td><td>당직 부원 (E/R Space 현장 당직 및 LNG 하역 업무)</td></tr>
<tr><td rowspan="3">당직조</td><td>00:00 ~ 04:00
12:00 ~ 16:00</td><td>2등 항해사A</td><td>갑판수A</td><td>2등 기관사</td><td>기관수A</td></tr>
<tr><td>04:00 ~ 08:00
16:00 ~ 20:00</td><td>2등 항해사B</td><td>갑판수B</td><td>1등 기관사</td><td>기관수B</td></tr>
<tr><td>08:00 ~ 12:00
20:00 ~ 24:00</td><td>3등 항해사</td><td>갑판수C</td><td>3등 기관사</td><td>기관수C</td></tr>
<tr><td colspan="2" rowspan="4">상시 대기조</td><td>갑판장</td><td colspan="3" rowspan="2">• LNG Hose 또는 Loading arm 연결 작업 총괄 지원 (기타 준비 작업 총괄 지원)
• Cargo rate-up 및 Topping-off시 Deck 당직 추가 배치.
• LNG Hose 및 Arm Disconnection 작업 및 정리 작업.
• ISPS 보안 레벨 상승시, 추가 당직 인원으로서 배치.</td></tr>
<tr><td>갑판원</td></tr>
<tr><td>Gas 기관사</td><td colspan="3">• 1등 항해사를 보좌하며, 중요 하역 시점마다 비상 대기
• 하역 작업 중, 주기적으로 CCR(CACC) 및 CSBD, Cargo machinery room 등 당직 순찰 업무
• Cargo machinery 이상 발생시 긴급 대응</td></tr>
<tr><td>조기장</td><td colspan="3">• LNG 하역 작업 진행
• LNG 하역 hose 또는 arm 연결
• LNG 하역 Rate up 및 Topping off시 추가 당직 배치
• LNG Hose 및 Arm Disconnection 작업 및 정리 작업.</td></tr>
</table>

7.4 IGF 선박 선원 교육

Familiarisation Course는 선박 소유주·관리자 그리고 STCW 적용 대상이 아닌 관련자 들이 받을 것으로 예상되는 선박과 장비에 대한 친화 과정이다.

IMO model course는 IGF 선박에 대한 '기초교육(basic training)'과정과 '심화교육(advanced training)'으로 나누어 교육 실시를 하고 있다.

이 모델 과정들은 각각 강의, 시연, 실험실 또는 시뮬레이터 실습과 평가를 위해 24~32시간(기초교육) 또는 24~40시간(심화교육)으로 개발되었다. IMO model course는 규정된 시간동안 승무원들이 일정 역량을 갖출 수 있도록 권장되는 범위를 제공하도록 개발되었다. 강의자는 강의과정 개설을 위해 다음에 따라 자신의 시간표를 개발해야 한다.

- 훈련생 기술 수준;
- 훈련될 인원 수;
- 강사 수;
- 시뮬레이터 시설과 장비 이용 가능;

법규적인 측면에서 LNG 벙커링 선박은 LNG를 화물로 운송하는 LNG운반선으로 분류된다. 그러므로 LNG벙커링선박은 IGC Code를 다루고 있는 STCW 요건이 적용되며, 일부 요소는 IGF Code 교육 훈련요건을 적용 받을 수도 있다.

7.4.1 기초교육(basic training)

Subject area
1. Contribute to the safe operation of a ship subject to the IGF Code IGF Code 적용 선박의 안전운항 기여 1.1 Design ans Operational characteristics of ships subject to the IGF Code IGF 코드 적용을 받는 선박 설계와 운항 특성 1.2 Basic knowledge of ships subject to the IGF Code, their fuel systems and fuel storage systems IGF Code 적용 선박, 연료 시스템과 연료 저장 시스템에 대한 기본 지식 1.3 Basic knowledge of fuels and fuel storage systems' operations on board ships subject to the IGF Code IGF Code 적용 선박 연료와 연료 저장 시스템 작동에 대한 기본 지식 1.4 Basic knowledge of the physical propertied of fuels on board ships subject to the IGF Code IGF 코드 적용 선박에 탑재된 연료의 물리적 특성에 대한 기본 지식 1.5 Knowledge of and understanding of safety requirements and safety management on board ship subject to the IGF Code IGF Code 적용 선박 안전요건과 안전관리에 대한 지식과 그 이해
2. Take precuautions to prevent hazards on a ship subject to thr IGF Code IGF Code 적용 선박에 대한 위험방지를 위한 예방조치 2.1 Basic knowledge of the hazards associated with operations on ships subject to the IGF Code IGF 코드 적용 선박 운항과 관련된 위험에 대한 기본 지식 2.2 Basic knowledge of hazard controls 위험 관리에 대한 기본 지식 2.3 Understanding of fuel characteristics on ships subject to the IGF code as found on a Safety data sheet (SDS) 안전 데이터 시트(SDS)에 나와 있는 IGF 코드 적용 선박의 연료 특성에 대한 이해

Subject area
3. Apply occupational health and safety precautions and measures 산업 보건 및 안전 예방 조치 및 조치 적용 3.1 Awareness of fuction of gas-measuring instruments and similar equipment 가스 측정 기기 및 이와 유사한 장비의 기능에 대한 인식 3.2 Proper use of specilaized safety equipment and protective devices 적절한 지정 안전 장비와 보호 장치 사용 3.3 Basic knowledge of safe working practice and procedures in accordance with legislation and industry personal shipboard safety relevant to ships subject to the IGF Code IGF Code 적용 선박과 관련된 법률 및 선상 안전에 따른 안전한 작업 관행과 절차에 대한 기본 지식 3.4 Basic knowledge of first aid with reference to a Safety Data Sheet (SDS) 물질안전보건자료(SDS)를 참조한 기본 응급처치 지식
4. Carry out fire-fighting operations on a ship subject to the IGF code IGF 코드 적용 선박에 대한 소방 작업 수행 4.1 Fire organization and action to be taken on ships subject to the IGF Code IGF Code 적용 선박에 대한 소방 조직과 조치 4.2 Special hazards associated with fuel systems and fuel handling on ships subject to the IGF Code IGF 코드 적용 선박 연료 시스템과 연료 취급 관련 특별 위험 4.3 Fire-fighting agents and methods used to control and extinguish fires in conjunction with the different fuels found on board ships subject tio the IGF Code IGF 코드 적용 선박에서 식별되는 다양한 연료와 함께 화재를 제어하고 소화하는데 사용되는 소화제와 소화방법 4.4 Fire-fighting system operations 소방 시스템 작동

Subject area
5. **Respond to emergency** 비상대응 5.1 Basic knowledge of emergency procedures, including emergency shutdown 비상 정지를 포함한 비상 절차에 대한 기본 지식.
6. **Take precautions to prevent pollution of the environment from the release of fuels found on ships subject to the IGF Code.** IGF Code 적용 선박에서 발견되는 연료 누출로 인한 환경오염 방지를 위한 예방조치 6.1 Basic knowledge of measures to be taken in the event of leakage/spillage/venting off fuels from ships subject to the IGF Code IGF 코드 적용 선박에서 누출/유출/배출 시 취해야 할 조치에 대한 기본 지식

7.4.2 심화교육(advanced training)

Subject area
1. **Familiarity with physical and chemical properties of fuels aboard ships subject to the IGF Code** IGF 코드 적용 선박에 탑재된 연료 물리화학적 특성에 대한 숙지 1.1 Basic knowledge and understanding of simple chemistry and physics and the relevant definitions related to safe bunkering and use of fuels used on board ships subject the IGF Code IGF 코드 적용 선박에서 사용되는 연료의 안전한 벙커링과 그 사용과 관련된 간단한 화학 및 물리학 관련 정의에 대한 기본 지식과 이해 1.2 Understanding the information contained in a Safety Data Sheet (SDS) about fuels addressed by the IGF Code IGF 코드에서 다루는 연료에 대한 물질안전보건자료(SDS)에 포함된 정보 이해

Subject area

2. Operate controls of Fuel related to propulsion plant and engineering systems and services and safety devices on ships subject to the IGF Code

IGF Code 적용 선박 추진 장치 엔지니어링시스템, 서비스, 그리고 안전 장치와 관련된 연료 제어 운영

2.1 Operating principles of marine power plants
선박 발전 시스템 운전 원리

2.2 Ship's auxiliary machinery
선박 보조기기

2.3 Knowledge of marine engineering terms
해양엔지니어 용어에 대한 지식

---

3. **Ability to safety** perform and minitor all operations related to the fuels used on board ships su**bject to the IGF Code**

IGF Code 적용 선박에서 사용되는 연료와 관련된 모든 작업을 안전하게 수행하고 최소화할 수 있는 능력

3.1 Design and characteristics of ships subject to the IGF Code
IGF Code 적용 선박 설계와 특성

3.2 Knowledge of ship design, systems and equipment found on ships subject to the IGF Code
IGF 코드가 적용 선박에서 발견되는 선박 설계, 시스템 그리고 장비에 대한 지식

3.3 knowledge of fuel system theory and characteristics, including types of fuel system pumps and their safe operation on board ships subject to the IGF Code
연료 시스템 펌프 유형과 IGF 코드가 적용 선박에서 안전한 작동을 포함한 연료 시스템 이론과 특성에 대한 지식

3.4 Knowledge of safe procedure and checklists for taking fuel tanks in and out of service
안전 절차와 체크리스트에 대한 지식(연료 탱크를 사용하거나 사용하지 않을 때)

Subject area
4. Plan and monitor safe bunkering, stowage and securing of the fuel on **board ships subject to the IGF code** IGF 코드 적용 선박에 안전한 벙커링, 적재와 고정을 계획과 관리 4.1 General Knowledge of ships subject to the IGF Code IGF Code 적용 선박에 대한 일반 지식 4.2 Ability to use all data avilable on board related to bunkering, storage and securing of fuels addressed by the IGF Code IGF 코드에서 다루는 연료 벙커링, 저장 및 확보와 관련하여 선상에서 사용 가능한 모든 데이터 사용 역량 확보 4.3 Ability to establish clear and communications between the ship and terminal, truck or the bunkering supply ship 선박과 터미널, 트럭 또는 벙커링 공급선 사이에 명확한 통신 설정 4.4 knowledge of safety and emergency procedure for operation of machinery, fuel and controls system for ships subject to the IGF code IGF 코드 적용 선박의 기계류, 연료 및 제어 시스템 작동에 대한 안전과 비상 절차에 대한 지식 확보 4.5 Proficiency in the operation of bunkering systems on board ships subject to the IGF Code IGF Code 적용 선박 벙커링 시스템 운영 능력 4.6 Proficiency to perform fuel-system measurements and calculations 연료 시스템 계측과 계산 수행 능력 4.7 Ability to ensure the safe management of bunkering and other IGF Code fuel-related operations concurrent with other onboard operations, both in port and at the sea 항구와 해상 모두에서 선상 작업과 동시에 벙커링 그리고 기타 IGF 코드 연료 관련 작업의 안전한 관리를 보장하는 능력

Subject area

5. Take precautions to prevent pollution of the environment from the **release of fuels from ships subject to the IGF Code**
IGF Code 적용 선박의 연료유출로 인한 환경오염 방지

5.1 Knowledge of the effects of pollution in human and environment
인간과 환경에 대한 오염 영향에 대한 지식

5.2 Knowledge of measures to be taken in the event of spillage/leakage/venting
유출/누설/배출 시 취해야 할 조치에 대한 지식

---

6. Monitor and control compliance with legislative requirement
법적 요건 준수 모니터링과 통제

6.1 Knowledge and understanding of relevant provisions of the International Convention for the Prevention of Pollution from Ship (MARPOL), as amended and other relevent IMO instruments, industry guidelines and port regulations as commonly applied
국제선박오염방지협약(MARPOL) 관련 조항과 일반적으로 적용되는 기타 관련 IMO 문서, 산업 지침 그리고 항만 규정에 대한 지식과 이해

6.2 Proficiency in the use of the IGF code related document
IGF 코드 관련 문서 활용 능력

---

7. Take precautions to prevent hazards
위험을 예방하기 위한 예방조치

7.1 Knowledge and understanding of the hazards and control measure associated with fuel system operations on board ships subject to the IGF Code
IGF 코드 적용 선박 연료 시스템 작동과 관련된 위험과 제어 조치에 대한 지식과 이해

7.2 Proficiency to calibrate and use monitoring and gas detection systems, instruments and equipment on board ships subject to the IGF Code
IGF 코드가 적용되는 선상에서 모니터링과 가스 감지 시스템, 기기와 장비를 교정하고 사용하는 능력

7.3 knowledge and understanding of dangers of non-compliance with relevant rules / regulations
관련 규칙/규정을 준수하지 않을 경우의 위험에 대한 지식과 이해

Subject area

7.4 knowledge and understanding of risks assessment methods analysis on board ships subject to the IGF Code
IGF Code 적용 선박에 대한 위험 평가 방법 분석에 대한 지식과 이해

7.5 Ability to elaborate and develop risks analysis related to risks on board ships subject to the IGF Code
IGF Code 적용 선박 위험과 관련된 위험 분석을 정교화하고 개발할 수 있는 능력

7.6 Ability to elaborate and develop safety instruction for ships subject to the IGF Code
IGF Code 적용 선박에 대한 안전 지침을 정교화하고 개발할 수 있는 능력

7.7 Knowledge of hot work, enclosed spaces and tank entry including permitting procedures
허가 절차를 포함한 화기 작업, 밀폐된 공간 및 탱크 진입에 대한 지식

---

8. Apply occupational health and safety precautions and measures on **board a ship subject to the IGF Code**
IGF Code 적용을 받는 선박에서 산업안전보건 예방조치 적용

8.1 Proper use of safety equipment and protective devices
적절한 안전 장비 및 보호 장치 사용

8.2 Knowledge of safe working practices and procedures in accordance with legislation and industry guidelines and personal shipboard safety
법률, 산업 지침, 개인 선상 안전에 따른 안전한 작업 관행과 관련 절차에 대한 지식

8.3 Basic knowledge of first aid with reference to a Safety Data Sheet (SDS) for Fuels addressed by the IGF Code
IGF 코드에서 다루는 연료에 대한 안전 데이터 시트(SDS)를 참조한 응급 처치 기본 지식

---

9. Knowledge of the prevention, control and fire-fighting and extinguishing **systems on board ships subject to the IGF Code**
IGF Code 적용 선박의 예방, 제어, 소화 그리고 소화 시스템에 대한 지식

9.1 Kowledge of the methods and fire-fighting appliances to detect, control and extingushi fires of fuels addressed by the IGF Code
IGF 코드에서 다루는 연료 화재 감지, 제어 그리고 진압하는 방법과 소방 장비에 대한 지식

참고문헌

1. LNG 연료 추진선과 LNG 벙커링, 이차수, 김종민, 한민수, ISBN 9791155762271, 2018.2.15.
2. Comparison of Alternative Marine Fuels, SEA/LNG Ltd, Report No.: 2019-0567, Rev.4, Document No.: 11C8I1KZ-1, Date: 2019-09-25.
3. Assessing Alternative Fuel Types for ULCVs in Face of Uncertainty, DPO.20.037.m, Kaan Terün.
4. Safety Guidelines Bunkering, FP07-01, Ver2.0, SGMF, March 2017.
5. ALTERNATIVE FUELS AND ENERGY EFFICIENCY FOR THE SHIPPING INDUSTRY Anover view of LNG, LPG and Methanol Fuelled Ships, ClassNK, 2018.
6. カーボンニュ…ートラルチャレンジ2050, ~2050年ガスのカーボンニュ…ートラル化による脱炭素社会への貢献~, ２０２０年１２月１６日, 一般社団法人日本ガス協会.
7. GHG 削減 温室効果ガス, ClassNK 技報 No.2 2020年 (I) .
8. Herdzik, J. Decarbonization of Marine Fuels—The Future of Shipping. Energies 2021, 14, 4311. https://doi.org/10.3390/en14144311.
9. First movers in shipping's decarbonisation- A case study for containership feeders in Asia, The Lloyd's Register Maritime Decarbonisation Hub, December 2021.
10. SETTING THE COURSE TO LOW CARBON SHIPPING-PATHWAYS TO SUSTAINABLE SHIPPING, ABS, 2020.
11. MARITIME-ASSESSMENT OF SELECTED ALTERNATIVE FUELS AND TECHNOLOGIES, DNV-GL, June 2019.
12. Zero-Emissions Shipping: Contracts-for-difference as incentives for the decarbonisation of international shipping, Alex Clark, Matthew Ives, Byron Fay, Ronan Lambe, Johanna Schiele, Lukas Larsson, Jessica Krejcie, Leah Tillmann-Morris, Peter Barbrook-Johnson, and Cameron Hepburn, June 2021.

13. SUSTAINABILITY WHITEPAPER-HYDROGEN AS MARINE FUEL, ABS, JUNE 2021.

14. MAN B&W ME-LGIP dual-fuel engines, Dual-fuel technology reshapes.

15. the future two-stroke engine operation, MAN Energy Solutions, Sep 2018.

16. The methanol-fuelled MAN B&W LGIM engine, MAN Energy Solutions, Jan 2021.

17. SUSTAINABILITY WHITEPAPER-AMMONIA AS MARINE FUEL, ABS, OCTOBER 2020.

18. 15. SETTING THE COURSE TO LOW CARBON SHIPPING-VIEW OF THE VALUE CHAIN, ABS, 2021.

19. 기술보고-LPG 추진 VLGC ME-LGIP 엔진의 연료공급 시스템에 대한 고찰, 현대중공업, 한상호, 김현석, 한범우, 이동진, 대한조선학회지, 제56권 제4호, December 2019.

20. Two-stroke engines-LNGC-optimised designs of ME-GI engines and fuel gas supply systems, MAN Energy Solutions, Apr. 2020.

21. LNG BUNKERING TECHNICAL AND OPERATIONAL ADVISORY, ABS, 2021.

22. LPG-Fuelled Ships-Tentative Rules, Guidance Note NI 647 DT R00 E, Bureau Veritas, January 2018.

23. LPG as a marine fuel: lessons learned from the pioneers, Marine Propulsion, Part of Fuels Webinar Week 8-12, March 2021.

24. LPG Bunkering-Guide for LPG Marine Fuel Supply, World LPG Association (WLPGA), 2019.

25. Ammonia Energy Conference 2020-Ammonia Infrastructure, DNV-GL, Anthony Teo 18 November 2020.

26. SUSTAINABILITY WHITEPAPER AMMONIA AS MARINE FUEL, ABS, OCTOBER 2020

27. AMMONIA AS A MARINE FUEL SAFETY HANDBOOK, DNV-GL, 2020.

28. MAN B&W two-stroke engine operating on ammonia, MAN Energy Solutions, Nov 2020.

29. 암모니아 연료추진선박 보고서, 한국선급 TECHNICAL INFORMATION, No : 2021-ETC-01 Date : 2021.01.31.

30. 암모니아 연료선박에 대한 지침서, 한국선급, 2021. 6.

31. 선박온실가스 감축에 대한 국제해사정책 동향, KMC,

32. NoGAPS: Nordic Green Ammonia Powered Ship-Project Report, Prepared by: Furstenberg Maritime Advisory and the Global Maritime Forum Co-funding from Nordic Innovation, 2021.

33. Low Carbon Technology for Marine Application, Hyundai Heavy Industries / Corporate Research Center, Se-Young Oh, Sangmin Park, Nov. 29, 2018.

34. HANDBOOK FOR HYDROGEN-FUELLED VESSELS, DNV, MarHySafe JDP Phase 1, 1st Edition (2021-06)

35. Design and Operation of the First LH2 Carrier, Yukichi Takaoka, Senior Staff Officer, Technology Development Department, HySTRA Ahmer Saeed, Project Manager-Pilot LH2 Ship, Shell, Koichi Nishifuji, Manager, Technical Solution Department, ClassNK, and Katsuhiro Kanbe, Manager, Hydrogen Project Development Center, Corporate Technology Division, Kawasaki Heavy Industries, Ltd.

36. CO2 フリー水…素チェーン実現への取り組み，生産と技術 第66巻 第２号（2014），川崎重工業株式会社 技術開発本部 技術企画推進センター 水…素プロジェクト部, 2014.

37. Introduction to Methanol Bunkering Technical Reference, Lloyd's Register, May 2021

38. SUSTAINABILITY WHITEPAPER- METHANOL AS MARINE FUEL, ABS, FEBRUARY 2021

39. ClassNK 春季技術セミナー "ガス燃料船の実用化とNKの取り組み", 2012.

40. GL report "LNG Powering the Future Shipping", July 2012.

41. Wartsila "WÄRTSILÄ ENVIRONMENTAL SERVICES: CASE: UNIQUE CONVERSION OF BIT VIKING", Marintec China, 29 November - 2 December 2011, Shanghai, China.

42. OGP Draft 116903 "Characteristics of LNG, Influencing the Design and Material Selection", 2012-10-15.

43. GIIGNL's Technical Study Group "LNG Information Paper No. 1", 2009.

44. USMRC seminar "Flammable Cryogenic Liquid Carriers", Mar 19, 2016.

45. "船舶の省エネ化 —代替エネルギー利用—" 建設の施工企画 2011. 1. 吉田正彦저.

46. "The Norwegian LNG Ferry" PAPER A-095 NGV 2000 YOKOHAMA.

47. "4 ストロークガス機関向けLNG 燃料供給システムの概要について", 大森千歳, 日本マリンエンジニアリング学会誌 第51巻 第 1 号, 2016.

48. LNG BUNKERING PROCEDURES IN PORTS AND TERMINALS IN THE SOUTH BALTIC SEA REGION, MT LNG, 2013.

49. CONCEPT DESIGN OF LNG BUNKERING SUPPLY VESSEL.

50. CNSS-LNG FUELLED SHIPS AS A CONTRIBUTION TO CLEAN AIR IN HARBOURS, CNSS, May, 2013.

51. IGU World LNG Report -2017 Edition.

52. "The Relationship Between Crude Oil and Natural Gas Prices", Jose A. Villar.

53. Natural Gas Division Energy Information Administration, Energy Information Administration, Office of Oil and Gas, October 2006.

54. "Accurate determination of LNG quality unloaded in Receiving Terminals", Angel Benito, Enagás, S.A.

55. "Gas as a marine fuel : an introductory guide", Society for Gas as a Marine Fuel, 2014.

저인화점 연료추진 친환경선박

2022년 3월 25일 인쇄 발행

저 자 김종민, 이차수, 김성완, 한민수
발 행 인 송기수
발 행 처 도서출판 GS인터비전
편 집 처 도서출판 GS인터비전
편 집 인 공예서
표지디자인 디자인붐
인 쇄 처 트윈벨미디어
등록번호 제 25100-2016-000050호
I S B N 979-11-5576-389-6(93530)

주 소 서울 은평구 증산로 15길 69 2층
전 화 02-976-7898, 02-3272-7898.
팩 스 02-6468-7898
홈페이지 gsintervision.co.kr
E-Mail gsinter7@gmail.com

정 가 30,000원